ピーター・ゴドフリー=スミス

メタゾアの心身問題

動物の生活と心の誕生

塩崎香織 訳

みすず書房

METAZOA

Animal Life and the Birth of the Mind

by

Peter Godfrey-Smith

First published by William Collins, 2020

二〇一九年－二〇二〇年のオーストラリア森林火災で犠牲となられた方々、
消火活動にあたってくださった方々に捧ぐ。

目次

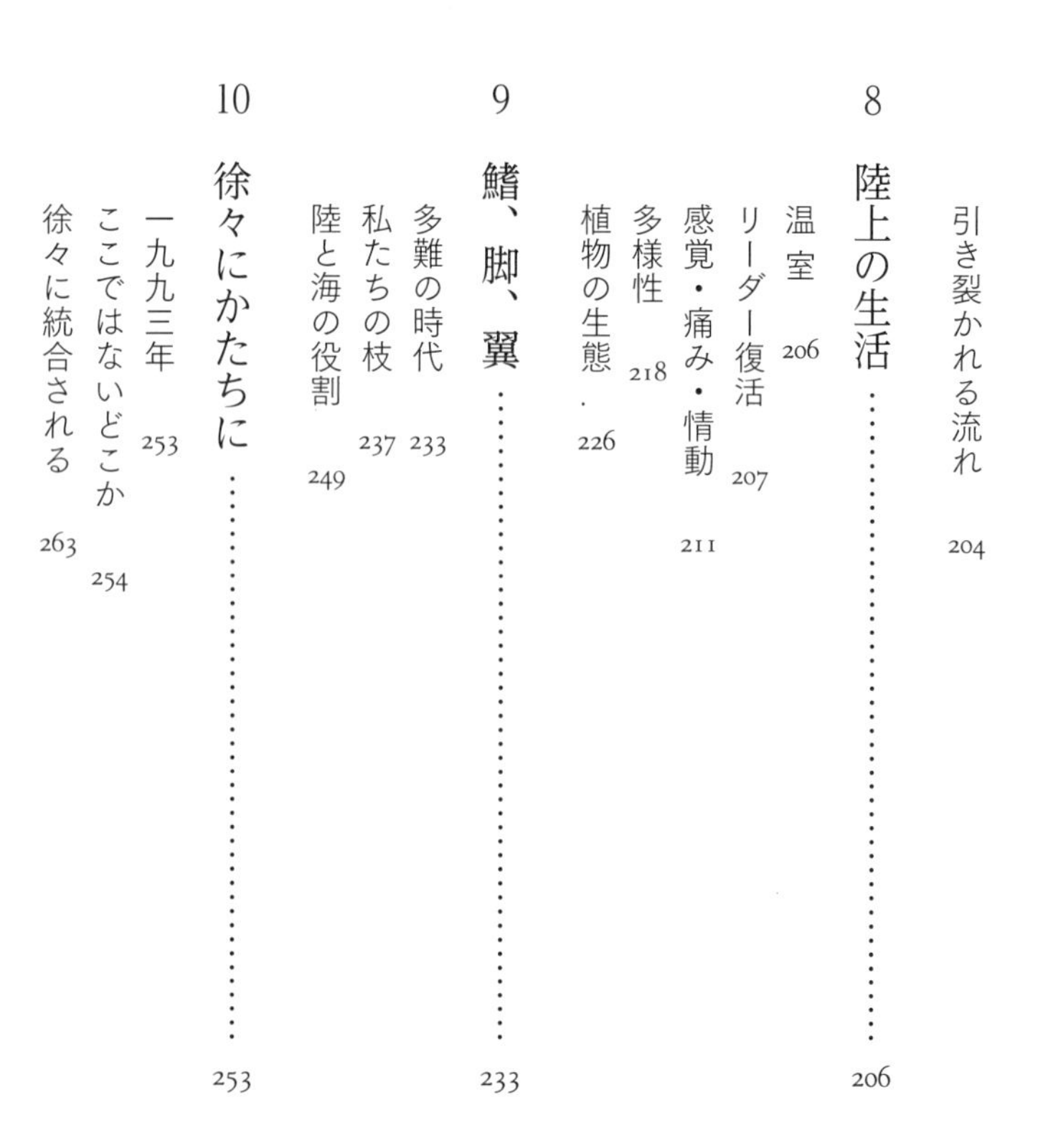

しかし、いずれにしても、この放心の青年は、入り交じる波のゆらぎと思考のゆらぎに揺られ誘われ、阿片に酔い痴れたような脱力感のなかにただよい、やがて内部が融けでたような無意識の夢想へとたゆたい、ついには自己の本体を手放し、そのまま自己の本体を失って行く。そして眼下に神秘をたたえて広がる海を、人をも自然をも深々とした青一色に染めるあの底無しの魂の可視の形と取り違えるにいたる。だが、そこにかれの視線を逃れて、かすかに見え隠れしながら奇態な形をしてうつくしくすべり行くものがある。何か形の定まらぬ影から突き出た鰭（ひれ）のようなもの、かれの視線もぼんやりとそれを追っている。追ってはいるのだが、かれにとっては、それは、魂のなかに一瞬ごとに明滅することでのみ魂のなかに住まうにすぎぬところのあの逃れ行く思念の影をぼんやりと追うのとなんら変わるところがない。かくのごとき恍惚に濡れるこのとき、霊魂は潮が引くようにその満ち来たりし元の本源へと帰って行くだろう。そして時間を超え、空間を超えて、時空のかなたへと散乱していくのだ。やがてそれが球形の地球表面の全岸辺を形象する一粒一粒の砂となる。かの汎心論者ウィクリフの捨てられた骨灰と同じというべきか。

——ハーマン・メルヴィル『白鯨　モービィ・ディック』

〔千石英世訳　講談社〕

1 原生動物

階段を下りる

防波堤の階段を一〇段下りれば、もう海の中だ。ちょうど満潮の潮止まりで、流れはまったくない。身体を沈めるにつれて周囲の音が遠のき、水面下の光は柔らかい緑色に変わっていく。聞こえるのは自分の息づかいだけ。

ほどなく、さまざまな形や色がひしめくカイメンの庭に下り立つ。壺や扇のような形で海底から上に伸びているもの。海底にある何かを覆ってでこぼこと横に広がっているもの。そんなカイメンたちのあいだには、シダの葉のようなものや草花に似た何かが見え隠れする。淡いピンクのチューブ状で、内側にエナメル模様をのぞかせるホヤも。チューブの形は船のデッキにある通気筒に近いが、口は下に曲がっておらず、向きはばらばらだ。どれにもいろんな生き物が絡みつき、そのまま固まっているものも多い。くっついているほうも、くっつかれているほうも、それぞれに独立した有機体としてではなく、ひとかたまりで生活する物理的景観の一要素に見える。

だがホヤは、眠っていても気配はわかるとばかりに、こちらが近づいていくとほんの少し身体の向きを変える。たまには身体がちょっとしぼみ、水がぴゅっと出てくることもある。肩をすくめてため息をついているようで、そのたびに少しはっとさせられる。風景に生命が宿り、闖入者について何ごとかつぶやいているといったところだろうか。

ホヤに交じってイソギンチャクやソフトコーラル（軟質サンゴ）の姿がある。サンゴの中には小さな手を集めたような形のものもある。この手の先は花のようになっているのだが、花々はそろって周囲の水をつかむように、ゆっくり閉じたり開いたりを繰り返している。

あなたはいま、森のような、生命にあふれる場所を泳いでいる。もっとも、地上の森で出くわす生物の大半は、異なる道をたどってきた進化の産物、つまり植物だ。ところが、カイメンの庭で目にする生物は動物がほとんどで、しかもその大部分（カイメン以外すべて）には神経系があり、電気を通す線維が体内に張りめぐらされている。そんないくつもの身体が、姿勢を変え、くしゃみをし、手らしきものを伸ばし、ためらいがちに動く。あなたの姿に唐突な反応を示すものもある。たとえばカンザシゴカイは、オレンジ色の羽毛のかたまりが岩礁にくっついているようにしか見えないが、その羽毛には複数の眼が並んでおり、こちらが接近しすぎるとたちまち巣穴に引っ込んでしまう。緑濃い森を散歩中に、草木がくしゃみや咳をしたり、手を伸ばしてきたりするのを目の当たりにしたとしたらどうだろう。どこにあるかわからない眼であなたの動きを追っているとしたら？

こんなふうに岸からのんびりと泳ぎ出すだけで、初期の動物の行為の名残、あるいはそれに近いものが視野に入ってくる。過去にさかのぼっているわけではない。カイメン、ホヤ、サンゴはどれも現代に生きている動物であり、ヒトが誕生するまでと同じだけの時間を過ごした進化の産物だ。カイメンの庭で出会う生物は、ヒトの祖先というよりも、遠縁の親戚くらいの関係になる。あなたを取り囲んでいる庭は、ひとつの家系の中でもごく最近の枝数本から成り立っているわけだ。

少し先の岩棚の下には、もつれたひげとはさみがのぞいている。オトヒメエビだ。半透明の身体はせいぜい五、六センチなのに、触角や脚が長いので、少なくともその三倍は大きく見える。本書で取り上げる生物のうち、光と影のあいだにぼんやりと浮かぶ何かに反応しているのではなく、ひょっとするとこちらをモノとして見ているのかもしれない最初の動物だ。さらに先の岩礁の上では、タコが何本かの腕は伸ばし、何本かは丸めて、ネコのように長々と寝そべっている。ずいぶんカモフラージュのうまいネコだが。タコに見られていることは、オトヒメエビよりもはっきりと感じる。なにしろ、そばを通ると物珍しげに頭を持ち上げてくるのだ。

物質・生命・心

一八五七年、英国フリゲート艦サイクロプス号が北大西洋の深海底からあるものを採集した。海底の泥のような見た目のそれはアルコールで保存され、生物学者T・H・ハクスリーに送られた(1)*。

その試料がハクスリーのもとに持ち込まれたのは、特に珍しいものに思われたからではなく、当時の海底に対する科学的かつ実利的な関心のためだ。実益が求められた背景には、海底電信ケーブルの敷設という大事業があった。ちなみに最初の大西洋横断ケーブルは一八五八年に開通するが、絶縁材の問題で信号電流に漏洩が生じ、わずか三週間で通信が不可能になる。

ハクスリーはその泥を調べ、いくつかの単細胞生物のほかに不可解な円形の物体を認めた。そしてそのまま手元で保管していた。

およそ一〇年後、ハクスリーは高倍率の顕微鏡を用いてこの試料を再度調べてみた。すると、起源のわからない円盤や球状の物体のみならず、粘りのある「透明なゼラチン状の物質」がそれらの物体を取り巻いているのが見えた。きわめて単純な形態をもつ新種の生物を発見したのでは——ハクスリーはそう考えた。このゼリーのような物質は生きており、円盤や球はそれがつくる硬質の構造体であると慎重に解釈されたのだった。ハクスリーはこの新規生物にドイツの生物学者、生物画家、哲学者でもあったエルンスト・ヘッケルにちなむ学名を与え、新しい生命の形態は「バチビウス・ヘッケリ」*Bathybius Haeckelii* と呼ばれることになる。

ヘッケルは発見と命名の両方を大いに喜んだ。[2] 彼はそれ以前からこのような生物が存在するはずだと主張していたのだ。一八五九年にダーウィンが『種の起源』で発表した進化論の全面的な支持者として、ヘッケルはイギリスのハクスリーと同じく、ドイツにおいてダーウィニズムの急先鋒に立っていた。また二人は、ダーウィンがいくつかの短い言及以上には踏み込もうとしなかった生命の起源と進化の始まりの問題にも熱心に取り組んでいた。[3] 地球に生命が出現したのは一度だけか、それとも何度か起きたことか？ヘッケルは、生命が無生物から生成されることはあり得るし、そうした状況がずっと続いている可能性もあると確信していた。[4] 彼にとってバチビウスは、広大な深海底を覆っているかもしれない生命の基本形に等しかった。生命あるものの世界と生命のないものの世界の懸け橋、あるいはこれをつなぐ鎖の輪だと見て取ったわけだ。

生命あるものを整理する方法については、古代ギリシャの時代から続く伝統的な考え方があった。動物か植物かという二分法で、生きているものはすべてこのどちらか一方に分類されることになっていた。一

＊　出典を示し、もう少し先まで理解を深めるために、本書は巻末に詳しい注を付けた。各注記の末尾には該当するページも示してある。

八世紀に入ってスウェーデンの植物学者カール・フォン・リンネが新しい分類法を考案したが、[5] それは植物界と動物界に加えて無生物の界「鉱物界」を設け、自然を三つに分けるものだった。この考え方は、質問だけでお題を当てるゲームで決まって聞かれる「それは動物、植物、それとも無機物？」にまだ残っている。

リンネが生きていた頃、微生物の存在はすでに知られていた。それを最初に観察したのは、おそらく一六七〇年代に当時もっとも強力な顕微鏡を自作したオランダの織物商アントニ・ファン・レーウェンフックだろう。リンネは、顕微鏡で観察されたかなりの数の微小な動物を「蠕虫（ぜんちゅう）」として自然の分類に含めている（リンネは植物の分類に加えて『自然の体系』第一〇版で動物の分類を行ったが、そこでは最後にモナス *Monas* と呼ばれる群――「その身体は単なる点である」――が挙げられている）。

生物学が進むにつれて、とりわけ微小スケールの生物で悩ましい例が現れるようになった。そのような場合には植物（藻類）あるいは動物（原虫類）のどちらかの区分に押し込めようとする傾向があったが、新たに発見された生物には判断がつきかねるものも多く、標準的な分類法に無理が生じてきたように思われたのは自然なことだった。

一八六〇年、イギリスの博物学者ジョン・ホッグは、単細胞生物だと次第に認識されるようになっていた、植物でもなく動物でもない微小生物について、強引に二分するやり方はやめ、第四の界を追加することが賢明だと主張した。[6] ホッグはこの生物を「プロトクティスタ」*Protoctista* と呼び、これをまとめる区分として、動物界、植物界、鉱物界に並ぶ「原始生物界」を提唱した（ホッグが用いた「プロトクティスタ」は、のちにヘッケルにより「プロティスタ」*Protista* と短縮され、[7] これは今日でもプロティスタ界、原生生物界として使われている）。ホッグの考えでは、動物、植物、原生生物の境界は曖昧だったが、鉱物界と生物界の区別ははっきりしていた。

ここまで述べてきた分類をめぐる論争は生命に関することであり、心についてのものではない。しかし、生命と心は昔から、揺るぎない関係とは言えないにしても、何らかの結びつきがあると考えられてきた。二〇〇〇年以上前に展開されたアリストテレスの説において、「霊魂」は生命と心とをひとつにするものだ。[8] アリストテレスにとっての霊魂とは、身体の中にあってその活動をつかさどる一種の形（フォーム）「形相（エイドス）と呼ばれる」であり、生きているものの違いに対応する階層や序列が霊魂にも存在するとされた。植物が生きていくために栄養を摂取するのは、ある種の霊魂の現れである。動物は栄養を摂取する以外に周囲の状況を知覚し、それに応答できるが、この能力はまた別の霊魂によるものだ。人間は、これら二種類の能力に加えて思考し判断を下すことができるがゆえに、さらに異なる霊魂をもっているとされた。霊魂を欠く無生物の物体でさえも、多くは目的あるいは目標に沿って振る舞い、それぞれの自然な場所に向かう――アリストテレスはそう論じたのだった。

アリストテレスの考えは一七世紀の「科学革命」で覆され、このような関係性は見直しを迫られる。身体（肉体）に関する概念――物質を機械論的に押したり引いたりすれば動くメカニズムととらえ、目的の役割をほとんどあるいはまったく認めない主張――はその中で確固たるものになり、魂の地位は引き上げられて〝エーテル化〟した。アリストテレスの自然観に基づけば生きとし生けるものに必ず備わっていた霊魂は、より高尚で知的なレベルのことがらとなった。さらに、魂は神の意志によって救われることもあるとされ、一種の不滅が可能になった。

当時とりわけ影響力が大きかった哲学者ルネ・デカルトにとって、物理的な実体（身体）と心的な実体とのあいだには明確な相違があり、人間とはこの両方が合わさったものだった。[9] すなわち、人間とは物理的かつ心的な存在である。それができるのは、脳にある小さな器官で身体と心が相互に作用するからだ。この考え方をデカルトの「二元論」という。デカルトによれば、人間以外の動物は魂をもたず、純粋に機械的な存在である。たとえばイヌは、どんなことをされようと何も感じない。魂は人間を特別な存在にするものだが、ほかの動物や植物には魂のおぼろげな形さえないとする。

ダーウィンやヘッケル、ハクスリーらが活躍した一九世紀には生物学をはじめとする科学が進歩し、デカルトの流れをくむ二元論は成り立たないとの見方が次第に強くなった。ダーウィンの著作が示したのは、人間と人間以外の動物との違いはそれほど明確ではないという事実だ。異なる心的能力をもつ多様な生物は、漸進的な進化のプロセスを通じて、中でも環境への適応と種分化によって生まれてくるのではないだろうか。身体と心の両方を説明するにはこれで十分なはずだ――もし、そのプロセスを始めることができるならば。

これは重要な「もし」だった。ヘッケルとハクスリーらは、次のように問題のこの部分にアプローチした。彼らはまず、生物の中には生命と心の両方に始まりを与える「材料」が存在しているに違いないと想定した。この材料は物理的なものであって超自然的なものではないが、いわゆるふつうの物質とはかなり異なっている。これだけを取り出し、ひとさじすくうことができるとしたら、さじの中のそれはまだ特殊な性質を帯びているだろう。彼らはこれを「原形質」と呼ぶことにした。[10]

妙なとらえ方だと思われるかもしれないが、それには細胞や単純な生物が綿密に調べられていたことも根拠となっていた。細胞の内部を観察してみると、細胞ができるらしいことをするには構成単位が足りない――互いに異なるパーツが十分にない――ように思われた。[11] そこに見えたのは、透明で軟らかい物質にすぎなかったのだ。イギリスの生理学者ウィリアム・ベンジャミン・カーペンターは、単細胞生物が成し遂げられることへの驚嘆を一八六二年に記している。いわく、動物であれば「精巧な装置によって行われている」様子がうかがえる「生命の維持に必要な作用」が、「一見均質なゼリー状のごく小さな粒子」によってもたらされている。このゼリー状の粒子は「手足などないが食物を捕獲し、口はないがそれを飲み下し、胃はないがそれを消化し」、また「筋肉はないがあちこちに動く」。ハクスリーらはこれを受けて、生命活動を説明するのはふつうの物質からできた複雑な構造ではなく、初めから生きている別の要素なのではないかと考えるようになった。「構造は生命の結果であって、構造から生命ができるのではない」というわけだ。

このいきさつを踏まえると、バチビウスはすばらしく有望な発見のように思われた。それはまるで生命の物質――おそらくいつでも自然に発生し、絶えず生まれ変わりながら絨毯のように深海を一面に覆っている物質――の純粋な標本のようだった。ほかの試料についても調査が進み、ビスケー湾で採取されたバチビウスは運動が可能と報告された。もっとも、この原始生物なるものと、それをめぐるさまざまな推測に疑問を抱く生物学者もいた。バチビウスは海底でどのようにして生きているのか？　いったい何を食べているのだろう？

そして、チャレンジャー号探検航海があった[12]。一八七〇年代にロンドン王立学会が四年を費やしたこのプロジェクトでは、深海に生息する生物を各国に先駆けて網羅的に整理することを目的に、世界中の数百におよぶ調査地点で試料が採取された。主任研究者として乗船したチャールズ・ワイヴィル・トムソンは、公言はしなかったものの、バチビウスの問題を検討するつもりでいた。チャレンジャー号による探査ではバチビウスの新しい試料は得られず、また乗船していた研究者二人は、ほかの試料をいじっているうちに、バチビウスは生きていないどころか生物ですらないのではないかと疑いはじめた。彼らはいくつかの実験を行い、バチビウスはおそらく試料を保存するために添加されたアルコールと海水の化学反応による生成物にすぎないことを示した。それはハクスリーが長く保管していたサイクロプス号の試料についても同じだった。

バチビウスは死物――ハクスリーはただちに自分の過ちを認めた。他方ヘッケルは、バチビウスこそ懸け橋、失われた輪(ミッシングリンク)であるとの見方により強くとらわれており、嘆かわしいことにそれから一〇年近くも主張を曲げなかった。(13) しかしながら、この橋が架かることはなかった。

以降もほぼ同じような橋、すなわち生命と物質を結びつける特別な実体の存在に期待を抱いた人々はいた。ところが、このような見解はその後弱まっていく。ゆっくりとした発見のプロセス、つまり生命活動が神秘的で不可解な現象とはみなされなくなる過程の中で、新しい考えに取って代わられていったのだ。こうして、生命はふつうの物質から成る隠された構造によって説明できるという、ハクスリーとヘッケルならとても容認できないような解釈が登場する。

その物質は、(後述するように)あらゆる意味で「ふつう」ではないのだが、基本的な組成を見る限りではごくふつうだ。生体は全世界を構成している化学元素と同じものからできており、それらは無生物の世界にも共通する物理法則にしたがって動いている。目下のところ生命がどのように誕生したかは明らかではないにしても、その起源はもはや神秘ではなく、何か特別なものが生物世界を生み出しているといった類の説は通用しない。

これは「唯物論的」な――超自然的なものが入り込む余地を認めない――生命観の勝利だった。またこれは、物理的な世界の全体が一群の基本要素で構成されているとみなす考え方の勝利でもあった。生命活動は、謎の成分を持ち出さずとも、ごく小さなスケールの複雑な構造によって説明される。ほとんど信じられないような微小なスケールの話だ。ひとつだけ例を挙げよう。リボソームは細胞内に存在する重要な粒子で、タンパク質分子が合成される場として かなり複雑な構造をもっているが、本書の原文の各文末にあるピリオド「.」一個の上には、一億個を超すリボソームをのせることができる[14]。

生命については、こうしてつじつまが合った。その一方で、心の問題はまだまだ決着がついていない。

ギャップ

一九世紀後半以降、ダーウィンの革命的思想が勢いを増す中で、デカルトのような二元論で心をとらえる立場を主張し続けるのは難しかったようだ。万物のうち人間だけに特別な地位を与え、ある意味で神に近い存在だと位置づける世界像の中でならば、二元論は理解できなくもない。生物か無生物かにかかわらず、人間以外のものは純粋に物質的な存在であるのに対して、人間には何らかの成分が追加されていると見るわけだ。しかし、ほかの動物とのあいだに連続性を認める人類の進化の視点に立つと、二元論を維持するのは不可能ではないにしても厳しい。このことは、唯物論的な心のとらえ方、つまり思考や経験、感じ feeling を物理的・化学的な作用として説明する見方を発展させる試みの動機となっている。生命それ自体がこういった唯物論の俎上に載せられるに至ったことには希望がもてるが、それが実際にどの程度心の理解の役に立つのかはまだ定かではない。というのも、唯物論が生物学で成功を遂げたことと、心をめぐる謎とがどのような関係にあるのかがはっきりしていないからだ。

歴史を再度ひもとくと、今日まで続く二者択一の道が見て取れる。すでに触れたように、アリストテレスは植物、動物、人間を結びつける「霊魂」の階層が基本にあるとした。私たちが今日「心」と呼ぶものは、アリストテレスの体系では生命活動の自然な延長としてあるもの、あるいは生命活動のバリエーションのひとつと考えられていた。このアリストテレスの思想は進化論ではないが、進化の用語を使って書き換えることはさほど難しくない。複雑な生命への進化によって目的をもった行動が増え、環境に対する感受性が高まり、心は自然発生的に生まれてくるということだ。

対照的にデカルトは、生命〔身体〕と心〔精神〕はまったく別のものだとみなした。この立場に立てば、生命についての理解が進むと心に関する問題も大きく変わると考える根拠はない。

ここ一〇〇年ほど、この領域では唯物論的な見方が主流だったが、ただひとつの点ではデカルトへの接近があった。二〇世紀の半ば以降、理論家は生命の本質と心とのあいだに密接な関連を認める立場から距離を置くようになり、この傾向はコンピューターの進歩でさらに強まった。コンピューター技術が前世紀中頃から開発されるにつれて、身体と心の別なつながり、生命ではなく論理によって成り立つ関係への期待が生まれた。推論と記憶の能力をそれまでにない方法で機械化すること――すなわち計算（コンピュテーション）すること――こそ、心の問題の理解へのより適切な進路のように思われたのだ。人工知能（ＡＩ）システムの発達にともない、多少賢そうなＡＩも出てきた。それらを「生きている」ととらえるのはかなり無理があったが。この見方によると動物の身体はさして重要ではなかったらしく、実際のところ省略可能なオプションと位置づけられるようになった。肝心なのはソフトウェアというわけだ。脳はプログラムを走らせているが、そのプログラムは脳以外の機械（マシン）（あるいはマシン以外の何か）でも動作し得るのではと考えられた。

この時期にはまた、心と身体をめぐる問題の輪郭が明確になり、判じ物めいた「心なるもの」に代わって、より具体的な問いが立てられるようになった。新しい見方によれば、心については唯物論的にかなりうまく説明できる部分がある一方で、それが難しい部分もある。説明しづらいのは、主観的な経験あるいは意識についての側面だ〔本書で「経験」experienceという語は、「実際に体験したこと」というような日常語の意味とは異なる使われ方をしている。ここで明確に定義はしないが、たとえば時々刻々何かが意識にのぼることも、本書においては「経験」である。なお、この「経験」の主語は人間に限定されない）。たとえば記憶を考えてみよう。私たちは、さまざまな動物種に記憶の能力があると思っているかもしれない。いずれも過去の痕跡を脳に刻み、行動を決めるときにそれを参照しているのだろう、と。脳がこれをどんなふうにやってのけるかも、まったく見当がつかないわけではない。わかっていないことは多いが、答えが出せない問題でなさそうなのは確かだ――記憶の働きに関するこの側面は必ず解明できると考えてかまわないだろう。しかし、少なくとも人間の場合、記憶には何かのように感じられる種類のものもある。トマス・ネーゲルが一九七四年に述べた言葉を借りれば、心をもっていると、「心をもっている」ような何かがある――「心をもっている」と感じられる何かが存在する。[15] つまり、よい経験にしろ、ひどい経験にしろ、それを記憶していると感じられる何かが存在しているということになる。記憶の「情報処理」の側面、すなわち有益な情報を蓄え、それを必要に応じて引き出す能力にはこの特徴が備わっているのかもしれないし、あるいは備わっていないかもしれない。心身問題で困難な部分とは、私たちの心の働きについてこの様相を説明すること、言い換えれば、〈感じられた経験〉felt experience がどのようにして世界に存在できるのかを、生物学や物理学、コンピューターの用語を使って証明することだ（いわゆる「意識のハードプロブレム」）。

この問題は、今日でもまだ数々の古典的な立場からアプローチされることが多い。大きく分けると、唯物論（あるいは「物理主義」）の系統と二元論の系統に整理できるが、もっと極端な立場もある。たとえば「汎心論」は、テーブルのような物体を構成する物質を含め、あらゆる物質には心の側面が備わっているとする考え方だ。[16] これは、世界のすべてが経験（この「経験」は人間でいう「認識」に近い意味）によって成立しているとみなす考え方とは違う（それは「観念論」だ）。汎心論では、世界の物理的な構成は見たままに受け入れるが、その上でこの世界を成り立たせている基本要素のいずれにも弱い心のような側面を認める。このような心的性質を有する物質から脳が組織されると、その心的性質から経験や意識が生じるのだという。一見突飛な発想だが、汎心論には熱心な擁護者がいる。先に引用したトマス・ネーゲルは、どのような主張も重大な問題を抱えており、汎心論の問題がほかにくらべて深刻というわけではないのだから、可能性を排除すべきではないと述べている。エルンスト・ヘッケルも、バチビウスの一件があったのち、汎心論に接近した。そしてハクスリーは、汎心論とはまた別の非正統的な説に引きつけられ[17]、意識経験は物質的なプロセスの結果かもしれないが、そのようなプロセスの原因になることは絶対にないのではと主張した。これは二元論としても異色の立場だが、今日でも擁護者がいる。

これらの相異なる世界観をざっと見回しただけで鮮やかに浮かび上がり、なおかつもっとありふれた議論からも見て取れるのは、心のありかについてじつに多様な考え方があるということだ。心は万物に、あるいはほぼ万物に宿っていると見る人もいれば、人間と、おそらく人間に近い限られた動物だけにしか存在しないとする人もいる。単細胞生物のゾウリムシが一滴の水の中でせっせと泳いでいる様子を見て、ある人はこう言うだろう。「あの生き物の中では、感覚 feeling をもつのに十分なことが起こっている。ゾウリムシは刺激に対して反応するし、目的をもっている。極小レベルで何らかの経験を有しているわけだ」。一方で別の人は、ゾウリムシを取るに足らないものと切り捨てるばかりか、複雑な動物、たとえば魚を見てこう言う。「あの生き物には、おそらく感覚は一切ない……魚はさまざまな反射や本能的行動を示すし、脳の活動もかなり複雑だが、その営みはすべて〝そうとは意識せずに〟行われている」。ここで、この二人目の人が間違っているとしたら、何が間違っているのだろうか。汎心論も誤りであって、一粒の砂には感覚のかけらもないとすれば、なぜその発言は誤りなのか。ひょっとしたらその通りなのではないだろうか。この状況には、往々にしてある種の恣意性がつきまとうように思われる。好きなことを好きなように言えるのだ。身のまわりの生物のうち、経験をもっているのはどれかという質問に、現代の人はどう答えるだろうか。私が推測するに、よくある回答のパターンは、哺乳類と鳥類は「経験をもつ」、魚類と爬虫類は「おそらくもつ」、それ以外の生物は「もたない」になると思う。だが対象とする生物の範囲を広く（アリ、植物、ゾウリムシを含める）、あるいは狭く（哺乳類の種に限定）しようとする人が出てきた場合、さまざまな意見が出てたちまち収拾がつかなくなってくる。どうすれば話を落着させられるだろう？

この恣意的な感覚は、哲学者のジョゼフ・レヴァインが「説明のギャップ」と呼んだことに関連している[18]。仮に私たちが心にはまず間違いなく純粋な物理的基盤があると考えるようになったとしても、この物理的な配置からほかでもなくこの種の経験が生まれる理由も知りたいと思うだろう。あなたがもっているような脳をもっていて、いま起きているプロセスを体験していることは、なぜこのように感じられるのだろうか。ほかの見方では困難にぶつかり、そこから唯物論が正しいに違いないと私たちが納得したとしても、それがどのように正しいか、なぜこうなっているのかを見通すのは簡単ではない。

私は本書でこんな問題群を検討したいと思っている。ある特定の経験に関するレヴァインの問い――色を識別したり痛みを感じたりすることにはどのような脳の活動がかかわっているか――に答えることが目的ではない。それは神経科学の仕事だ。本書の目的はむしろ、私たちがいまあるような種類の（物質的存在である）何かのように感じられる理由を理解することだ。この「私たち」の意味はかなり広い。私の主たる対象は、複雑な人間の意識ではなく、人間以外の多くの動物に拡張できるような経験一般だ。これらの問題を、私は先に述べた恣意的な感覚――バクテリアには「ある」とか、鳥類には「ない」とか、何であれ言いたいことを言える感じ――を軽減するような方法で考えていきたい。

私の心身問題に対するアプローチは生物学的で、唯物論の世界観になじむものだ。「唯物論」という言葉は、多くの人に冷徹で現実的な見方を連想させる。世界は思ったよりも小さいし、特別なものでも神聖なものでもなく、互いに原子がぶつかり合っているだけ、というような。原子の衝突は実際ひじょうに重要だが、私としては小難しく窮屈な雰囲気で話を進めていきたくはない。「物理的」あるいは「物質的」な世界とは、ごつんごつんと衝突が起きている世界、無味乾燥な構造物による世界以上のものだ。それはエネルギーと場によって成り立ち、目に見えない影響がいくつも作用している。そのような世界に何が含まれるかについて、次々と意外な事実が明らかになっていることを受け止める気持ちはもっておくべきだろう。

本書は生物学的唯物論のアプローチをとるが、多くの点で私の考えの核心は、大きくは「一元論」と呼ばれることもある立場に立っている。一元論とは、自然の根底にある統一体、もっとも基本的なレベルの単位を想定する思想だ。[19] 唯物論は主観的経験を含む心的現象を、より基本的な、生物学や化学、物理学で説明される活動が現れたものと解釈する立場なので、一元論のひとつの形態と言える。なお観念論はすべてを心的なものととらえる見方であり、統一体についての主張が異なる、別のタイプの一元論だ（観念論者は物理的に見える物体やできごとが実際どのようにして心あるいは精神の発現となっているかを説明する必要がある）。さらに、私たちが「物理的」と呼ぶもの（物質）と「心的」と呼ぶもの（精神）はいずれも何か別の基本的なものの現れであるとする、中立一元論という考え方もある。心的なものを物理的に証明したり、物理的なものを心的に理解しようとしたりするのではなく、物質でも精神でもない別の実体から両方を説明するわけだ。この「別の実体」がどんなものかはわからないままであることが多い。もし私が唯物論者でなかったら、中立一元論の立場をとるだろう――私からするとまず考えられないことだが。[20] 本書では、まず唯物論的な解釈による生命について検討することから始め、生物体の進化による発展にともなって心がどのように生まれるかを示していく。そして最後には、心と身体のあいだにある説明のギャップを（少なくとも一部分は）埋めたいと思っている。

だが先へ進む前に、この難問における心の側面と、それを説明するときに使われる用語を確認しておこう。ネーゲルが「［○○であるとは］そのようなものであるような何かが存在する」という表現を用いて論じた心的側面は、今日では往々にして「意識」と呼ばれる（ネーゲル自身もそう呼んでいる）。あなたであるとはこのような感じであると言えるような何かが存在するならば、あなたは意識をもっている、という意味だ。しかし、「意識」という言葉は何かとても複雑で洗練されたものを連想させがちで、こんなふうに使うと誤った印象を与えやすい。「そのようなものであるような何か」は、どんな感じであってもよい。そんな、この上なく漠然としていて不明確な感覚の流れがあなたの生命の一部であるなら、あなたであるということ――あるいは魚であったり蛾であったりすること――がそのような感じであるような何か、があるわけだ。ところが「意識」という語はこれ以上のことを暗示するので、トラブルのもとになりやすい。

たとえば神経科学者は、意識は大脳皮質から生まれるとよく言う。大脳皮質とは脳の表面にある折り畳まれた層のことで、これが見られるのは哺乳類をはじめ数種の脊椎動物だけだ。医師でありエッセイストでもあったオリヴァー・サックスの著作から一節を引こう。[21] ここでサックスは、脳の感染症によって新しいできごとを記憶する能力を失った患者について述べている。「行為のパターンや手続き記憶は神経系のかなり原始的な部分に結びつけられるが、これらは大脳皮質で生じる意識や感覚能力とどんな関係にあるのだろうか」。これは問いであると同時に、仮定の提示でもある。意識と感覚は大脳皮質で生まれることが前提となっているのだ。サックスは、大脳皮質が備わっていない生物は「私はここにいる」という重厚感をともなう意識はもたないが、何かしらの感覚・感じはもっているかもしれない、と見ているのだろうか？　あるいは、大脳皮質がないと、いわば明かりはすべて消えた状態であって、そんな生物はたとえいくらかの行動はこなせるとしても、経験は一切もたないと考えているのだろうか？　大半の動物、中でも本書に登場する動物のほとんどに、大脳皮質はない。この動物たちは私たちとは異なる種類の経験をもっているのか、それとも経験はまったくもっていないのだろうか？

大脳皮質がなければ経験など存在し得ないと考える人は実際にいる。もしかすると私たちも最終的にこのような立場に追い込まれていくのかもしれないけれども、私としてはそうは思えない[22]。あらゆる形の経験というものはさまざまな意味で人間の経験に似ているはずだとつい考えてしまいがちだが、そうしないように絶えず気を配る必要がある。この間違いは、〈感じられた経験〉という本来とても広い概念に「意識」という単語をあてるときに起こりやすい。とはいえ、いまや多くの人々が「意識」あるいはそれに準じた表現（たとえば「現象的意識」）をこの相当に広い意味で使っているのは事実だ。私は言葉遣いについてとやかく言うつもりはないし、完璧な用語などあり得ない。この広めの概念を表す用語としては、「感性 sentience をもっていること」がうまく当てはまることもある。たとえば「感性をもっている動物はどれか」というように。これは、意識をもっている動物はどれかを尋ねる質問とは異なっている（かもしれない）。だが「感性をもっている」という表現は、特定の種類の経験——快感や痛み、有益か有害かなどの評価を含む関連する経験——について用いられることが多い。これらの経験はもちろん重要なもので、複雑な意識がなくても存在できると考えるのは合点がいくだろう。ただし、基礎的なレベルの経験、あるいは単純な経験はこれだけではない。後半の章では、経験の感覚的な側面と評価的な側面は多少違うものである可能性を検討する。すなわち、何が起きているかを感じ取ることは、それがよいか悪いかを判定することとは異なっているのではないかという点だ。「感性をもっている」という言い方は、この区別のうち特に感覚的側面の描写としては、通例あまり使われない。

もうひとつ、冴えない表現だが「主観的経験」subjective experience という用語もある。冗長な印象を与える（主観的でない経験はあるだろうか？）し、「意識（的）」「感性（的）」のように形容詞的には使いづらい。しかし「主観的経験」は主体という考えを呼び起こすので、望ましい方向を指している。本書で論じるのは、ある意味では主観性の進化――主観性とは何であって、どのようにして成立したかということだ。ここで主体とは、経験の拠りどころ、それが現れて存続する場所を意味している。

私はこの先、単に「心」mind について述べることもあるだろう。思うに、この物語を通じて把握したいのはそこ――心の進化と、それがいかにして世界に組み入れられているか――だ。用語については決まりを定めず、自由に使っていく。私たちが現状理解しているレベルでどれかひとつの表現に固執するのはふさわしくない。

私が進めようとしている研究の課題はさまざまな方法で記述できるが、どうとらえるにしても難しい。本書では、それ自体は心的あるいは意識的なものではない無数のプロセスが、ひとつにまとまり、〈感じられた経験〉を生じさせるような構造をとり得ることを示したいと思う。世界で起きていることの大半は心の関与なしに進んでいくが、そんな活動の一部が折り重なると、どういうわけか心になるのだ。

二元論や汎心論をはじめ、ほかのさまざまな立場によれば、そのようなことはあり得ない。心以外の何かまったく別のものから心をつくることはできないし、いずれにしても完全な心にはならないという。心はあらゆる事物の内に存在するもの、もしくは何らかの物理的システムに「上乗せ」されている（実際には上に乗っているのではなくて、基本的には心がなくても完結している物理的システムに追加されている）ものでなくてはならないという考えだ。私はむしろ、心以外のものから心を組み立てることは——進化によって——可能だと考えている。それ自体は心的な存在ではない事物が何らかのかたちで組織されれば、心は生まれてくる。心は進化の産物であって、自然の中にある、心とは別の材料によって生み出される。この「心」の出現が本書のテーマだ。

心は進化の産物、組み立てられるものだと述べたが、ここで早速よく起こる間違いを防いでおきたい。唯物論の立場は、心は私たちの脳における物理的なプロセスから因果的に生じるものである、つまりそのプロセスの結果または成果である、とは主張しない（ハクスリーはそのように考えていたらしいが）。そうではなく、唯物論では、経験その他の心的なできごとは生物学的なプロセス、したがってある種の物理的プロセスであると考える。私たちの心とは、物質とエネルギーの組織化であり、活動なのだ。この組織化は進化の産物だから、成立には時間がかかる。しかし、このような組織化がひとたび存在するようになったとして、それによって心が生まれるのではない。それが心だ。脳のプロセスは思考や経験を引き起こすものではなく、それ自体が思考であり、経験であるということになる。

これこそ、私が考える生物学的唯物論のプロジェクトだ。このような立場が納得できる見方であって、おそらくはそれが実態だと示すこと。本書の目的は、この道筋をできるだけ遠くまでたどることだ。手品師が帽子の中からウサギを取り出すように、あっさりと解決策が明かされることはないと思う。むしろ議論を少しずつ積み重ねていくものになるだろう。本書が進むにつれて、私はひとつの積極的な見方、大きく三つの要素を組み合わせた、私からすれば納得がいくと思える解決策の描像を描いてみたい。もっとも、すべての疑問が解決するわけではないし、多くの謎も残ることだろう。私が想定している進め方は、何年にもわたって本書の草稿の冒頭に掲げていた一節に鮮やかに表現されている。数学者のアレクサンドル・

グロタンディークが記したものだ。[23]

海面はいつの間にか静かに上がる。何ごとも起こらず、穏やかな状態が続いているように思える……しかし、海はやがて頑強な物体のまわりを取り囲み、その物体は徐々に半島から島、さらには孤島となり、そして、あたかも見渡す限り広がる大洋に溶けてしまったかのように水没する。

グロタンディークが取り組んだのは、純粋数学の基準から見てもきわめて抽象的な分野だ。ここに引用した文章は彼の数学研究へのアプローチを述べている。目の前の難問が従来のやり方では解けそうにないとき、私たちがすべきなのは、その問題を取り囲むように知識を築き上げることで、そうしながら問題の性質が変わり、自然に解けるのを待つ。問題を再構築すれば、いつかは理解できるようになるというわけだ。このプロセスの説明にグロタンディークが用いたのは、ひとつの物体、ある大きさのかたまりが水中に沈んで見えなくなってゆくイメージだった。

私は長いあいだこのイメージを思い描いてきた。ほかの哲学者はいざ知らず、私は哲学の分野における難問を、単なる錯覚であって語り口を多少変えさえすれば克服できるものとは考えていない。新しい学びが必要だ。しかし、知識を深めていくにつれて、問題そのものの形や色合いは変わっていく。

グロタンディークが示したイメージはあまりにぴったりで、私は一時これを本書巻頭のエピグラフにするつもりでいた。だが、地球温暖化が急速に進んで極地の氷が溶け、貴重な太平洋の島々が水没の危機にさらされている現在、このイメージは新しい意味を帯びている。もともと意図していなかったことが連想される可能性を考慮すると、本書をこの一節から始めるのは間違っているように思えた。[24]それでも、グロタンディークの比喩が私の考え方の指針であることに変わりはないし、そこで表現されている大局観は本書の道しるべだ。本書では、生命の本質と動物の歴史、さらに現存する動物の多様な生き方を探究することを通じて、心身問題にアプローチする。動物の生態を調べていくことによって問題の周辺を固め、それが形を変えて沈み込んでいくのを見届けたい。

本書は前著『タコの心身問題――頭足類から考える意識の起源』として始まったプロジェクトの続編にあたる。『タコの心身問題』*Other Minds* は、頭足類という特定の種類の動物群を軸に進化と心の成り立ちを追った本で、私がスキューバダイビングやシュノーケリングをする中でタコをはじめとする頭足類の動物たちに出会った体験で幕を開ける。身体の形や色をあっという間に自在に変えられる複雑な仕組みをもつタコたちと水面下で遭遇したことから、これらの生物の体内では何が起こっているのかを理解しようとする試みが始まった。そうして私は頭足類の進化の道筋をたどり、動物の歴史における重要な事件――はるか昔に起こった系統樹の分岐――にまでさかのぼることになった。五億年以上前に分かれてできた枝の一本はタコ（をはじめとする動物）に、もう一本は私たちヒトへとつながっている。

心と身体、そして経験をめぐる私の考えの一部は、『タコの心身問題』で概略的に述べた。私が関心をもって追いかけていた動物たちに導かれて得た描像だ。本書では、その考えを詳しく説明し、論証していく。哲学的な側面の検討をより深め、進化の木の枝をさらに探究し、水中で私たちの親戚にあたる多くの動物たちと長い時間を過ごした結果、このような進展がもたらされた。『タコの心身問題』はもっぱらタコに関連して書いたが、本書では、進化の木で私たちの近く、あるいは遠くに位置するさまざまな種類の生物について見ていきたい。このうち数種の動物にとっては私自身が観察と遭遇の対象になっていたこともあるだろうし、ほかの動物の場合は私の存在など現実とも夢ともつかないものだったかもしれない。本書の終わりのほうでは、私たちに似た身体と心をもち、より近い関係にある動物を取り上げる。だが、歴史的な物語としては初期の進化の段階に重きが置かれている。その目的は、経験がいったいどのようにして地球に——最初は水中に、次いで陸上に——出現したのかを理解することだ。

そしてそれは、本書がたどる道筋でもある。私たちは、現存するさまざまな生物を手がかりに、生命の物語をその始まりから歩いて——這って、泳いで、身体のサイズを変えながら——追いかける。それぞれの動物の身体や感覚の機能、行動の仕組み、世界とのかかわり方からの学びだ。この動物たちの助けを借りて、過去の現象ばかりでなく、今日私たちの周囲に存在する多様な主観性のあり方を理解することを目指す。百科事典的にあらゆる生物種を網羅することは私の意図するところではない。取り上げられるのは心の進化において次の段階への移行を示す生物で、中でも心が出現した段階に焦点を合わせる。そのほとんどは海で暮らす動物たちだ。さあ、階段を下りていこう。

2 ガラスカイメン

タワー

カイメンの庭は、太陽の光がよく入るごく浅瀬から広がっていることが多い[1]。流れのある場所では特にそうだ。水面下で光が弱まるにつれて、じっと動かない動物の身体で構成された景観が目に入るだろう。それらはコーヒーカップや電球、足つきの杯、あるいはいくつも分かれた木の枝先のように見える。分厚い手袋をつけた手にそっくりのものもある。まるで海底の下に潜む巨大な生き物が、できかけの軟らかい腕を水中に突き出して何かをつかもうとしているかのようだ。

こんな水深の浅い場所にいるときには、ぐるりを見渡し、水温がもっと低く、真っ暗な中で上から粒子がちらちらと降ってくるところを想像してほしい。水深およそ九〇〇メートルの海底では、淡色で高さ三〇センチメートルほどの円筒形の塔が、ほかの似たような構造物の集まりの中に位置している。どの塔も底部はしっかりと固定され、上のほうはわずかに太くなって半ば開いている。外面は軟らかいが、内側には微細な硬いパーツからなる骨格がある。最小のパーツ（骨片）は星や針、十字のような形で、とがった部分が斜めになって塔の構造が組み上げられていく。この塔はデリケートな錨（いかり）で海底に固着されている。

錨と骨格をつくるパーツの主成分は二酸化ケイ素。ガラスの原料として使われている物質だ。

温帯の浅瀬であろうと、月面のように荒涼とした深海であろうと、カイメン（海綿動物）は生きているようには見えないが、よく目を凝らしてみれば、活発に反応していることがわかる。音のしないポンプのように、体内に水を取り込んで吐き出し、そうしながら周囲の状況を感知し応答している。この深海の塔、ガラスカイメンは、光や電荷を伝導することもできる身体をもっている。まるで海底に電球がひとつ灯っているような具合（ヒラメイタ！）だ。

細胞と嵐

心の進化の背景となる条件は、生命そのものだ――生命についてのすべてではなく、ＤＮＡとその働きのことでもない、別の特徴だ。それは細胞に始まる。

動植物の誕生に先立つ原始の生命は、単細胞生物だった。動物と植物は、細胞たちが協調してつくりあげた巨大な作品だ。この協調が生じるより前の時点でも、単細胞生物はおそらく完全に孤立してはおらず、多くの場合はコロニーを形成するなど密集した状態で生息していたと考えられる。とはいえ、その頃の細胞はまだ、ごくごく小さな一個の独立した存在だった。

細胞には内側と外側がある。それを分けているのは細胞膜だ。細胞膜は細胞全体を包んでいるが、完全に密閉しているわけではなく、チャネルやポンプなどの通路が埋め込まれている。この境界を通じて絶えず物質がやりとりされ、細胞内では盛んな活動が行われている。

細胞は物質、つまり分子の集合体でできている。「物質」と聞いて読者がどんなことを想像するか正確にはわからないが、この言葉は反応が鈍く自力では動けない存在を思い起こさせる。押されないと動かない重いもの、というような。物質についてのこういったイメージは、陸上でテーブルや椅子など中程度の大きさのものがどんな様子かということが手がかりになっている。しかし、細胞を構成する物質を考えるときには、違う考え方が必要だ。

細胞の内部では「ナノスケール」、つまりナノメートル（一〇〇万分の一ミリメートル）の尺度でさまざまな現象が発生する。[2] それが起こるのは水という媒質の場においてだ。この環境に存在する物質は、陸の世界にある大きくも小さくもないどんなものとも異なる挙動を示す。このスケールだと、作用は物理的な力を加えなくても自発的に生じてくる。生物物理学者ペーター・ホフマンの言い回しを借りれば、どんな細胞の中でも「分子の大嵐」が起きている。分子どうしが衝突したり、引力や斥力の働きで動き回ったり、まさに騒然とした状態が途切れることなく続いているのだ。

細胞には複雑な機構、それぞれに役割をもった装置が詰まっていると考えると、これらは絶えず水の分子の砲撃を受けていることになる。細胞内の物体は、高速で移動する水の分子におよそ一〇兆分の一秒に一回の頻度で衝突されている。一〇兆分の一秒――つまり、細胞の中で起こっている現象のスケールを直感的につかむのはほぼ無理なのだ。この衝突には少なからぬ威力があり、細胞内の機構が自ら及ぼしている力が小さく思えるほどだ。これらの機構は現象をある一定の方向に押し進めることができ、結果として大嵐にはいくらかの整合性がもたらされている。

この大嵐の状態を維持していく上で、媒質である水は重要だ。ナノメートルの空間スケールでは、乾燥した場所にある物体は多くがくっつき合い、ひとかたまりになって動かなくなるが、水中ではそのようなことはなく、物体は動き続ける。したがって細胞は自然発生的な活動が見られる世界となっている。私は先に、「物質」は反応しにくく、自力では運動できないものと考えられがちだと述べた。しかし、細胞が対処しなければならない問題は、何らかの反応を引き起こすことではなく、自発的に生じる現象の流れに秩序をもたらし、ある種の構造を与えて理に適うようにすることだ。こういった状況のもとで、物質は何もせずじっとしているわけではない。ここでの課題は混沌から組織をまとめ上げることなのだが、物質はむしろ、動きすぎる危険がある。

物質に関して私たちが常日頃抱いているイメージは、生命とその誕生を考えてみるときに誤解を招きそうなものがほとんどだ。もし生命が陸上でテーブルや椅子のようなサイズの材料から発達しなければならなかったとしたら、それは起こり得なかった。しかし、実際にはそのようなことはなく、生命は海――もしかすると地表にできた水の薄い膜だったかもしれないが、いずれにしても水の中――で、分子の大嵐に秩序が発現したことによって進化した。

生命の起源は、およそ四五億年前に誕生した地球の歴史において、おそらく三八億年ほど前とかなり早い時期に位置づけられる[3]。最初の生命は細胞の形をしていなかった可能性もあるが、ひとまとまりの特殊な化学プロセスが構成され、ほかのものとは区別されて、なおかつそれが拡散してしまうのを防ぐ、何らかの初期の条件があったに違いない。そして、ある段階で細胞が現れた。たぶん初めは漏れ穴がある貧弱なもので、それが最終的にはバクテリアのような、自己の組織を一貫して維持し、繁殖をする細胞に至ったというわけだ。

細胞が自分でやっていける力――物質を変換し、秩序を与え、混乱の中に様式をもたらす能力――を獲得する中で特に重要な成果としては、電荷を制御できるようになったことがある。

電荷を飼いならす[4]

電荷を〝飼いならした〟ことは、近代の人類史における重要な事件のひとつである。一九世紀に入って、電気は謎めいた、往々にして危険な（もっとも直接的には稲妻として体験される）力から、現代世界をかたちづくる技術の一要素となった。もしいま本書を電灯の下かコンピューターの画面上で読んでくださっているなら、その読書の行為は電気によって支えられている。この近代化は、電気がかかわる二つの進歩のうち二番目のものだ。じつは、電荷の制御はそれより何十億年も前、生命進化の初期段階にも行われていた。細胞や有機体の中で起こることは、あらかた電気によって成し遂げられている。脳の活動（脳は電気系統だ）をはじめ、大部分の現象は電気がベースだ。

さて、電気とはいったい何だろうか。多くの物理学者にとってさえ、これはつかみどころのない問いだ。電荷は物質の基本的な性質で、正の電荷と負の電荷がある。同じ符号（たとえば正と正）の電荷を帯びた物体どうしは反発し合い、異なる符号（正と負）の電荷を帯びた物体は引きつけ合う。身のまわりにあるようなふつうの物体は、正電荷と負電荷の両方をもっている。すべての原子は、さらに小さな粒子の組み合わせからできている。この粒子には正の電荷を帯びたもの（陽子）と負の電荷を帯びたもの（電子）があり、ほとんどの場合は電荷をもたない粒子（中性子）を含めた三種類で構成される。原子は通常、陽子の数と等しい数の電子をもっており、原子中の正負の電荷は差し引きゼロになることから、原子自体は電気的に中性である。

電荷を帯びた粒子のあいだに働く、引き合う力や退け合う力は大きい。稀代の物理学者リチャード・ファインマンの一節を『ファインマン物理学』から引こう[5]。

すべての物質は正の陽子と負の電子との混合体で、この強い力で引き合い反発し合っている。しかしバランスは非常に完全に保たれているので、あなたが他の人の近くに立っても力を感じることは全くない。ほんのちょっとでもバランスの狂いがあれば、すぐ分かるはずである。人体の中の電子が陽子より1パーセント多いとすると、あなたがある人から腕の長さの所に立つとき、信じられない位強い力で反発する筈である。どの位の強さだろう。エンパイア・ステート・ビルを持ち上げる位だろうか。とんでもない。エベレストを持ち上げる位だろうか。それどころではない。反発力は地球全体の〝重さ〟を持ち上げられるくらい強い。〔『ファインマン物理学Ⅲ　電磁気学』宮島龍興訳　岩波書店〕

ふつうの物質は正負の電荷を帯びた部分が入り混じっている状態だが、原子を構成する陽子（正の荷電粒子）は中性子と一緒に原子の中心に位置し、電子（負の荷電粒子）はそのまわりに存在する。原子が外側にある電子を失ったり、逆に得たりすると「イオン」になる。イオンとは、原子（または複数の原子からなる分子）が電子を放出したり受け取ったりして荷電粒子のバランスが変化したために、それ自体が電荷をもつ状態になったものを指す。多くの化学物質は水に溶けるとイオンを生じ、そのイオンは水中を漂う。「塩」水とはイオンが溶解した水のことだ。どんな海水の一滴にも無数のイオンが含まれている。このイオンは互いに、あるいは水の分子と作用し、引きつけ合ったり、反発し合ったりしている。

荷電粒子の移動で生じる電荷の流れを「電流」という。金属線（電線）の場合、その線を構成する原子一個一個は動かないが、電子が移動することによって電流が流れる。工業技術（電灯やモーター、コンピューターなど）で用いられる電流は大半がこの形式だ。しかし、イオン全体が移動して電流が生じることもある。たとえば水中に存在する陽イオン（正の電荷を帯びた原子または原子団）あるいは陰イオン（負の電荷を帯びた原子または原子団）を一定方向に移動するよう誘導すれば、それは電流だ。その状態で電流が流れるようになるという意味ではなく、その状態こそが電流なのだ。塩水が入った容器の中で何らかの方法によって適切なイオンの移動パターンを全体的に発生させることができれば、必ずこのような電荷の流れが見られる。人間が発明した電流制御の方式とは異なり、生体システムにおける電流はほとんどがこちらの形をとる。

電荷それ自体は生命に似たもの、あるいは心的なものではない。生物界のみならず、無生物界で起こる現象も大部分は電荷が引き起こしている。ただし、生命活動は電荷に頼っており、中でもイオンを囲い込んだり汲み出したり、集めたり解き放ったりすることによって維持されている。

細胞の表面を覆う膜はさまざまなものを外側と内側に隔てているが、この膜は特定の物質を選択的に輸送する経路（チャネル）を備えている。その多くは「イオンチャネル」と呼ばれるものだ。イオンチャネルは何らかの条件を満たしたときに、膜の片側からもう片側へイオンを受動的に透過させることがある。また、細胞が膜を通してイオンを能動的に輸送する場合もある。

イオンチャネルにはいろいろなバリエーションがあるが、バクテリアを含めあらゆる種類の細胞性生物に共通して見られるものだ。バクテリアがなぜイオンの受け渡しを行う精巧な仕組みをつくるのかはすっかり解明されているわけではない。チャネルは、最初は単に細胞が自分の電荷と外界とのバランスを保てるようにする――全体としての電荷を調整し飼いならす――ために生じたのかもしれない。しかし、生体システムの境界を越える関係が存在するとき、それはいつも本来の役目以上のことをこなすようになりやすい。たとえばイオンの流れは、最小限の感知の形態として機能できる。ある特定の化学物質が細胞の表面に接触することで、チャネルが開き、イオンが細胞内に流れ込むとしよう。そうすると、このイオン

(=荷電粒子）は細胞の中で新たな現象を引き起こすことができる。

イオンの流入に続く結果は、先に触れた膜を経由する物質の輸送と関連するが、その細胞にとってはより広範で大がかりな変化となる。ここでいう次の段階とは「興奮性」のことだ。チャネルは荷電粒子の流れを制御しているが、これらのチャネル自体、開け閉めが可能という意味で制御されている。この開閉は化学的あるいは物理的な作用によって起こるほか、電荷そのものの影響を受ける場合もある。「電位依存性イオンチャネル」とは、自身がさらされている電気現象に対する応答として開くチャネルのことで、これは連鎖反応を可能にする。ある電流がより大きな電流を生み出し、それが細胞膜全体に広がっていくわけだ。

こう聞かされても、あまり大したことには思えないかもしれない。先に述べたような、細胞が移動中に接する化学物質に対してイオンの流れが敏感に反応するという仕組みにくらべると、役に立ちそうな印象も薄い。しかし、電位依存性イオンチャネルはもうひとつのイノベーションである「活動電位」の基礎となるものだ。活動電位は細胞膜に起こる変化が一か所にとどまらずに進んでいく連鎖反応で、特に私たちの脳でよく見られる。陽イオンがある一点で細胞内に流れ込むと、隣接する場所のイオンチャネルに作用し、それらが開く結果さらなるイオンの流入が起こり……ということが繰り返される。バランスが崩れた電位差の波はパルスのように細胞膜に沿って移動する。活動電位は電気ショックに似た現象で、脳細胞の「発火」と表現されることもある。このショックは電位依存性イオンチャネルによって生じている。

電位依存性イオンチャネルでは、電流の制御機構自体もそのチャネルがさらされている電荷の影響を受ける。つまり、電流の流れは電気的に制御されている。これはトランジスターの原理だ。この節の冒頭で、一九世紀の進歩によって電気が人間の技術の領域にもたらされたことに触れた。そのような進歩は二〇世紀に入ってもう一度起こり、トランジスターはその時に発明された。コンピューターやスマートフォンのシリコンチップには、この種の電気的スイッチが極小サイズで多数搭載されている。トランジスターは一九四七年頃にアメリカのベル研究所で発明された――〝発明〟されたとされる、と言うべきだろうか。ベル研究所でつくられた最初のトランジスターは、大きさとしては二・五センチほどで、以降改良が重ねられ、サイズも小さくなった。だが、同じ仕組みは何十億年も前にバクテリアの進化の中でつくり上げられていたのだ。

バクテリアがトランジスターを発明したのだとすれば、それを使って何をしていたのだろうか[6]。バクテリアがなぜ電気で電気を制御する必要があったのか。私が知る限り、この質問への答えとして広く意見が一致しているものはない。もしかすると、バクテリアが細胞を電気化学的に維持していくための工夫のひとつだったのかもしれない。あるいは泳ぐ動きをコントロールするのに使われていたのかもしれない。外界の化学物質を感知するチャネルは、付随的に電荷にも敏感なのだろう。実際、「バイオフィルム」〔微生物が集合して増殖した膜状のもの〕のコロニーを形成するバクテリアは、イオンを介して細胞から細胞へとシグナルを伝達する。しかし、バクテリアに活動電位――私たちの脳で発生する電気ショックのような連鎖反応――は存在しない。この事実は私にはかなり奇妙なことに思われる。数十億年前、自然はコンピューター技術の基礎ともなるハードウェア装置――複雑でコストのかかる仕組みでもある――を発明し、しかもそれはバクテリアで起こった。ところが、バクテリアはこの装置を計算には大して使ってこなかったらしい。

それが出現した理由のいかんによらず、電位依存性イオンチャネルは電荷を飼いならすことに関して画期的な事件だった。先に述べたが、これらのチャネルに明らかな使い道はひとつもない。ある意味ではトランジスターもそうだ。そして、どちらの場合もそこが重要なところでもある。トランジスターは一般的な制御の手段であって、ここの現象をそこの現象に素早く確実に作用させる装置だ。制御される現象は多岐にわたる——役に立ちそうなことなら何に使ってもかまわない。活動電位を発生させるとき、電位依存性イオンチャネルは細胞の活動が「デジタルの」性質をもつようにも働く。ニューロンが発火したか／しないか、イエスかノーかというわけだ。電気ショックのように発火するニューロンはすべての動物にあるものではないし、神経系は興奮性が低くても機能する。だがこのデジタルの特性が便利なものであることは間違いない。こういった制御装置が、今日の用途の大部分が現れる気配すらないようなはるか昔に発明されていたというのは驚くべきことだ。

ユビキタスなコンピューターとAIの時代にあって、生体システムとこれらの人工物の関係について問うのは当然であり、ほぼ避けられない。生物とコンピューターは、異なる道具を用いて本質的に同じことをしているのだろうか？　二つのあいだに往々にして意外な類似点が見られるのは事実だが、相違を認めることも重要だ。ひとつ違う点を挙げれば、細胞がしていることの多く、いわば細胞の本分の仕事を、コンピューターは決してする必要がないことだろう。細胞内の活動の大部分は自身の維持にかかわっている。すなわち、絶えずエネルギーを取り入れること、素材は朽ちてほかの物質に転換されていくにもかかわらず、活動のパターンをそのまま保つことだ。生体システムの内部では、コンピューターもしていそうな活動——電気的スイッチの切り替えと〝情報処理〟——は必ず無数の化学プロセス、すなわちミニサイズの生態系に組み込まれている。細胞の中で起きることは、分子の大嵐の変動に加え、生体システムが関与するもろもろの化学的な反応や作用の経過にしたがい、すべて液体中で起こる。一方、私たちがコンピューターをつくる場合は、もっと整然として画一的な動作をするものをつくる。物理化学的作用の繰り返しによってあらぬ方向に進む可能性がなるべく少ないものを組み立てようとするわけだ。

ここには、より広い見方がかかわってくる。本書の前半の章では、細胞や単純な生物の内部に見られる込み入った要素、あるいはプロセスの説明をしばしば試みるつもりだ。それらの多くの段階に対して使うべき言葉としては「機構」「メカニズム」が自然だろう。感知の機構、興奮性のメカニズムなどを見ていくわけだ。もっとも、ここで「機構」という言葉を使うことが適切かどうか、まったく確信がもてない。広くとらえるなら、電位依存性イオンチャネルは確かに小さな機構の集合だし、神経や脳についても同じことが言える。これを否定すれば、二元論的（魂＋身体）、あるいは、生気論的（「生命力」）な立場に一歩近づくことになるのだろう。そのため、私は自分に「この単語は消さずに使おう」と言い聞かせた。しかしながら、機械と生体システムの差異も重要だ。細胞における生命のプロセスは、分子の大嵐やイオンの不完全な群れ集まりに秩序を与えることをともなう。それはこれまでに人間が組み立ててきたあらゆる機械の内部で起こることとは似ても似つかない。一般に機械は、たとえ生命よりもずっと無秩序な振る舞いのシミュレーションに使う可能性があるときでも、予測可能で活動範囲を限定してつくられているものだ。細胞の中にある複雑な材料を「機構」と表現するのは、ある面では正しく、ある面では間違っている。

動物よりも前に存在していた生物の特徴を見ていく上で、私が強調しておきたいことはもうひとつある。すでに何度か触れてきた点だが、ここでちょっと舞台の中央に引っ張り出そう。それは「輸送（トラフィック）」、生体システムとその周辺環境とのあいだで起こるやりとりについてだ。これには、先述したイオンの流れのほか、原料物質の取り込みと老廃物の排出も含まれる。細胞は膜で囲まれているが、外の世界に対して閉ざされているわけではない。私が強調しているのは、細胞からなる生物には特徴として「窓」がある、つまり穴がいくつもあいているということだ。

このトラフィックには、代謝的側面、すなわち生命を維持するためにエネルギーを獲得して利用することにかかわる側面があり、そしてまた、情報に関係する側面がある。外から入って作用を及ぼすものには、それ自体が重要なもの（たとえば食物）もあるが、一方で、その存在が予告あるいは予兆すること、つまり、そのものではなくそれが示唆している何か別のことが重要、というものもある。生き続けようとすれば、こういった物質のやりとりにおける代謝の面は当然避けられない。生命活動自体が、（有機体の外で始まって外で終わる）エネルギーの流れに組み込まれて存在するひとつのパターンだ。[7] 私の同僚モーリーン・オマリーは、化学の専門用語を異分野のイメージと組み合わせ、これをうまく表現した。[8] いわく、生き続けるためには、「酸化還元のジェットコースターに乗って、ずっとギブアンドテイクをし続ける中で」どうやって存在していくかを学ぶ必要がある（酸化還元反応では二種類の分子間で電子の授受が起こる）。結果として、これはオマリーが強調したかった点でもあるのだが、生体システムは本来的に電荷と外界の現象に対して敏感に反応することになる。窓のない状態では存在できず、エネルギーを得る必要から世界に対して開かれているわけだ。このように世界への窓を開いてしまった以上、そこで起きていることの作用を受ける。そして、一度そういった作用を受けるようになれば、進化はこの感受性を活用するようになりがちで、その生物は――いかに単純な営みであれ――自分のプロジェクトを進めるような方法で現象に反応するケースが多くなる。細胞から構成される既知の生物は、微小なバクテリアも含め、すべて世界を感知し、それに応答する能力をもっている。感知は、少なくともごく基本的な形式としては、古くから生物界にあまねく存在する能力だ。[9]

メタゾア

本章で扱う二つのテーマのうちの一方は、そうした考え方をもって完全なものになる。生きている細胞は物理的な物体だが、日常なじみのあるどんな物体にも似ていない。細胞は膜をつくり、その活動の大嵐を包み込んで形を与える。膜に囲まれてはいるものの、細胞はその境界を横断するトラフィックに永久に依存している。自分の境界を自ら定義し、自分の生命を自ら維持していく細胞は「自己」とみなすことができる。さて、本書のストーリーの次の段階として、新しい単位、新しい種類の自己について見ていこう。つまり動物だ。

動物というと、私たちはふつう人間に近い動物のことをまず考える。イヌやネコといった哺乳類、もしかすると鳥類を思い浮かべる人もいるだろうか。しかし、「動物」の範囲はもっとずっと広い。ここでいう動物、すなわちメタゾア Metazoa〔後生動物〕は、生命の木——地球のすべての生物のつながりを示す系統ネットワーク——において、大きな枝の一本を成している。Metazoa という言葉は、第1章で登場したドイツの生物学者エルンスト・ヘッケルによって一九世紀末に導入された。[10] ヘッケルは、多細胞の動物である Metazoa を単細胞の Protozoa〔原生動物〕(-zoa は「動物」を意味する)と対比した。ギリシャ語の接頭辞 meta は、もともとは「あとに」「そばに」というような意味をもっていたが、のちに「より高い」という意味に転じ、さらに今日では「〜についての(対象を上から見下ろしている)」といった意味で用いられることが多い。ヘッケルはおそらく、「高次」と「後期」が合わさったようなことを意図していたのだろう。ところが、現在 Protozoa はもはや動物の分類とはみなされておらず、このような「動物」が含まれた呼称は混乱を招きやすい。「動物」といえば、いまは Metazoa だけだ。

動物〔の身体〕は、一個の単位（ユニット）として生きている多くの細胞から構成されている。[11] それ以外の面では、じつに多様だ。サンゴにキリン、ある種の単細胞生物よりも小さいスズメバチ、体重五〇トンのクジラ。これらはすべて動物に分類される。中には植物とほとんど見かけが変わらないものもある。現代の生物学で「動物」という言葉は、生態や形状を問わず、系統樹の一本の枝に属するすべての生物を指す。オオカミは動物。それと同じようにサンゴも動物ということだ。「動物」という語の重要な使われ方はほかにもたくさんあるが、〔進化の系統樹から見て取れる〕この解釈はほかと違って曖昧なところがなく、わかりやすい。

なお、動物に関して「下等」「高等」といった尺度は存在しない。もっとも、そんな表現を使う癖を直すのは難しいようだ。系統樹では「より早い時期に出現した」という意味で下方に位置している動物があるものの、いま生きている昆虫がヒトよりも下等ということではない。現生の生物はすべて、この木のいちばん高いところに位置している。したがって、進化の「尺度」や「はしご」について話しても始まらない。動物をそのように並べることはできないからだ。ある動物がほかの動物にくらべて何かと複雑（構成要素が多い、行動が多岐にわたる、ライフサイクルがわかりづらい……）ということはあるにしても、ダーウィン以前には当然のように思われていた、下から上へ、低いところから高いところへという尺度が入り込める場所は、現代の生物学にはない。

動物たちがその一部を構成している系統ネットワーク、いわゆる「生命の木」は、必ずしも樹木のような形をしているわけではなく、実際あちこちでもっと絡み合った状態になっている。[12] しかし、話を簡単にするため、本書では「木（樹）」と言及していく。この木には、地球上のあらゆる既知の生物について相互の系統関係が示されている。昔からあるものだが、現在でも成長を続けている。壮大な時間にわたって起きる進化のプロセスを通して、この木は成長を遂げる。生物の集団や種は時折二つに分かれることがある。その後は双方ともに独自の進化を遂げ、それぞれに固有の特徴を獲得する。絶滅の可能性はいつでもあるが、絶滅せずに生き残った集団——新種——では、また分裂が起きるかもしれない。そうなると、もとは二股のフォークのような形だったものにいくつかの枝が生えることになり、それぞれの枝は一種だけではなく複数の種のまとまりを意味するようになる。

ずっと昔、この木がまだ若く背丈も低かった頃、小さな側枝が出てきた。この枝は枯れずに伸びていき、何度も枝分かれして、とりわけ大きく広がり多様な種を含むようになった。系統樹でこの枝に属する生物群が、動物だ。進化には終わりがないし、動物たちがいる側にしろ、それ以外の部分にしろ、この先どこで枝が伸び広がっていくかはわからない。ただ、動物たちはじつにさまざまな生態で生きてきたとはいっても、動物には大部分に共通する「スタイル」がある。動物の枝で発明された生き方というわけだ。

動物は特殊な単細胞生物から発生した。バクテリアよりもサイズが大きく、ずっと複雑な内部構造をもつこの細胞（真核細胞）には、エネルギーの扱いを担う特別な器官——ミトコンドリア——と、精巧な組織構造（細胞骨格）が存在する。細胞骨格は相互に動くことができるフィラメント（微小線維）とチューブ（微小管）からなるネットワークで、細胞がその形を保ち、運動を制御できるように働く。

動物が誕生するよりもずっと前に、細胞骨格は単細胞生物の中で新しい方式の運動性を確立することに取りかかっていた。[13] 自発的に何かを追跡する動きもそのひとつだ。この仕組みによって、バクテリアに見られるような主として化学的プロセスに基づく存在から、一部は行動にも頼る生活様式への転換が実現した。つまり、「動作」と「操作」だ。いずれも動物の特徴のように思えるが、これはまだ単細胞生物（原生生物）の話だ。この中には大型になったものがある。たとえば〔アメーバ属の近縁である〕カオス属の種は、バクテリアだけでなく小型の無脊椎動物を捕食することもある。

植物は系統樹におけるもう一本の枝で、こちらの側でも長期にわたって多細胞生物の実験が重ねられてきた。植物は、動物と同じく真核細胞の集合体である〔真核細胞で構成された生物体を真核生物という〕。このことは菌類にも当てはまる。小さな単位が協調して、より大きなまとまりを新しくつくり出すというのは、進化において繰り返されるテーマだ。真核細胞自体もその例に漏れず、構造の単純な一個の細胞がほかの細胞に取り込まれて出現したのだった。[14] この取り込まれた細胞が元になってミトコンドリアが生じ、それは真核生物では一種の発電所として、エネルギーを産生する機能を担っている。

動物と植物の誕生は別々に起こったが、その際にはまた違うタイプの細胞の連携があった。細胞が細胞を飲み込むことではなく、細胞が並列的に配置されることだ。一個の細胞が分裂すると娘細胞が二個できるが、突然変異の影響で化学的な性質が変化したために、それぞれが独立した一個の細胞とはならず、二個がくっついたままだったとしよう。この娘細胞の分裂で生じる娘細胞も、同じように二個くっついた状態になると考えられる。初期の結果としては、単にサイズの大きな生きている物体が誕生したにすぎない。この物体はひとつの生物個体としては振る舞えず、大きくなることはできる一方、どうやって再生産〔自己複製〕をするのかは明らかではない。それでも、これは新しい種類の生命への一歩だ。

このような多細胞生物は、単細胞の生物から幾度も進化を繰り返してきた。動物の系統では、これはおよそ八億年前（一億年もの不確実性を含む）に起きたことかもしれない。最初期の形態を示す化石は発見されていないが、この第一段階を想像することはできる。姉妹と離ればなれになりたくなかった細胞が何世代か連続した結果できた細胞のかたまりがひとつ、ボールのように海に浮かんでいるところだ。

そこからどこに向かうのか。ある伝統的な見解にしたがえば、次の段階としては、カップというか、開口部のある中空の球になると想定される。細胞のボールは自然に表面の一部が内側に向かって折り込まれ、くぼみができるのだが、この可能性を初めて記述したのもエルンスト・ヘッケルだった[15]。

この「カップ仮説」が興味深い理由のひとつは、それがさまざまな動物において個体の発生――〔受精〕卵が成体に成長するまで――の初期に見られる形態であることだ。中空の胚のことを「囊胚（のうはい）」、ガスツルラと呼ぶ。個体発生の初期に見られる変化が進化の初期にも起こっていたはずだと考えるのは間違いだが（ヘッケルはそのように考えていた）、カップ型の形態は太古の昔からあり、しかも広範囲に及んでいるようなので、何かの手がかりとみなすことはできるかもしれない。ヘッケルは、〔発生段階に出現し、多細胞生物の祖先と考えられる〕この仮想的な動物を「ガストレア」（腸祖動物）と名づけた。

第1章で触れたバチビウスの件は、ヘッケルにとって自慢できるものではなかった。その点ガストレアはもっとましで、これがごく初期の動物の姿を示している可能性はまだ十分にある。中空の球体は腸の原型であったかもしれず、最初の動物はその消化管を中心に身体がつくられて生まれたのかもしれない。そのように密閉された環境では、動物は取り込んだ食物に酵素を放出するとき、散逸の心配なしにそれができたはずだ。

ヒトの消化管は食物をためておける。また消化管には無数の細菌が生息しており[16]、全体のバランスが適切であれば、私たちはその存在に大いに助けられている。このような協力関係は動物ではきわめてふつうに見られるし、動物の進化の初期段階でそうなっていた可能性もある。ただし、この考えはヘッケルが唱えたもともとの説にはなく、ヘッケル以後に出てきた説でもこのような見方はほとんどなかった。それは、正常な動物の体内には大きな細菌叢がいくつもあり、食物の消化を助けるなどさまざまな働きをしていることがわかってから生まれた、比較的新しい考え方だ。私たちの身体と体内に生息する微生物のあいだにあらゆる面で密接な結びつきがあると認識されたことは、生物学者の動物に対する見方に重要な変化をもたらしたが、この結びつきはおそらくはるか昔から存在するものだろう。細胞の歴史の中で例の「取り込み」が起きたことも思い出してほしい。その結果としてミトコンドリアができ、植物の細胞には葉緑体もできた。こうした出会いによって、ひとつの代謝経路がある細胞の内部に持ち込まれ――もしくは持ち込まれたのちに飼いならされ――たのだ。その一方、相手が微生物の場合は、細胞体の中には入らせず、協力関係にある微生物のために家を、もっと言えば飼育場を建てた。消化を助ける多様な生態環境は、動物が誕生した時に初めから存在していたのかもしれない。

微生物との協力関係の有無はともかくとして、この穴のあいた球体という考え方は、細胞の進化の二周目のようなものだ。一周目では、チャネルを備えた境界が形成され、化学反応を制御する機能をもつユニットができた。そして今度は多くの細胞が集まって中空のボールになるが、この物体にも内側と外側がある。ここで、ひとつひとつの細胞は球体を形づくるパーツとなり、この球体に出入りするトラフィックを制御する。

そこ――あるいはどこか――から、初期の動物の身体はよりはっきりした形を獲得していった。だが、その次に起きたことを解明しようとしている人にとって、化石の記録は（本稿執筆時点ではまだ）がっかりするほど何も語ってくれない。とはいえ、現生の動物に手がかりがうかがえるものがあるのも事実だ。誤解につながりやすい手がかりではあるが。現代に生きている動物は祖先の姿をそのまま保っているわけではなく、遠い親戚のような存在だ。この動物たちは私たちヒトと同じだけ進化の時間を経てきている。だが動物によっては、ある程度は昔と似たような形を維持していたり、少なくともその痕跡らしきものが残っていたりするものもある。

そんなかつての名残をとどめている動物とは、カイメン類（海綿動物）、クシクラゲ類（有櫛動物）、センモウヒラムシ（平板動物）の三つだ。[17] これらはそれぞれまるで異なっている。カイメンは、いったんどこかに定着すると、成体として移動はせず、植物のようにその場に固定された状態で生活する。また、種によってはかなり大きく成長するものもある。一方、センモウヒラムシはきわめて小さく、這いずり回ることができる平らなアメーバ状の動物で、はっきり見るには顕微鏡が必要だ。カイメンとセンモウヒラムシにはいずれも神経系が存在しない。クシクラゲはその名の通りクラゲに似ているが、クラゲとの進化的な距離は相当大きいかもしれない。クシクラゲは神経系をもち、身体の外縁に並ぶ微細な毛（繊毛）をリズミカルに動かして泳ぐ。つまり、これら三つの動物の手がかりのうち、ひとつは海中に据え付けられた家具のようにじっと動かず、もうひとつは顕微鏡でないと見えないサイズでせかせかと動き回り、三番目は無色透明で泳げるということだ。

数ある動物の中で、なぜこれらが初期形態の手がかりだと言えるのだろうか。第一に、この三つの分類群はいろいろな意味で単純な動物だ。身体のつくりはシンプルで、細胞の種類も少ない。第二に、この動物たちは一般に私たちからかなり隔たっている。系統樹で見ると、ヒトがいる枝からごく初めの頃に分かれた系統に位置する。

ここでちょっと立ち止まり、二つの特徴――単純であること、ヒトから遠いこと――がこんなふうに重なっていることについて考えてみる価値はあるだろう。この二つが関連していなければならない普遍的な理由はない。今日の地球には、もしかするとかなり早い時期にヒトから分岐して進化を遂げた、きわめて複雑な動物がいるかもしれない。私たちが自らの複雑な身体と脳を進化させることに費やしてきた時間はすべて、そのきわめて複雑な動物が過ごしてきた時間でもあるわけだ。この組み合わせ――複雑で、なおかつヒトから遠い——が該当する動物の好例と言えそうなタコについては、本書の後半の章で触れる。しかしタコは、いまここで取り上げているカイメンその他の動物ほど私たちから隔たっているわけではない。

私たちの祖先にあたる最初期の動物にはカイメンのような姿をしているものがあり、その次に生まれた祖先はクラゲに似た動物で……などとつい説明したくなるものだ。この順序はあり得ないわけではないが、進化の木から単純に読み取れることではない。そういった解釈をするのは、たぶんいとこのグループを祖父母のように扱う、あるいは遠い親戚のことをほかの親戚よりも祖父母に近い存在だとみなすようなものだ。いとこや祖父母といった言葉を用いて整理してみると、この論法に無理があることがはっきりする。ただし、別の理由から、ある特定の親戚にヒントが見受けられる場合がないわけではない。

私たち人間の身体には、どういうわけか現れた、さまざまな進化の発明品（脳や心臓や背骨など）が備わっている。カイメンやクシクラゲは、私たちと祖先は共通であることは確かながら、こういった発明の成果をもたずに生きている。したがってこれらの動物は、まず第一に、それなしで生きていかねばならないとすればどんな状態になり得るかを示している。そして、これらの動物は、ある時点でそういった特徴を獲得しながら、のちの進化の中でそれを失った系統には属していない。一度ももったことがないのはかなり明白だ。しかも、これらの動物に備わっていない進化の発明には、単なる装飾品以上のものも含まれる。たとえば、私たちの身体が左右対称になっていることは発明のひとつだ。組織が複雑に折り畳まれて内臓ができていくことも発明だ。遺伝的証拠や化石とともに、こういった特徴をもたない遠縁の動物に注目すれば、進化の木でずっと下のほうに位置する祖先がどのような姿をしていたかの見当がつきはじめる。

歴史的に、カイメンはごく初期の動物への生きた手がかりとして、もっとも重要な生物だとみなされてきた[18]。カイメンにはそれなりにまとまった化石の記録があり、よく知られた生物でもある。だから、いまのカイメンが私たちの祖先のどれによく似ているのかといった判断はせず、一風変わった祖先動物だと考えて近づいてみたい。それでは詳しく見ていこう。

カイメンは世界中の海に広く分布する。温暖な環境に生息するものは指や木に似た形をとるが、熱帯のサンゴ礁で巨大なじょうごの形になったり、（本章の冒頭で述べたように）深海の凍りそうに冷たい水の中でそびえ立つ塔のようになったりもする。自分では形をつくらず、ほかの生物の表面にかぶさるように成長するものもある。ほとんどのカイメンは、身体の下部で取り込んだ水を上方に送り、てっぺんの開口部から吐き出して生活している。食物は主にバクテリアで、これは体内を通り抜ける水から確保される。いくつかの種は食べることにもっと熱心で、たとえば深海に生息する肉食性カイメンは小さな動物を捕まえて食べる。

カイメンは身体をもつが、それは私たちヒトの身体とはずいぶん違う。カイメンの身体を構成する細胞の大部分は体内を通り抜ける水にじかに触れている。内側に微生物が共生する水の通り道が網の目のように細かく入り組んだ構造になっており、水という環境自体がそんな身体を満たしている。

カイメンには脳その他の神経系は存在しない。幼生は極小サイズの葉巻のような姿で、泳ぐことができる。また、神経系の一部に似た感知の仕組みも少しばかり備えている。この感覚器は体内にあるほかの細胞に対してではなく、外の世界に向けられている。幼生はある場所に定着し、そこで成体になる。神経系がないとはいえ、カイメンは不活発な存在ではない。どの細胞の内部でも、本章の初めに述べた嵐が渦巻いている。カイメンは全体として見ればずいぶんとおとなしそうだが、いくらかは活動的な側面をもっているわけだ。

カイメンの身体を通過する水は、短いしっぽのようなもの（鞭毛）を生やした細胞によって能動的に押し上げられている。このポンプの働きは、特に水が汚れていて体内のフィルターに目詰まりが起きそうなときには弱めたり止めたりできる。神経系をもたない細胞の集合体にとっては容易なことではない。水が通り抜ける筒状の部分に沿って特殊な感覚細胞があるらしく、この細胞がほかの細胞に信号を送っている。細胞がどんなものであるかを考えれば、ある細胞が別の細胞に影響力を及ぼすというのは相当に大きな仕事だ。これはふつう、一方の細胞が放出した小さな分子をもう一方の細胞が取り込むという方法で処理される。その結果、水の通り道が圧縮されて、幅が狭まる。このプロセスは時間がかかるが、急いで進める必要はあまりない。見ていると、時にはカイメンの身体がまず少し膨らみ、そのあとで縮まることもある。鈍くてそれとはわかりづらいが、「くしゃみ」の動きだ。

これらすべてのことは、多細胞生物の強みと弱みの両方を暗に示している。カイメンの内側に存在する細胞は、自分より大きな細胞に飲み込まれる危険はほとんどない。だがもし水中を自由に漂っていたなら、その危険はあるだろう。一方、そんな細胞がほかの細胞のあいだに固定されているだけだとすれば、食べ物を十分に食べられない状態に陥るおそれがある。カイメンの場合、水を引き込む小さな穴と中央の空洞に備わった精緻な構造によって、大部分の細胞は常に水に接した状態に保たれている。ところが、そこで何かをする必要が出てくると、細胞どうしの調整は一筋縄ではいかないし、統一された動きはことのほか難しい。概して言えば、最終的な結果は植物にかなり近い。ほとんどのカイメンはこの境遇にすっかり満

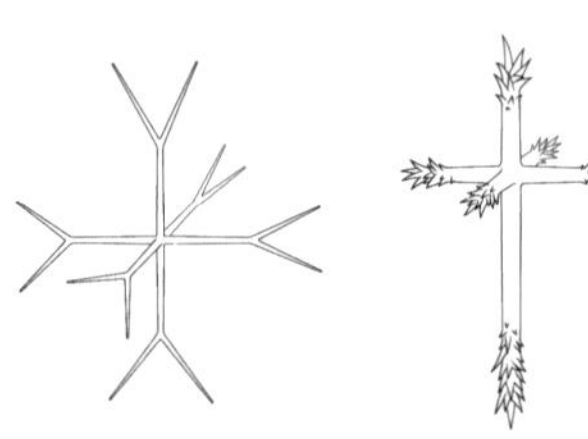
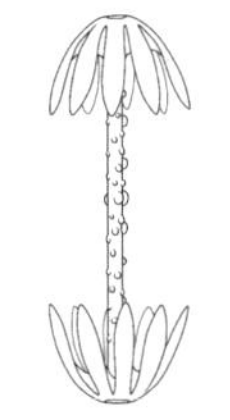
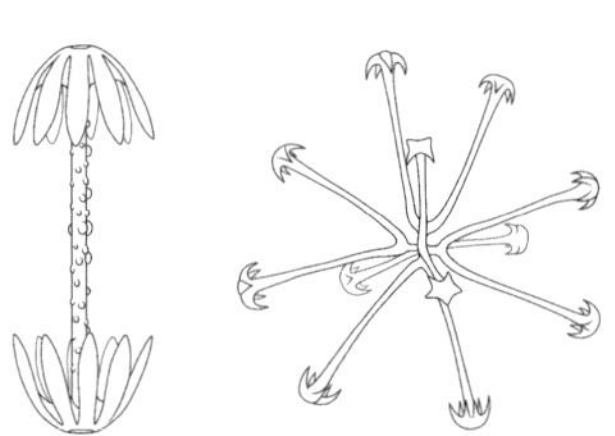

足していて、私たちにくらべてずっと長いあいだやってきたことを変わらず続けている。それでも、わずかながら新しいことをやってみたカイメンもいる。

六放海綿綱はガラスカイメン類とも呼ばれるが、その体内では本章のテーマである「統合」と「個」がユニークな方法で追究されている。[19] ガラスカイメンはほかの動物と同じく多細胞生物ながら、成長するにつれて大部分の細胞が融合して境界を失う。外界との境界はなくならないものの、隣接する細胞との境界が消えていき、最終的には一続きの網目状の構造が形成される。これは「3Dクモの巣構造」と表現されることもあり、身体を支える硬い部分を覆う膜となる。

この硬い部分の建築資材（骨片）はガラス質の針だ。種によってさまざまな形があり、短剣のようなものや星形のもの、雪の結晶に似たものも見られる。これがまとまって花やブドウの房になり、それらが組み合わさって、ついには塔を支える骨格ができる。（レベッカ・ゲレーンターによる骨片のイラスト[20]を上に示す。バチビウスの命運を断つことになった一九世紀のチャレンジャー号探検航海で採集された標本の版画を模写したものだ。）

別の綱に属するカイメンと同じく、六放海綿綱のカイメンもほかの生物とさまざまな形で共生している。英語で「ビーナスの花かご」と呼ばれるガラスカイメンの一種、カイロウドウケツの体内には、たいてい雌雄一対の小さなエビが棲んでいる。このエビ（ドウケツエビ）はごく小さな稚エビのときにカイメンの中に入り、そこでそのまま成長する。しまいには、網目のすきまから外に出るには大きくなりすぎてしまう。エビのつがいはやがて繁殖し、生涯を終える。ドウケツエビはカイメンの身体をきれいにする一方で、カイメンの骨格によって守られ、またカイメンが体内に引き込む水から食物を得るというメリットを享受している。

ガラスカイメンは神経系をもたないが、電気的に不活性ではなく、独特の形式で電荷を飼いならしている。骨格を覆う繊細なクモの巣構造を用いて電気信号を伝達し、一種の「活動電位」を生じさせることができるのは、カイメン類の中でユニークな存在だ。ガラスカイメンは、ふだんは絶えず身体に水を通過させている。しかし、たとえばガラスの骨片がひとつ引き抜かれるなど、何らかの刺激があると、ポンプの動きはすぐに止まる。この反応は身体に電気パルスを送ることで生じる。電気的に言えば、ガラスカイメンの個体は巨大な細胞一個のように振る舞い、パルスは途切れずに身体全体をカバーできる。ガラスカイメンの場合、機能の調整は細胞間の信号を統制することによってではなく、身体の大部分が合胞体であることによって達成されている。合胞体は動物進化の産物だが、多細胞の形態を一部放棄し、〔共通の細胞質に複数の核が含まれるという〕異なるタイプの統合によって生きている細胞だ。

ここまで、ガラスカイメンに見られる電荷とコミュニケーション、さらに調整について述べてきた。ところで、このカイメンは身体の大部分――導電性のクモの巣ではなく、その下の骨格――が、ガラスでできている動物でもある。ガラスの顕著な特徴といえば、もちろん光を透過することだ。ガラスカイメンの中には、骨格の一部が光を伝送・濾波（ろは）する光ファイバーケーブルと似た特性をもつ種もある。

カイメンは光を用いて生物学的に何か大きな意味のあることをしているのだろうか。それともこれは、単にガラスを建築資材として選んだ結果なのだろうか。光は「利用される」のか、あるいは偶然にそこを通って運ばれるだけなのか。さまざまな、それどころか驚くような可能性がいくつも持ち出され[21]、異なるカイメンの種で検討されてきた。水深がきわめて浅い場所を除けば、光は何らかの生物発光で得られるものということになるだろうが、カイメンにとってはそれがさらなるコミュニケーションの手段なのかもしれない。そしてまた、光はカイメンの体内に生息する微生物に栄養を与えているのかもしれない。小さな珪藻類をはじめ、光に頼って生きている生物がカイメンの体内の深いところに群がっていることもあるが、もしかするとあまりに奥のほうにいるために、カイメンが光線を運んであげなければ、生き延びるために十分な光を得られないのかもしれない。このような場合、光は少しながら海底にまで伝わることがある。カイロウドウケツは海の中で光を発するが、これはおそらくぼんやりとしたランプの明かりのようなもので、エビをおびき寄せて体内で共生させるように仕向けているのだろう。こういった可能性については解明されていないし、カイメンの体内と周囲を照らす光は弱すぎ、あまりたいしたことはできないと考える生物学者もいる。必然にしろ偶然にしろ、ガラスカイメンは生物がつくる光のコレクターであり、キュレーターでもあるということだ。

3 サンゴの新たな一手

身体を起こす

オーストラリア・シドニーの北に位置する湾の水中、第1章で下りた階段からわずかに離れたところには、砂地が広がっている。この湾は、内陸にあるユーカリの森からうねうねと下ってきた川が太平洋に注ぎ込む場所に形成されたものだ。

その砂地の辺りは潮の流れが強い。上げ潮になると海から川に水がかなり逆流するし、潮が引くときは勢いよく海に向かっていく。この水流のおかげでさまざまな種類の動物が集まってくるが、その反面、スキューバダイビングができるのは一日に数時間、潮の変わり目で水が凪ぐ時間帯に限られる。停潮は一時間程度だ。海水面がもっとも高いタイミングで潜り、潮が引きはじめるまで水中にとどまる。

潮の流れが変わるのは急で、ぐいと引っ張られたかと思うと、もう身体ごと流されている。そしてすぐ、流れに逆らって泳ぐのは無理になる。あまり長く潜っていると、たちまち沖まで引きずられてしまう。

ここには、紫と白のソフトコーラルが群生している場所がある。ソフトコーラルはふにゃふにゃと軟らかいサンゴで、熱帯の海で見られるような硬くでこぼこしたハードコーラル（硬質サンゴ）とは違う。この湾のソフトコーラルは、形としてはカリフラワーに似ている。もっとも、サンゴをカリフラワーになぞらえるのは的外れもいいところだ。遠目には紫と白が混じった雲の切れ端のように見えるが、すぐそばまで近づくと、ごく細い繊維や微妙な縞模様がわかってくるし、枝のあいだに生息するタカラガイやカニの姿も目につく。

たとえば上げ潮の終わり頃など、わずかな流れに身体をまかせてそこに向かうのは、グライダーに乗っているような感じだ。音もなく雲に接近し、その雲がじつは砂地に生えていて、色の薄い幹をしっかりと伸ばしていることを発見するわけだ。これらの「木」は、ひとつの生命体ではない。それは小さな動物――サンゴのポリプ――が集まった群体(コロニー)だ。第2章を踏まえれば、この動物たちの体内でも微細な活動が絶えず激しく行われているということになる。しかし、サンゴの枝のあいだを活発に這い回っている動物たちがいる一方で、サンゴ自身はじっと動かないように見える。

地元のダイバーで研究者でもあるトム・デイヴィスは、高潮のタイミングで数えきれないほどこの湾に潜ってきたが、数年前にある疑問を抱いた。ソフトコーラルは誰も見ていないときに何をしているのだろう？　どんな日でもほとんど一日中潮の流れが強すぎて、ダイバーがつきっきりで観察するのは無理だが、トムは海底にカメラを設置し、水流が速く人間が近くにいない時間帯の様子を低速度で撮影することに成功した。

トムは奥さんのニコラと一緒に潜り、ソフトコーラルが見られるいくつかの場所にカメラを落としていった。その後このカメラを回収し、二人で画像を確認したところ、潮の変わり目で水の流れが速くなるたびに、サンゴの身体がゆっくりと膨らみ、水の動きがない時間帯の三倍近くになる様子が映っていた[1]。潮の満ち引きで流れてくる食物をより多く取り入れるために身体を大きくしているのはまず間違いないだろう。サンゴたちは水の流れが弱まると元のサイズに戻り、人間がやって来るかもしれない一時間ほどは身体を低く保っていた。

動物による最初の行為を求めて

サンゴは刺胞動物で、クラゲやイソギンチャクと同じ動物門に属する。[2] このグループは、動物の歴史の中でもまだ早い時期に私たちヒトがたどった進化の系統から分かれた。サンゴとヒトの最後の共通祖先が生きていたのは六億五〇〇〇万年前あるいは七億年前と推定されている。年代ははっきりしないが、カイメンとヒトとの共通祖先がいた頃よりも現在に近いことは確かだ。

刺胞動物の身体は軟らかく、組織は放射構造――円盤あるいは杯状（カップ）――で、たいてい触手を備えている。触手は糸やひものように長いものもあれば、短い突起のこともある。身体の内側には筋肉があり、神経系の電気を通す線維が走っている。

刺胞動物には、複雑な生活環（ライフサイクル）をもち、身体の形を変えながら生活する種が多い。[3] この変化はチョウの幼虫が〔蛹を経て〕成虫になるような「変態」に多少似ているが、刺胞動物の場合は姿が変わるだけでなく、複数の生活様式で繁殖もするので、まったく同じことではない。言ってみれば、チョウから幼虫がたくさん生まれるのみならず、幼虫からもチョウが生まれてくるといった具合だ。刺胞動物の成体の生活型は二つあり、ポリプ型とクラゲ型と呼ばれる。ポリプは一般に何かに固定された状態で生活しており、だいたいカップのような形をしている。もう一方のクラゲ型はおなじみのクラゲの形で、触手をひらひらさせながら海中を漂っている。多くの刺胞動物はこの二つを交互に繰り返していくが、サンゴとイソギンチャクにはポリプ型しかない。

平らな砂地にもくもくと生えているようなサンゴの木々の少し先では、入り組んだ岩礁の上にまた別の種類のソフトコーラルが生息している。このサンゴは背の低い茂みのようにまとまることもあるが、いびつなかたまりになることもある。ひとつひとつのポリプからは長い指のような触手が八本出ており、全体は白い花にも見える。そしてこの触手の一本一本には、小さな出っ張りが横向きに並んでついている。この出っ張りは「羽状突起」という名前ながら、指に生えた指というところだ。オレンジ色のカイメンに一部覆われたサンゴの群体もよく目にする。カイメンはサンゴ全体をカバーするように成長するのだが、ポリプの花の部分は外に突き抜けられるようになっている。

指のような触手を八本もつことから、この動物は「八放サンゴ類」と呼ばれる。それがかたまりになると、ごく小さな手がたくさん集まった樹木ができる。（辛抱強く）見ていると、ポリプが伸びをするようにゆっくり開いたり、指を閉じて握り込むようにしたりするのがわかるはずだ。

たまに、ほかの触手は伸びたままで一本だけが丸まって閉じることがある。またあるときは手全体が閉じる。大きなスケールで眺めてみると、ある一画のサンゴはどの手も閉じているのに、そのすぐ隣の一画ではどれもほとんど開いているといった光景を目にすることがあるかもしれない。その動きは手を伸ばして何かをつかもうとしているようだが、そうしていったい何をつかもうとしているのかは、長らくはっきりしなかった。カナダの生物学者ジョン・ルイスは八放サンゴ類の三〇種を調べ、プランクトンだけでなく、微小な無脊椎動物を捕らえる種まであることを発見した。[4] こんなふうに「手を伸ばす」「つかむ」と表現すると、人間が一瞬ですませる行為を連想するかもしれないが、サンゴの動きはふつう優美なスローモーションで変化する。それは植物よりは速いものの、身近な動物の活発な行動にくらべれば遅い。この開いたり閉じたりする動きには、動物の行為 action の始まり、そのもっとも単純な形の気配、あるいは名残のようなものがうかがえる。

なぜそう言えるのだろうか。第一に、刺胞動物は古くからいる動物で、身体のデザインが私たちの過去と共通している可能性がかなり高い。現代の刺胞動物（イソギンチャク、サンゴ、クラゲ）がヒトの祖先の姿によく似ているかどうかはわからないが、軸を中心に放射状に発達する構造は、人類の祖先にあたる動物でも種によっては近いものがあったと考えられる。

第二に、刺胞動物は一定の行為をすることができる。行為自体は刺胞動物が最初に発明したものではない。船のスクリュープロペラのような鞭毛や、短く密生した繊毛を使って泳げる単細胞生物は多いし、中には獲物を包み込んで自分の身体の形を変えるものもある。身体を揺すって運動に変えるやり方は、初期の動物と呼べそうなすべての生物で見られる。前章では、カイメンが水を汲み上げ、吐き出すという調整された動きを取り上げた。これは行為に近く、もしかするととても古いものかもしれない。

進化にはグレーゾーンや不完全なケースがつきもので、何かの「いちばん初め」がはっきりわかっていることはまれだ。それに、進化ではときどき古いものが新しいレベルやスケールで再発見されたりもする。行為は単細胞生物にも存在する。泳いだり、ものをつかまえたり、飲み込んだりすることだ。このような行為は、多細胞生物への進化それ自体にとって重要な刺激であったのかもしれない。[5] 動物が誕生する前の世界は単細胞の捕食者と被食者の世界だったから、ほかの生物に食べられたくなければ、簡単に飲み込まれないように、自分のサイズを大きくすることは選択肢のひとつだった。その後、複数の細胞が集まって動物になると、行為はより大きなスケールで完全に作り直されなければならなかった。新しい調整の仕組みが必要になったのだ。気まぐれなカイメンの動きは、この再発見のいわば境目にある中途半端なケースだ。刺胞動物では大々的に作り替えられた身体を動かすことになり、再び明確な行為が見られるようになった。

刺胞動物は、「手」を伸ばしたり、ぎゅっと握りしめたりする以外にもできることがある。ほかの重要な能力としては、性質の異なる古い行為だが、「刺胞」という毒針を発射できることが挙げられる。（ほぼ）すべての刺胞動物は刺胞をもっている。イソギンチャクの刺胞のように毒が弱く、私たちにはほとんど影響を与えないものがある一方、ハコクラゲの毒は強烈で、人間が刺されると即死しかねない。刺胞にはいくつかの型があるが、構造は基本的にどれも同じで、おそらく刺胞動物の初期に単一の発明から生まれ、進化の木の多くの枝に引き継がれたと考えられている。

ドラマチックながら危険なことになる可能性があるのは、細胞の中に銛（もり）のような小器官がぐるぐる巻きになって入っているケースだ。この銛を納めた細胞の周囲には、刺激を感知する細胞をはじめ、制御機構が文字通り勢揃いして発射を待ち構えている。銛は発射されると途方もない加速度に達し、ほんのわずかな距離を高速で駆け抜ける。銛を放つとき、その行動——実行される動作——はただ一個の細胞によって行われる。この細胞はセンサーなど射出の仕組みを調節する複数の細胞に取り囲まれているが、発射をすること自体に細胞間の調整は必要ない。これをソフトコーラルが手を伸ばす動きとくらべてみよう。その手の動きは一個の細胞の行為ではなく、さまざまな細胞が数えきれないほど収縮を繰り返した結果であり、異なる細胞が協調しなければ生み出せない動作だ。ここで私が

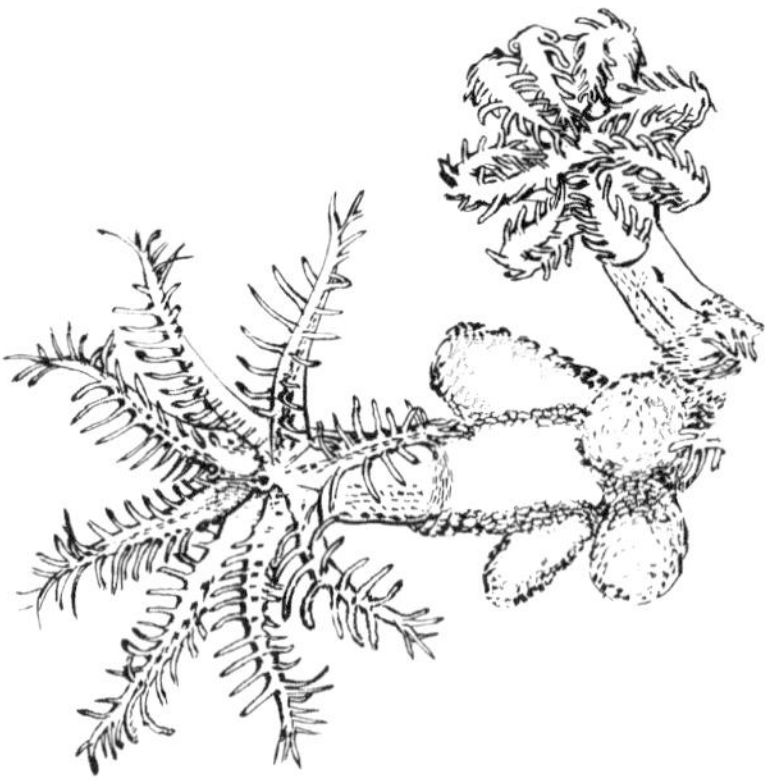

強調しており、特殊な発明だと注目しているのは、細胞一個の視点でとらえると巨大なスケールの統制を必要とする行為だ。[6] ソフトコーラルが手を差し伸ばす動きの中に、私たちはまさしくそのような行為の起源を見る。

刺胞を繰り出すことが初期の動物の行為の名残であったとしても、なぜ私はソフトコーラルのこの動きを選ぶのだろうか？　傘が開いたり閉じたりするクラゲの漂泳はどうだろう？　刺胞動物の生活環ではポリプ型が最初に発達し、クラゲ型はあとから付け加えられたとみなされることが多い。[7] だがもっと重要な点は、クラゲが泳いでいるところとソフトコーラルが手を伸ばすところを見ると、この二つはある意味では同じ動作であることだ。泳ぐにしろ、何かものをつかむにしろ、釣り鐘型、カップ型のいずれによらず、その動きは両方とも放射形の軸に沿った収縮をともなう。ポリプとクラゲの見た目はずいぶん違っているような気もするが、基本的な構成としては、クラゲはポリプの上下を逆さまにした形だ。クラゲの場合、軸に沿って身体を収縮させると泳ぐ動作になる。ポリプは移動ができないので、それは手を伸ばして何かをつかみ取るような動きになるわけだ。

仮に私たちが「いちばん初めの行為」を探しているとすれば、新たに湧いてくる疑問は、生物にはもうひとつ化学物質の産生という仕事があるのに、なぜ動きに焦点を当てるべきなのかということだろう。身体の一部を動かすことと化学物質をつくることは、どちらも自分がしたいことをしやすくする作用をもたらす方法ではないか。それは確かにその通りだが、動物の身体のスケールで統制された動作が出現したことは、やはり画期的な事件だった。行為は刺胞動物がゼロからつくり上げたものではないにしても、この動物で見られる行為は性質もスケールも違う。このような行為を可能にする身体はそれまでの世界にはなかった種類の物体であり、事態を動かす上での新しい要因となった。

生命の木が成長する中で動物になっていった枝では、かなり早い時期にいくつかのイノベーションが重なった。そのうちでもっとも影響が大きかったものといえば、おそらく神経系だろう。

これまでに見てきた動物で言うと、刺胞動物（ソフトコーラル）と有櫛動物（クシクラゲ）には神経系があるが、海綿動物（カイメン）と平板動物（センモウヒラムシ）にはない。神経系は早い時期に進化した。この進化は一度だけ起きたのかもしれないし、数回あったことかもしれない。[8] 神経系の働きは、動物が誕生するずっと前から存在した二つの特性が土台になっている。それは細胞の電気的「興奮性」――第2章で取り上げた、電気的性質を素早く切り換えられる能力――と、細胞間の化学的シグナル伝達だ。神経系において、これらの太古の能力がひとつに組み合わさった。一個の細胞が興奮する、すなわち電気的性質が急に変化するとき、この事象はふつうその細胞の中だけに限定される。[9] 細胞をひとつの単位として区分する境界に縛られるわけだ。しかし、たとえば痙攣（けいれん）状態では、ある化学物質を放出する反応が細胞の境界で誘発され、隣接する細胞がその物質を受け取るといったことが起こる。すると、今度はその化学物質を受け取った細胞で電気的な変化が生じやすく（あるいは生じにくく）なるかもしれない。このように、化学的シグナル伝達は興奮性とともに神経系の仕組みの中核をなしている。

神経系には、この種の相互作用に特化した細胞がぎっしりと詰まっている。その細胞は木のような形で細い突起部を備え、そこで一個の細胞をほかの特定の細胞と化学的に接触させている。興奮性と化学的シグナル伝達の能力を兼ね備えた細胞は動物以外の生物にも存在するが、神経系は一般に動物だけに見られるとされている（「ほとんどの」動物に見られるが「すべての」動物にではない）。完全な動物の神経系が特殊なのは、それが先に述べた枝分かれした細胞で構成されていることだ。[10] これはニューロン（神経細胞）と呼ばれ、動物以外には存在しない。このような細胞をもっていると、体内のメカニズムを動かす方法が変わる。相手を選ばずに化学物質を放出するというどちらかといえば散漫に流れるやり方ではなく、対象を絞った敏速な働きかけが可能になるからだ。神経系は身体をそれまでにない新しい方法でひとつにする。ハチを研究する生物学者ラース・チッカは、ハチの能力について次のようなうまい説明をしている。ハチの脳の大きさは一立方ミリメートルで、そう聞くとごくごく小さいように思われる。しかし、ハチのニューロン一個は、成熟したオークの木一本から出ている枝全部と同じだけの複雑さをもっていることもある。ニューロン一個一個がそれぞれ一万個のニューロンと連絡できるのだという。

神経系は多くの生物が装備していた機能に手を入れてつくり出されたが、動物に至ってこれは拡張され、はるかに強力になった。このシステムが私たちにとってどれほど重要かを考えるときに思い出してほしいのは、急速に作用する毒に「神経毒」という大きな分類があり、ヘビなどの生物由来の毒はもちろん、人間が開発した化合物——悪名高いサリンやVX、ノビチョクなど——もこれに該当することだ。子どもの頃、初めて神経毒の話を聞いた私はこう思った。「感覚がなくなる？　しびれる？　何も考えられないだって？」　だがじつは、神経毒はもっと重要な働きも遮断する。神経毒に暴露すると、窒息あるいは心停止で死に至る場合が多い。私たちがこれらの——組織を徹底的に壊すような有害性をもっているわけではないが、その代わりに細胞どうしの相互作用にかかわるごく小さな場所に支障をきたす——化学物質に対して弱いという事実は、神経系がいかに動物の身体をひとつに結びつけているかを示している。そんな身体を殺すひとつの方法は、メッセンジャーを狙うこと、つまり、体の各部を調整する仕組みを攻撃することだ。

もうひとつ、進化に関して神経系と深くかかわっている特徴としては、筋肉がある。[11] 刺胞動物の行為は、カイメンのとらえがたい動きとは違い、筋肉に支えられている。前章では細胞骨格という発明について触れた。可動性の線維でできた内部骨格のことで、一部の単細胞生物にも見られるものだった。動物では、互いに結合した多くの細胞にわたってこの内部骨格が組織的に調整され、筋肉というイノベーションが生まれた。その結果、細胞が広くつながった面が協調して収縮・弛緩できるようになった。

筋肉を使わずに達成される動物の行為もある。たとえばクシクラゲ類の身体には、微細な繊毛が生えた帯が存在する。単細胞生物でもよく目にするものだが、クシクラゲの繊毛は縦に並んで生えており、櫛の歯のように見える（ことからこの名前がついた）。クシクラゲは、単細胞の仲間と同じように、この繊毛を動かして泳ぐ（なお、クシクラゲ類には筋肉もあり、こちらは舵取りに使われる）。ほかの多くの動物でも、小さなスケールの動作には繊毛が用いられる。しかしながら、八放サンゴ類が手を伸ばす動きやクラゲの漂泳をはじめ、これから検討していくさまざまな例からもわかるように、ある程度以上の規模の動作は、すべて筋肉によって実現されている。

動物が地球上でじつに独特の役割を果たすようになることを可能にしたイノベーションについて論じるにあたり、私はここまで「行為」の側面における新しい能力を強調してきた。動物のもうひとつの特性には、本章ではさほど触れていないが、「感知」がある。感知は動物に限らず、細胞からなるすべての既知の生物にあまねく備わっている。しかし、これまでに得られたいくつかの手がかりによれば、動物の進化の初期段階においては、別次元の行為の創造こそ、強烈な空前のイノベーションであったことがうかがえる。変革をもたらす因子はこれだったのだ。

現生の刺胞動物は一定の感覚をもっており、それは歴史をさかのぼったどの祖先動物でも同じだった

（と思われる）。だが、刺胞動物の感覚的な側面は、行為に関する面にくらべると、言うなれば「薄い」[12]。サンゴやイソギンチャクにはそもそも眼がないし、ほかの刺胞動物の眼も大半はかなり原始的なものでしかない（有名な例外はハコクラゲだが、これはあとから進化したと考えられている）。ポリプが食物を得ようと手を伸ばしたり、クラゲの群体が浮き沈みをしたり、あるいは刺胞を発射したりすることは、すべてさまざまな種類の刺激に関連づけられている。また、刺胞動物は平衡感覚、つまり重力の方向に対する自分の身体の位置を知る感覚も発明したようだ。水中のクラゲは、袋状で中に小さな粒が入った「平衡胞」という器官によって自分の身体の向きを知覚する[13]。この粒は水よりも重く、動物の身体の傾きに応じて袋の中で動くと、そのずれが検知されるようになっている。巧妙な感知の方法はこれ以外にもあるのかもしれないが、刺胞動物の場合、感知については特別恵まれているとか、未知の領域への一歩だとか、ユニークなやり方などと言えそうなものではない。それよりも、イノベーションは新しい種類の行為を生み出すことに向かった。すなわち、スケールが大きく、筋肉によって統制される動作だ。

動物におけるこのような変化を見たところで、背景にある心身問題について少し考えてみよう。日常的な考え方では、心の働きを理解する手がかりとなる概念がいくつか与えられている。そのひとつは「主観性」subjectivity という概念だ。これは「行為者性」agency という概念とペアで、互いに補足しあう関係にある。主観性とは「（自分には）こう見える」ということ、つまり「私にとって何であるか」for-me-ness だ。ここから、経験とはある人に起こる何かだということが暗示される。一方、行為者性とは、（自ら何かを）すること、しようとすること、しはじめることで、「私によって何がなされるか」by-me-ness と言い換えることができる。行為とそれがもたらす作用の根源というわけだ。こちらはある人が生じさせる「何か」に注目している。おもしろいことに、subject という単語には、行動を起こしたり、ほかのものに作用を及ぼしたりする者というような意味もある（ただし、subjectivity にこの意味はない）。客体に対する主体ということになるが、これら二つの概念がもつれ合うのはここが最後ではない。

日常的なとらえ方をすると、主観性と行為者性は、ある人もしくは動物がもつ別々の側面を指している。それは（どちらかといえば）感覚にかかわる面と、行為にかかわる面だ。ところが、進化の観点から見ると、この二つの概念は深くつながっている。感知の存在理由は行為の統制だ。[14] 使い道のない情報を取り込んでも、生物学的には何も得られない。心の進化には、行為者性と主観性とが連動した進化が必要になる。といっても、すべてが足並みをそろえて進む必要はない。ひょっとすると、ある段階では特定の行為の領域で飛躍的な前進があるかもしれない。比較的単純な感覚能力と並んで、新しい種類の行為者性が生まれてくることも考えられる。

本書のこの部分は、全面的にオランダの心理学者で哲学者でもあるフレッド・ケイザーの思想の影響を受けている。[15] ケイザーは、神経系の初期進化における中心的な関心として「行為の造形」を重要視する。本章で展開する、多細胞のスケールにおける行為の造形や、そのような行為の規模と重要性、またそれらと動物の身体との関係についての議論は、すべて彼に感化されたものだ。ごく初期の動物での感知と行為とのかかわりについて、ケイザーは興味深い提言をしている。彼によれば、新しく獲得される感知の中には、複雑な行為を造形した結果として「無償」あるいはほぼ無償で手に入るものがあるらしい。たとえば、協調的でうまく組み立てられたある動作を生み出すために、精巧なシステムを構築するとしよう。たいていの場合、それを実現するには、システムの一部がしようとしていることに対して同じシステムの別の部分が敏感に反応するようになっている必要がある。しかし、ここで何か外部の（とりわけ接触による）作用がシステムに及んだとすると、その事象はシステム内の二つの部分間で進行中の活動パターンを乱すことになり、それゆえにある程度までは無条件で感じ取られることになるだろう。つまり、システムの内部における感知の仕組みで、システムの外で何かが起こったことを感じ取る（あるいはそういったことがたやすくできる）ようになる。たとえ神経系が完全に内側を向いていたとしても（ケイザーはそのような場合があるとは述べていないが、もしそんなことがあったとしたら）、その外で生じていることに反応を示すはずだ。このようなシステムは、多かれ少なかれ外側に目を向けずにはいられない。拡張的な新しい行為にともなって、感受性の拡張が起こるのだ。

そういうわけで、動物進化の初期段階において行為の複雑さと感知の単純さとのあいだに非対称性があるように見えるのは、完全な錯覚かもしれない。まだまったく知られていない複雑な感知が存在した可能性もある。それでも、経験の最初の形態、あるいは、経験以前に動物に存在していたものについて検討するときに、動作が感覚の範囲を超えている動物を想定し、ケイザーが言うように、感知の仕組みにはおのずから行為に追いつく傾向があるのかを考えてみるのはおもしろいことだ。

ここで推論から離れ、現段階で浮上してきている主なテーマに戻ることにしよう。すべての生物は、何かをする。自分の活動を調整し、周囲に作用を及ぼす。しかし、動物ではこれが新しい形態をとった。生命の木の動物の枝で生み出されたものとしては、ひとつには多細胞の自己がある。それればかりでなく、動物の進化は多細胞性の行為も生じさせた。一面に広がる細胞が収縮し、ねじれ、何かをつかもうとする動きで達成される行為のことだ。これは神経と筋肉によって可能になった。カイメンはそんなことは一切できない。このような行為は進化の転換点となる発明だった。それですべてが変わったのだ。

すべてが変わったというのは、最終的にそうなったという意味だ。この変化が始まったのはいつで、それはどんな動物からだったのだろう？　刺胞動物のような姿をした動物、あるいは別の、もっと前の時代

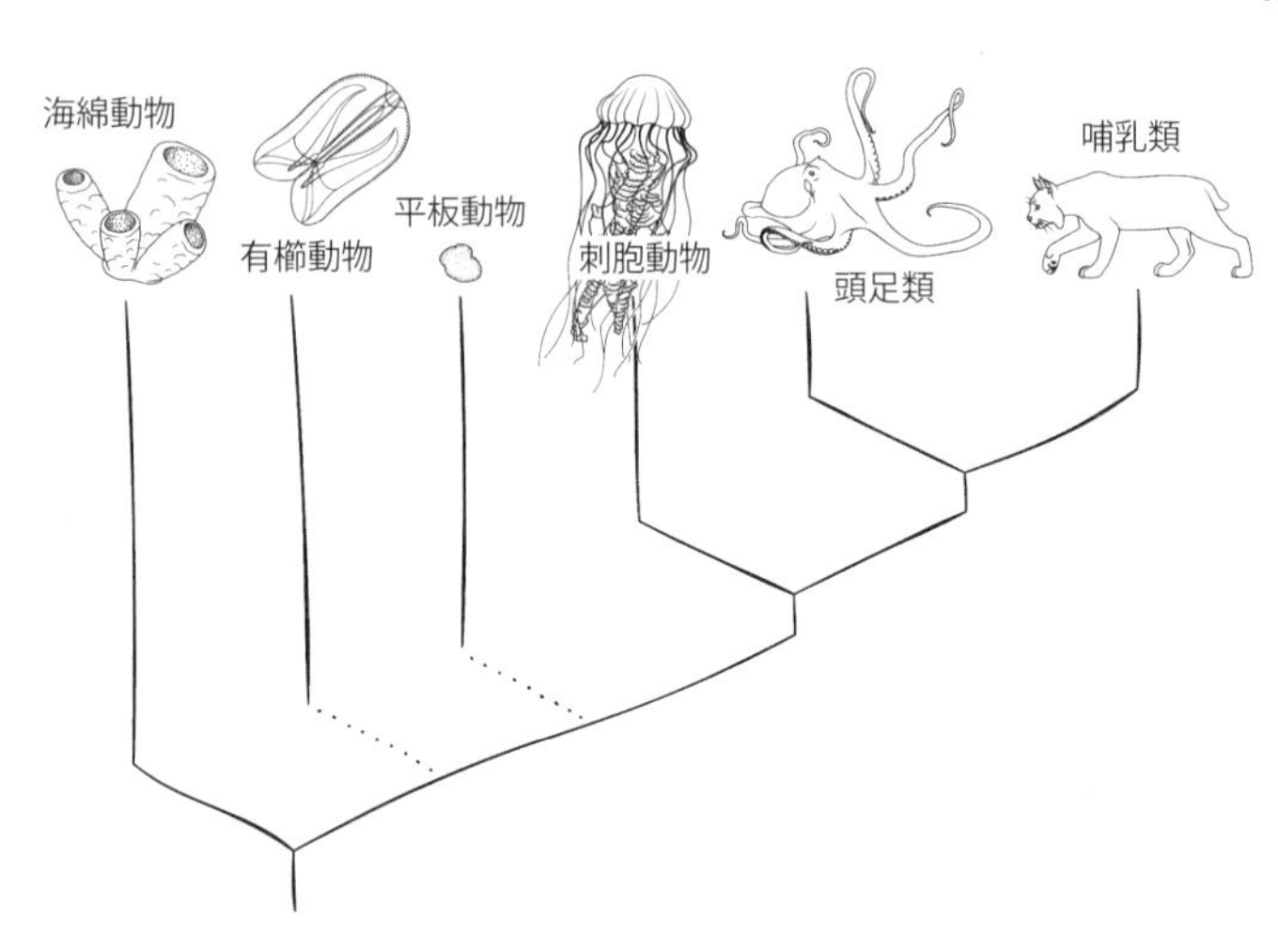

の動物だったのだろうか？　これから見ていくが、動物の行為の牽引役、地球のエンジニアの仕事の滑り出しは、どうやら順調ではなかったようだ。

アヴァロンからナマへ

前章では、現代にも生きているが私たちからは遠く離れている動物を主に取り上げ、動物の初期形態についての手がかりを探した。生命の木の動物の側で、私たちがいる位置から遠い大枝の様子はまるではっきりしない。少し近いものならある程度見渡せるようになるが。ページの上に向かって時間が流れているとして進化の道筋を描いてみると、一部の動物の関係は上図のようになる。

神経系の進化は、片方が哺乳類と頭足類へ、もう片方が刺胞動物へと向かう分岐より下のどこかで起きた。この進化は二度起きた可能性があり、実際どうだったかは点線で示した系統樹上の難問の答えにかかっている。

本書でこれまでに見てきた分岐や進化の発明は、すべて動物の化石記録が出現する前に生じた。動物化石の確実な証拠が得られている最初の地質時代は、およそ六億三五〇〇〇万年前に始まるエディアカラ紀だ。[16] 動物の化石記録にかかっていた幕がゆっくりと上がるにつれて、いま私たちが身近に目にするものとはまったく異なる生物がいる世界が現れてくる。

その舞台は海底だ。浅瀬のことも、それなりの水深のこともあるが、いずれにしても軟らかい身体をした生物が棲んでいる。体長はごく小さいものから一メートル近いものまでさまざま。軟らかい身体にもかかわらず、痕跡を残した生物もいろいろある。花のような形、渦巻き、円盤、バネに似たもの、同じパターンで枝分かれしたものなど、どれも謎めいた模様のように見える。

これらが動物だったと判断する根拠はそもそも何か。確かにはっきりしないケースもあれば、動物からはかなり隔たっており、現代ではすっかり失われた多細胞生物の姿とおぼしき痕跡もある。しかし、少なくともいくつかの化石は動物のものだ。このことは、二〇一八年にイリヤ・ボブロフスキーという学生によって確認された。[17] 彼はロシア北西部、エディアカラ生物群の中でも特に有名なディッキンソニアの化石がよく見つかる場所で、切り立った崖を下りながら試料を採集していた。ボブロフスキーが予想したように、試料の岩石には通常の化石だけでなく、自然に「ミイラ化」し、五億年以上にわたって保存されてきた生物が含まれていた。そして、こちらの化石にはコレステロールが付着していた。この化学物質をつくるのは動物だけだ。ディッキンソニアの身体は平べったく、海底で生息していたことはほぼ間違いない。見た目はバスマットのようで、一メートル近い大きさのものもある。眼や付属肢など、動物でおなじみの部位が存在した形跡はないが、エディアカラ群の生物はおおむねそうだった。多くの場合、身体の形は決まっていた（葉状、円盤状、三角形、五角形）ものの、脚や鰭（ひれ）、はさみはもたず、眼のような複雑な感覚器官もなかったようだ。

さらに言えば、これまでに取り上げた刺胞動物の仲間やカイメンなどがエディアカラ紀に生息していた

ことを明白に示す例も知られていない。もっとも、可能性はゼロではない。エディアカラ紀の生物には、現生のウミエラにかなり似たものがある。[18] ウミエラは英語では sea-pen と呼ばれ、本章の冒頭で見たソフトコーラルと同じ八放サンゴ類に分類される。ただし、ウミエラは木というよりはむしろ古びた羽ペンのような形で、ペン先を海底に突き刺し、上のほうでは中央の茎に並んだ羽毛の部分をなびかせている。

エディアカラ紀の生物にウミエラの近親にあたるものがいるかどうかは、厳密に調べれば差異が見つかるので、議論のあるところだ。エディアカラ紀の生物には、ほかにも枝分かれした葉のような形で刺胞動物を連想させるものがあるが、こういった共通点も誤った印象を与えているかもしれない。エディアカラ紀の生物の多くは、オーストラリアの地質学者で、一九四六年にサウスオーストラリア州の廃鉱の点検中にこの生物群の化石を発見したレッグ・スプリッグによって、最初は「クラゲ（型生物）」と呼ばれていた。[19] 今日、これらの化石の大半は、クラゲではない生物のものだと解釈されているが、水中にいた頃にゼラチン質の身体であったことはほぼ間違いなく、それが押しつぶされて何だかよくわからない形状になってしまったのだろう。

エディアカラ紀は、想像図では静かで平和な、生物どうしの触れ合いが皆無に近い世界として描かれることが多い。実際のところ、捕食関係を示す化石——半分かじられた個体をはじめ、かぎ爪やはさみ、とげなど、現生の動物の身体に備わっているような攻撃・防御器官——はほとんど見つかっていない。さらに、これは判断が難しいが性別の存在を示す痕跡も知られておらず、これまでにオス・メスの区別がつけられたエディアカラ紀の生物はない。性行動はあったはずだが、（現代の刺胞動物やカイメンのように）さまざまな方法による無性生殖と共存していたと考えられる。[20] 生息密度は往々にして高く、数種の生物の何十、あるいは何百という個体がひしめき合っている岩板もある。しかし、そんなヒエロニムス・ボスの絵さながらの状態であっても、動物たちのあいだに目立ったかかわり合いはなかった。もしかすると化石に残らない軟らかい部分を用いた触れ合いがあったかもしれないが、動物がふつうそういう場合に使う器官は見当たらないようだ。

平穏な時代のイメージは、それだけを見ている限りでは何の問題もない。とはいえ、ここ数年で詳しい分析がなされ、ひっそりしたエディアカラ紀にも多少のドラマがあり、確実に幾度かの過渡期を迎えていたと説明されるようになってきた。

いまのところ、三つのステージがあったと考えられている。この区分は二〇年ほど前に当時若手の生物学者だったベン・ワゴナーが提唱したもので、[21] たくさんのデータが集まった今日でも十分に通用する。それぞれのステージには魅力的な名前がついている（地名を参考にそれらを考え出したのはワゴナーだ）。なお、私は「ステージ」としているが、専門的には「群集」という用語が使われる（語感はあまりよくない）。ここでの群集とは、ほぼ同じ時期に化石化した複数種の生物個体の集合のことだ。

こういった群集の最初のものはアヴァロン群集と呼ばれ、年代的には五億七五〇〇万年前にさかのぼる。

最初とはいえ、エディアカラ紀全体で見るとかなり遅い時期だ。エディアカラ紀の始まりは、それよりもはるか昔のおよそ六億三五〇〇万年前、地球の表面が完全に氷で覆われていたかもしれない大氷河期の終わり頃とされている。状況はしばらく静かに推移し、また氷河期がやって来て、終わった。化石が出現するのはその直後からだ。二度目の氷河期のあと、酸素濃度が急上昇したのかもしれない。しかし、この初期の［アヴァロン群集の］段階を通じてずっと低酸素の状態が続いていたと想定すべきだろう。結果として動物の活動は限定的で、活動自体が標準ではなくオプションの機能だった可能性さえある。

アヴァロン群集はカナダの地名から名づけられたのだが、じっと動かず、植物の葉のような姿をした生物を中心としている（語源的に「アヴァロン」が古代ウェールズ語で「果物の木の島」を意味するというのは幸運な一致と言える）[22]。その多くはちょっと見たところでは大きな葉が一枚、あるいは何枚かかたまって海底に突き刺さっているようだ。よく調べてみると、葉の一枚一枚が複雑に枝分かれした基本要素の集合体であることがわかる。

アヴァロン群集では、カイメンと考えられる生物も見つかっている。現生のカイメン類を彷彿とさせるものではないにしろ、円錐の形はぴったりだ。ただ、カイメン類全般となると、首をひねらざるを得ない[23]。遺伝子解析を用いた化学的なデータによれば、カイメンはこの頃に存在したばかりか、じつはありふれた生物であったらしいことが示されているのだが、化石としてはいまのところこの円錐形の候補ひとつしか確認されていないのだ。もうひとつ、この時期よりあとに出現した候補として最近発見された化石もあるが、それは中心部から細い棒が数本飛び出し、アナログ時代のテレビのアンテナのような格好をしている。

アヴァロンの生物たちは、水深数百メートル、あるいは数千メートルに達するかなりの深海で暮らしていたようだ。光合成をするには暗すぎる。現代ではほとんど生物がいない厳しい環境だが、当時は、動きはスローながらも工夫に富んだ生命を育むゆりかごのような場所だったかもしれない。これらの生物は、海水に溶解した有機化合物の微粒子を取り込んで生きていたと思われる。枝分かれした先がさらに分かれる「フラクタル」構造によって表面積を最大化し、炭素とともにそれを燃焼させるための酸素を確実に吸収していたのだろう。[24]

続いて、ひとつの転換と言えそうなことが起こった。ロシア北西部の湾にちなむ白海群集は、およそ五億六〇〇〇万年前にさかのぼる。この化石群では生物の体制（ボディープラン body plan）に多様化が見られる。鰭や脚はまだないものの、体制の痕跡からその動物が移動できたことを強く示唆する化石もいくつか産出している。

白海群集の生物は、アヴァロンのように深いところではなく、浅い海の海底に生息していた。この海底はある意味で「生きて」いた。「微生物マット」と呼ばれることもあるが、白海群集の研究で中心的存在となっているカリフォルニア大学リバーサイド校のマリー・ドローサーは「凹凸のある有機界面」と表現する。この層には、バクテリアその他、おそらくは藻類に似た生物や泥の中で生活する小動物なども含まれていたと思われ、実際にでこぼこした模様が残る化石も報告されている（「うねうねと波打った薄層、ゾウの皮膚のような手触り……」）。生きているものと死んでいるものがさまざまなスケールで絡まり合い、ほぼ平面の世界ができあがっていた。海中に存在する二次元空間というわけだ。

こういった環境で、新しい身体と生活様式が見られるようになった。ウミエラのように直立状態で動かない生物はまだいたが、マットの上で食物を摂ることに適応した平らな形のものが現れ、そのうちのいくつかは動くことができた。ディッキンソニア（化石にロシア産のコレステロールがくっついていた生物）は一か所にとどまって餌をあさり、そのあと次の場所に移動していたらしく、ぼんやりとした全身の跡がいくつも残っている。このほか、二種の生物についてはもっと活動的だったと考えられている。キンベレラはおそらく軟体動物の仲間で、マカロンが這い回っているような見た目の身体から一本の腕を伸ばし、それを鋤（すき）のように使ってマットの表面をかき取っていたようだ。

さらに、ヘルミントイディクナイテス *Helminthoidichnites* という謎の生物もいた。このとんでもなく難しい名前は一九世紀につけられたのだが[25]、当初はそれほど古くない岩石から見つかった化石だったため、小型の動物——蠕虫あるいは甲殻類——が穴を掘った跡だと解釈されていた。のちに同じような跡がエディアカラの岩塊で発見され、サウスオーストラリア州のエディアカラ化石が最初に出た場所の近くで、マリー・ドローサーとジム・ゲーリングによる詳しい分析が行われることになった。

この際の発掘では新しい手法が用いられ、巨大な岩板の裏面も含めた全体を調べることができた。綿密に見ていくと、数枚の岩板に複雑なパターンで移動した痕跡が残っていた。生きた動物が海底の異なる層を動き回り、進みながら畝（うね）のように土を盛り上げていたのだ。この跡はディッキンソニアなど、ほかの動物の身体にまっすぐ向かっている。つまりスカベンジング（死体の採食）を示す初めての化石だ。さらに、この化石はいわゆる目的動作、感知できる目標にねらいを定めた運動が物理的に残った最初の例でもある。目標は初めこそ死体だったが、スカベンジングは無理なく捕食に移行した。餌となる生物が（ゆっくりとしか）動かない場合、これは特に自然な流れだと言える。

先に、ヘルミントイディクナイテスは謎だと述べた。エディアカラ紀の生物はどれも多かれ少なかれ不思議だが、ヘルミントイディクナイテスの謎は次元が違う。長らく知られていたのはそれが通った跡だけで、身体については何の手がかりもなかった。だが、ちょうど本書の作業が最終段階に入っていた頃、もしかするとヘルミントイディクナイテスの跡をつくったのかもしれない生物が発見された。ごく小さな豆粒のようなその生物は、エディアカラ生物群の本家本元であるオーストラリア南部で見つかっている。

白海の化石群の時代は、したがって新しい身体、新しい行動能力、異なる環境への転換・移行に特徴づけられる。なお、この時期の動物で、移動ができたと考えられているものはほかにもある。たとえばスプリッギナは、外見的にはちょこまかと動き回る三葉虫に似ており、動ける身体であったことは一目瞭然だ。スプリッギナが動いた痕跡は知られていないが、穴を掘ったり、表面をこすり取るような動きをしない限り跡は残らないので、べつに驚くようなことではない。マットの表面を滑るように移動しているだけなら、長い長い年月を経て私たちがその跡を見つけられるはずはないからだ。

酸素濃度がゆっくりと、気まぐれに上昇した時期だった。もしかすると、変化はこんな順序で起こったのかもしれない。酸素が増えるにともなって、動物たちが生活しているでこぼこの海底面が発達する。このマットは栄養の摂取源となり、表面に沿ったスローペースの移動が促される。身体に栄養をため込んだ動物はやがて死ぬが、その結果として環境にむらができる。食物がたくさんある場所と少ない場所がまだらになるという意味だ。ここから、移動できることの価値がいっそう高まり、また食物にありつくために海中の匂いをたどる能力も重要になってくる。

アヴァロンと白海に続く三番目のステージは、アフリカのナミビアにある場所にちなんで「ナマ」と呼ばれる。エディアカラ紀の終わりにつながるもっとも最近の時期だ。直前に起きたことを踏まえると、海底を這い回る生物がうじゃうじゃいるような状況を想像するかもしれない。ところが、ナマの岩板はむしろ静かだ。這う身体をもつ生物たちは、驚いたことに姿を消してしまう。ヘルミントイディクナイテスの痕跡はまだ見られ、この「ワームワールド」Wormworld と呼ばれるステージでは、トンネルを掘ったり畝をつくったりするたくさんの小さな生物が主役だったとする解釈もある。しかし、ある程度の大きさで、かすかながらも軟体動物の仲間のように思えた移動性の動物はいなくなってしまったようだ。穴を掘る動物を除けば、ナマの生物は水中で揺れ動く葉っぱのような形態に後戻りした（もっとも葉の形は以前のものとは異なっていたが）。このようなことが起こった原因はまったくわかっていない。しかも、ナマ群集はエディアカラ紀の終焉に至る時期を示しているようなのだ。

本章では動物の行為の進化における手がかりを見つけようとしているわけだが、そのテーマに対してここまでの情報はどう位置づけられるだろうか。まず、植物のような動かない生物のステージ――アヴァロン、それなりの深度の海――があり、続いて浅い海で動き回る生物に移行する段階があった。遺伝学的な分析によれば、神経系は今日化石として確認できる生物のいずれかが地層に埋もれてしまうより前、あるいはひょっとするとこの最初のステージで発達したことが示唆されており、年代推定にはかなりの幅がある。その後、新しい種類の感知と行動がつながり、新しい形態が始まったように思われた――白海のステージだ。だがそれは、ナマの時期には姿を消したらしい。

今日知られているアヴァロンの生物が神経系をもつ動物だったとしたら（カイメンとおぼしき生物は除く）、神経系を使って何をしていたのだろう？　現代のソフトコーラルのように、腕を伸ばしたり手を握りしめたりする動きを調整していたのではと言ってみたいところだ。しかし、これらの生物が残した並外れて具体的ないくつかの化石からは、身体に開口部があったことを示す形跡は見つかっていない。ソフトコーラルとは異なり、食物を取り入れる口は存在しないのだ。代わりに全身の体表面で食物を摂取していたのかもしれない。そう考えると、表面積を最大化する身体のデザインも理解できる。

アヴァロンの葉状の生物はそもそも動物ではなかったのかもしれない。仮に動物だったにせよ、神経系はおそらくエディアカラ紀の後期に登場する海底を這う動物よりも前に、何らかのかたちで存在していた

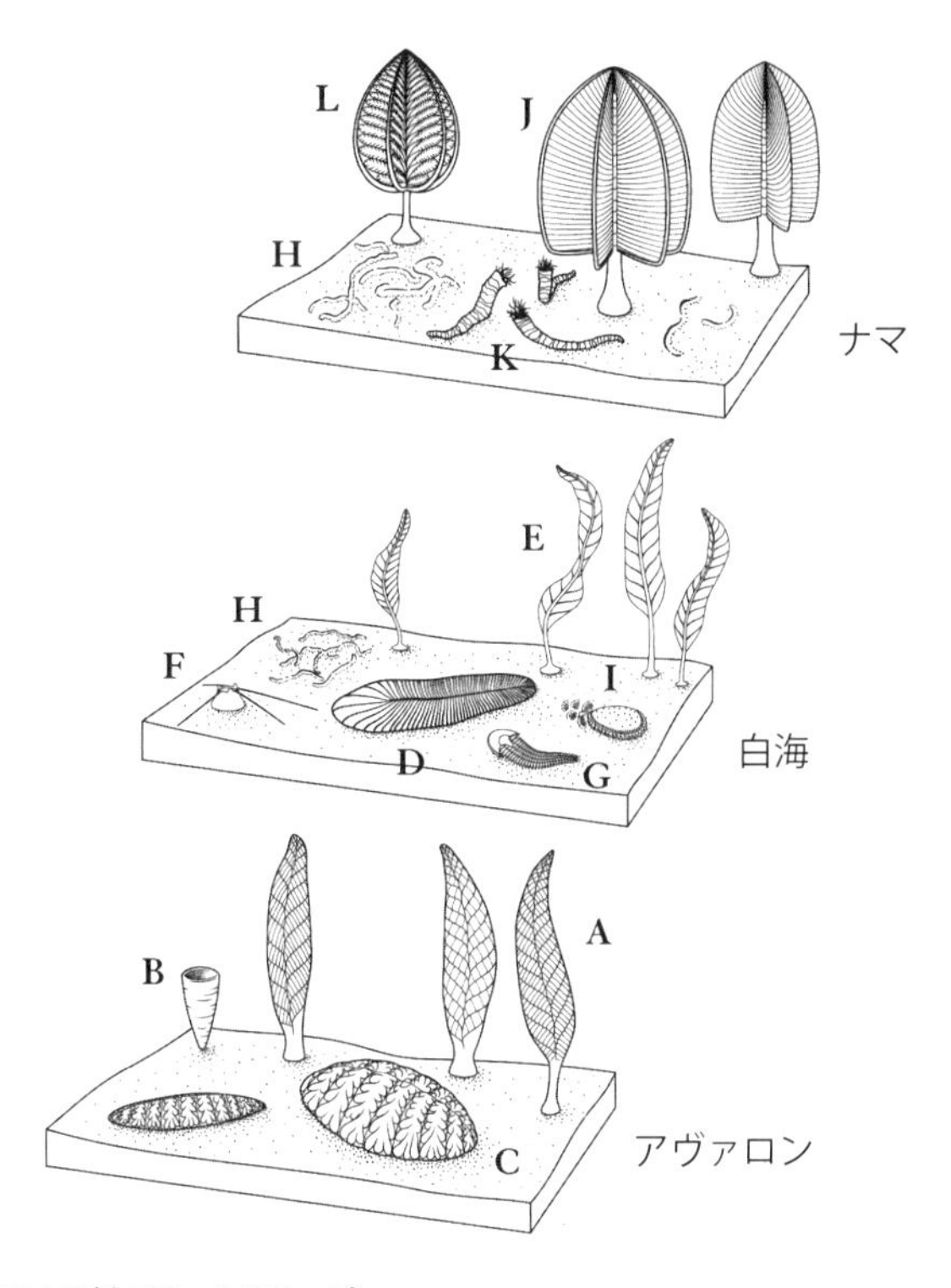

エディアカラ紀の三つのステージ
A：カルニア　B：テクタルディス（海綿動物？）　C：フラクトフズス　D：ディッキンソニア　E：アルボレア　F：コロナコリナ（これも海綿動物？）　G：スプリッギナ　H：ヘルミントイディクナイテス　I：キンベレラ　J：スワルプンティア　K：クラウディナ　L：ランゲア
カルニアやランゲアは，ウミエラと比較されてきた生物である．

と思われる。神経系は放射状に近い身体で進化したということについてはかなりの証拠がある。[26]花のような姿に隠れて発達してきたものかもしれないが、ここでちょっと視点を転じて、上のほうも見てみよう。

これまでのところ、私は海底に暮らす生物に注目してきた。海底には化石の証拠が残っているからだ。しかし、その上方、つまり水面に近いところにもさまざまな生物が生息し、クラゲやクシクラゲに似た軟らかい身体をもつ種が泳いでいたかもしれない。神経系の進化における初期の過程も、一部はそんな生物の中で起こった可能性がある。透けるような身体をもつ漂泳動物の場合、デリケートな組織はきわめて化石に残りにくいため、古生物学の探索網をすり抜けてしまう。だが、初期の爬行動物は現生の刺胞動物に似た動物の幼生（成体になる前の形態）から進化したのではという説がある。つまり、海底に着地したら移動を始める幼生が現れたというわけだ。そこから微生物マットの上で食物を集めるようになり、やがてほかの動物に向かっていくようになったこともイメージできるだろう。

エディアカラ紀の生物に関する議論は、無理からぬことながら、化石として確認されている（すなわち海底で暮らしていた）生物だけでつじつまを合わせているように思えることがときどきある。だが、行動の進化と動物どうしの相互作用について考えるなら、海底の場景はそれこそ氷山の一角にすぎず、重要なことの多くはその上、つまり今日ほとんど痕跡が残っていない動物が生活していた水中で起こっていたのではないだろうか。[27]そうだとすると、パズルの欠けた部分は果たしてどうやって埋めていけばよいのだろう？　ただし、進化生物学においては、一見理解不能とされていたことが、技術の急速な進歩により、あるいはミイラ化したディッキンソニアの発見や新しい理論の提唱などを受けて、解明に至るケースが驚くほど多い。

水中を泳いでいたものが海底を這う生活に移行したという話の流れで、（ここまで特に言及してこなかったが）詳しく見ておくべき発達について触れることにしよう。当時の海水面下の靄に目を凝らすと、のちに莫大な影響を及ぼした事象のひとつは新しいタイプの身体の進化だったことがわかる。それは上下に加えて左右の軸がある身体で、「左右相称」と呼ばれる。ヒトの身体は左右相称だが、アリやカタツムリ、タツノオトシゴの身体も同じく左右相称だ。ヒトの場合、腕と脚は左右に一本ずつあり、眼と耳も左右にひとつずつ。このように、身体の部位は多くが左右で対になっている。現生動物の大半は（この「大半」をどう解釈するにしろ）左右相称動物であり、古生物の中にもキンベレラやスプリッギナなど左右相称のものがいた。一方、サンゴやクラゲなどの刺胞動物にこの特徴はなく、また有櫛動物（クシクラゲ）と海綿動物（カイメン）、平板動物（センモウヒラムシ）の身体も左右相称にはなっていない。

左右相称の形態はエディアカラ紀の白海ステージよりも前に進化した。そのくらい早い時期だったことは間違いない。というのも、このデザインは左右相称動物が異なる経路で進化していく分岐点の前に一部存在していたはずで、白海には少なくとも数種の左右相称動物が生息していたことが知られているからだ。読者とチョウの最後の共通祖先（は読者とタコの最後の共通祖先でもある）が生きていたのは、いずれにしてもそれだけ古い時代ということになる。

グリップカ

左右相称という形態は、とりわけ行為の領域におけるイノベーションだった。左右相称動物の身体は、どこかに「向かっていく」ために組み立てられている。左右相称ではない動物は陸上では見られない。這ったり歩いたりするクラゲはいないし、空に向かって指を伸ばすイソギンチャクもいないのだ（潮間帯に生息する種はあるが）。左右相称の身体は海中の陸地、すなわち海底で生まれたらしい。それは海底の表面を這い回るのに適した身体で、方向性とグリップ力（粘着摩擦力）を備えていた。

最初期の左右相称動物は、エディアカラ紀に白海で化石化したものよりも単純で、おそらく小さかったと思われるが、それ以上のことはほとんどわかっていない。ただし、この件でも手がかりとなる動物が現代に生きている（これもかつての形態を反映しているかもしれない）。今回の手がかりは扁形動物——flat-wormという名前の通り扁平な蠕虫状で、単純な構造をした小型の動物だ。

では、扁形動物はどのくらい役に立つ手がかりなのだろうか？　たぶんそれほど役には立たない。いくら単純でも、現生の扁形動物が独り立ちしたのはずいぶん前のことだ。扁形動物の形態は時間をおいて数回にわたって誕生したという推定もあり、そうだとしたら理にも適っている。しかも現生の扁形動物は多くが寄生性で、寄生生活は単純化につながりやすい。となると、そんな扁形動物は初期の左右相称動物のモデルとしてはあまり適当ではなさそうだ。しかし、これらをすべて頭に入れた上で、動物のひとつの分類群として、また過去の名残がうかがえるかもしれない生物として、扁形動物を詳しく見ていこう。[28]

海生の扁形動物は岩礁や海底がれきのある場所でよく目にする。見つけやすいのは「多岐腸目（ヒラムシ類）」と呼ばれる種類だ。

ヒラムシ類は確かに単純な見た目をしている。体長は一センチメートル前後が多いが、それよりずいぶん大きいものや小さいものもある。たいてい楕円形で平たく、身体の縁が波打っている。そしてとても薄い。ちょっと見た感じはティッシュペーパーのようだ。

ところが、静かに眺めていると、相当にせわしい生物であることがわかってくる。その辺りにいる動物の中では動作も素早いほうだ。泳げるヒラムシもいるが、岩の上を這っているものでも動きはかなり活発で、決然としたところがある。「ティッシュペーパーのように見えるかもしれないけど、いまは本当に用事があって忙しいんだから」というような。

　ヒラムシは単純なつくりの身体でじつにいろいろなことをやってのける。口と肛門を結ぶ消化器の構造は存在せず、口から入ったものは再び口から出る。循環器系もない。背面の中ほどに眼が集まってキュクロプス〔ギリシャ神話に登場するひとつ目の巨人〕のようになっていることがあるが、この眼（といってもごく単純なものだ）は身体のほぼどこからでも出てくるらしく、薄っぺらいティッシュペーパーの縁が少し持ち上がったひだの部分にもついていたりする。

　ヒラムシの性生活は意外に複雑だ。多くは雌雄同体で、ペニスを武器に「フェンシング」に挑み、負かした相手の身体に精液を注ぎ込もうとする個体もある。また、鮮やかな色や模様をもつなかなか美しい生物であることにも驚かされる。これがなぜなのか、一見したところではさっぱり見当がつかない。ヒラムシの単純な眼ではお互いの姿を見ることができないのだ。ただし、ヒラムシにはほかの動物、中でも裸鰓類と呼ばれる小型の爬行動物に似るものがかなり多い[29]。

　裸鰓類はいわゆるウミウシの仲間だから、軟体動物に属する。陸生のナメクジやカタツムリの近縁だが、色合いや模様はさまざまで、びっくりするほど美しいものもある。カイメンをはじめ化学的に難易度の高い動物を餌とすることが多いため、魚類など、裸鰓類の捕食者にとってはおいしい餌ではない。派手な色使いはおそらくそのことを示す警戒色だと考えられる。

　裸鰓類の主な分類としては、「ドーリス亜目」と「ミノウミウシ亜目」がある。ドーリスの身体は（擬態をしようとする扁形動物からすれば）わかりやすいナメクジ状だが、ミノウミウシのほうは吹き流しのような飾りがたくさんついており、それを風を受けたかのように水中でひらひらとたなびかせている（ミノウミウシ Aeolid の語源 Aeolus とは、ギリシャ神話の風の神アイオロスのことだ）。毎年春になると、本章の冒頭で述べた場所に近い岩礁に、小さなミノウミウシが姿を現す。特に、コケムシと呼ばれるが、ごく小さな身体を絡み合わせてもじゃもじゃとした群体をつくる動物の上でよく見られる。といっても、それを見分けるのはほとんど不可能に近い。全身に宝石をちりばめた大きさわずか数ミリの鳥が、細い髪の毛ほどの木の枝にとまっているようなものなのだ。

進化の木で、ミノウミウシの近くには「ホクヨウウミウシ」が位置する。このグループにはサイズが大きく研究が進んでいる種が含まれるが、一方で本章に登場したソフトコーラルやカイメンの中で生活し、実態がよくわかっていないものもある。こちらのウミウシはとても小さく、輝きのある白い身体に尖塔のような小突起が並ぶ。この突起は先端にさらに突起ができ、塔が重なったようになっている。まるでこびとの建築家が——小さな小さなアントニオ・ガウディが——設計したかのような姿だ。

ホクヨウウミウシの白い身体は見つけにくいのだが、それはウミウシの姿がソフトコーラルのポリプに溶け込んでしまうためでもある。これもひょっとすると擬態の一例ではないかと私が思い至るまでには、しばらく時間がかかった。以前、ホクヨウウミウシが一匹、ソフトコーラルの群体のそばでごくゆっくりと動いているところを見たことがある。どういうわけか、そのときに私が考えたのは擬態や保護色（カモフラージュ）ではなく、敬意（オマージュ）だった。ウミウシとサンゴは同じ形で、ある意味円満にお互いの近くにいる。サンゴが手を差し伸べ、ウミウシがそれに続くかのように。それは「動物の最初の行為をこの身体で称えよう」というそぶりにも見えた。

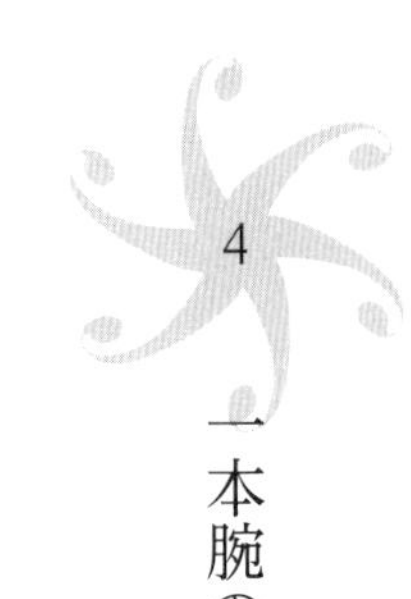

4　一本腕のエビ

おそらくカニは、自分が人間たちによってなんの言い訳も断りもなく「甲殻類」に分類、つまりそのように整理されていると知ったら、こう憤懣を漏らすだろう。「私はそんなものではない。私は私自身だ。私自身でしかない」

——ウィリアム・ジェイムズ『宗教的経験の諸相』

マエストロ

前章の冒頭で述べた場所——砂原、強い潮流、膨らむソフトコーラル——のすぐ近くに、岸から湾に向かって海底に細いパイプが走っているところがある。古い管は半分砂に埋まり、さまざまな生物が周囲にごちゃごちゃと集まっている。それに沿って泳いでいくと、カイメンがかすかながら身体に取り込む水の流れを調節し、ソフトコーラルが指のような触手を開くのがわかる。そんなゆっくりとした動物の行為の前を通り過ぎる。すると、岩棚の下に何かまったく違うものが目に入る。触角の揺れ。もぞもぞと動く何本もの脚。そして、注目。近づくにつれて、誰かに見られているという感覚が強まる。

オトヒメエビ banded shrimp（学名は *Stenopus hispidus*）の身体には、昔の理髪店のサインポールのような紅白の縞がある。ロブスターやカニと同じく甲殻類に分類される動物だ。なお、shrimp は小さなエビの総称で、進化の木の枝一本に限定された用語ではない。実際、一般に「△△シュリンプ」と呼ばれる動物の範囲は、オトヒメエビを含めた近隣の数本にまたがっている。その点では甲殻類も一本の枝には収まらない。しかし、これらはすべて節足動物であり、節足動物は間違いなく大きく見事な一本の枝だ。[1] オトヒメエビは体長四〜六センチ、先端に立派なはさみのある太く長い腕が二本と、身体よりも長く伸びた数本の白い触角をもつ。私はある場所でオトヒメエビが二匹一緒にいるのを見かけたことがあり、数か月後にその近くで潜ったとき、彼ら（あるいは彼らの仲間）がまだいるか見に行ってみた。

そこに着いてみると、オトヒメエビが一匹、ホヤの口のところにいた。大きなはさみがついた腕が一本欠けている。大きなはさみはもうひとつ残っているし、小さなはさみがついた脚はほかに何本もあるので、さして不自由はなさそうだ。

そのエビは、岩棚の下でぼんやりしている小型のサメの前でしばらく立ち上がるような姿勢を見せていた。どうやらけんかを売っていたらしい。サメはちょっと身体の向きを変えただけで、ほとんど注意を払わなかった。そのあと、ある時点でエビは岩棚の裏側によじ登って逆さまにぶら下がったのだろう、ネコのひげのような長い触角が数本下向きにのぞいているだけになった。

あれに触ってみようか、と私は思った。エビはびっくりするかもしれないが、逃げたければ岩棚の奥に逃げられる。サメのことはまったく気にしていないようだ。そんなわけで、私は手を伸ばし、触角の一本をそっと撫でてみた。すると、思ってもみなかったことに、そのエビはたちまち岩から下り、私を見返してきた。

私はうれしくなった。長年タコを追いかけてきて、人間からかけ離れた動物ともある程度のコンタクトが可能だと信じてはいる。だがそれでも、エビに正面から見つめられると戸惑った。

エビは再び、その辺りをうろつきはじめた。エビの身体の内部では何が起きていたのだろう？　エビは私の存在を認め、触れることを許してくれた。一本の腕を指揮者のように掲げ、まどろむサメの前に立つ。小さなマエストロだ。

本書でここまでに取り上げた動物のうち、あなたと同じようにものを「見る」ことができる、つまり対象を識別できる眼をもつ動物は、このエビが最初だ（もっとも、前のほうで触れた特殊なクラゲ――ハコクラゲ――には、これに近い眼をもつものがある）。「高速の」動作ができる動物としても最初だ。素早くどこかに上ったり、近づいてきたり、逃げたりする。さらに操作、すなわちものを動かすことができる。何かを凝視するだけでなく、作用を及ぼすこともできるわけだ。エビでは、周囲の環境との関係、存在のしかたが、ここまで見てきた動物のそれとは異なっている。これはどのようにして生まれたのだろうか。

カンブリア紀

このタイプの動物は、動物の歴史上もうひとつの重要な時期であるカンブリア紀の産物だ。前章で検討したエディアカラ紀はその直前の時代区分になる。エディアカラ紀は最古の動物化石が発見されていることで知られるが、動物はこの時期に草花のような静止状態から、這ったり穴を掘ったりするようになったのだった。およそ五億四〇〇〇万年前に始まったカンブリア紀では、断絶とも言えそうなほどの急激な変化があったようだ[2]。この時期の化石の中には、脚や殻といった硬い部分のほか、はっきりそれとわかる眼をもつ動物のものがある。オトヒメエビの古い親戚にあたる先駆者たちだ。

変化が「急に」出現したものかどうかに関しては、依然として議論が続いている（それに、「急」とはいえ時間の尺度は一〇〇万年の単位だ）。この時期に多種多様な動物が現れた理由についてはいくつかの説があるが、連携して作用する要素を引き合いに出すものが多い。酸素の増加にともなって環境条件が変わり、海洋の化学的組成が動物にとって生活しやすいものになっていった、というようなことだ。しかし、進化そのものの中でも新たな枠組みがスタートした。おそらく酸素によって可能になったのだろうが、それはどんな化学的変化よりも大きな影響をもたらした。

エディアカラ紀の話に戻ると、白海のステージで、動物が海底の表面を這ったり、泥に穴を掘りながら少しずつ進んだりするようになったことを取り上げた。死体を食べる清掃動物（スカベンジャー）が現れたのもこのステージだ（68ページ参照）。初めは食物にゆっくり向かっていたものが、ほかの動物に先を越されるかもしれないので、そうゆっくりでもない動きになっていくという進化の道筋が明確になった。それはさらに死体ではなく生きた動物を捕らえて食べることになり、やがて「軍拡競争」が始まる。ほかの動物があなたのことを食べようとしていて、匂いをたどったり、あとをつけたりしてくるなら、自分の感覚や動作の手段を発達させることはプラスになる。眼の進化は、このプロセスにおいて何らかの特殊な役割を果たしていたのかもしれないが、ほどなくその意義は感知と行動にかかわる多くの局面に及ぶようになった。

この変遷を示すもっとも理想的な化石となると、エディアカラ紀に幅をきかせた動物が新顔の動物に散々な目に遭わされているような場面が思い浮かぶ。ところが、いま言える限りではカンブリア紀の動物たちが出現するまでにエディアカラ紀の動物は姿を消しており、そんな交代劇を示す化石の記録はない。エディアカラの動物はいつとはなしに舞台裏に引っ込み、そこに別の役者たちがやって来たものと考えられている。(3)

その先鞭をつけたのは、節足動物だったらしい。今日このグループにはおびただしい数の昆虫が含まれるが、昆虫類は（この先見ていくように）あとから登場した。節足動物の初期の形態は明らかに甲殻類に似たものが多い。ただし、特徴的な姿をした三葉虫はむしろクモに近いとされている。この時期の節足動物は身体を支えて複雑な行為をこなせる骨格をもち、動物としての新しいあり方をすでに発明していたようだ。また爪やはさみもあり、像を結ぶことができる眼もあわせて備えていた。

オトヒメエビはこの新しいタイプの動物の好例と言えるだろう。その身体はまさに節足動物の本質、その存在のしかたを縮約している。私は相手のせかせかと動き回る腕やら脚やらを前に、何があるのかを割り出すのにしばらくかかった。基本的には、大きなはさみがついた長い腕が二本ある（私が見た個体は一本なくしてしまっていたが）。それから、先端が小ぶりのはさみというか、ペンチのようになっているものが二対。つまり、はさみはあと四つあるわけだ。そのほかには脚が数本、スライド式のコーム（櫛）のように見えるものが複数、その他あれこれと小さな出っ張りがある。写真で見ると、ふつうははさみが六つ、脚が四本、触角が六本、そして櫛のようなツールが二つで一式のようだ。身体から突き出している部分は少なくとも一八あることになる。まるでアーミーナイフだ。

こんな身体を常に隅々まで把握しておくのは簡単ではない。前述したできごとの途中、オトヒメエビの大きなはさみがいきなり自分の脚の一本につかみかかったかと思うと素早く放し、もともと好き勝手に動いていた脚がそこでまた動きだす、ということがあった。エビは身体から出ているさまざまなツールを操っていたが、中でも小さなはさみを複数使って付近をかき回し、食物のかけらをつまみ上げていた。ソフトコーラルがゆっくりと手を広げたり、カイメンが静かに水を汲み上げたりする動きとはずいぶん違う。

なお、道具箱の中身をぶちまけたような外見は、節足動物ではさして珍しいものではない。たとえば、ヤドカリの身体をつくるとしよう。顔の上のあたりにスパチュラのようなものを乗せてみたらどうかな……？　やってみよう！　悪くないかも！　節足動物の進化はこんなふうにして進んできた。迷ったら、脚をちょっと増やす。頭に突起を足す。私が見た一本腕のエビは、ふつうなら［立派なはさみがついた］腕が

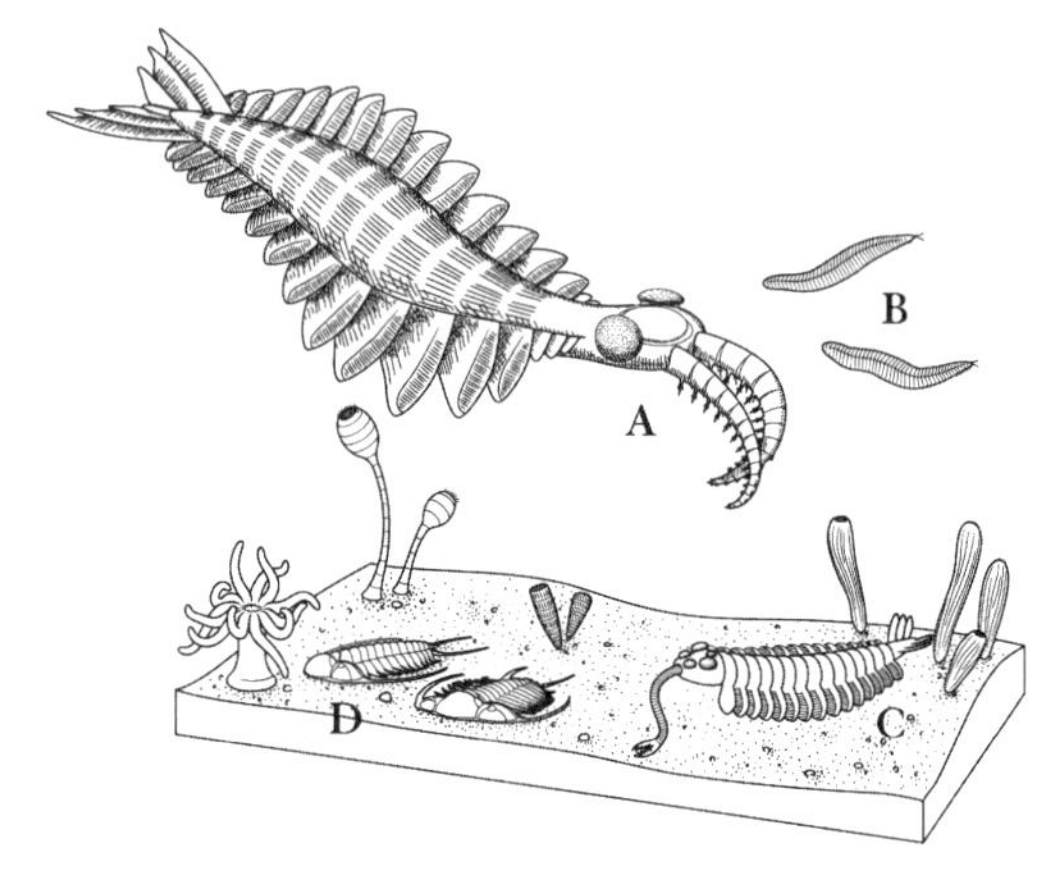

カンブリア紀の一場面

A：アノマロカリス：本文にあるプランクトンを食べる（あとから出現した）種ではなく，獲物を捕らえる種　B：ピカイア：第7章に登場する　C：オパビニア：節足動物につながる別種の捕食者　D：ケイルルス：三葉虫

二本ある種だったが、甲殻類には初めから小さなはさみと大きなはさみを一個ずつもっている種もある。大きなはさみはどう見ても大きすぎるサイズで、ひょっとして深夜にネットショッピングでうっかり買ってしまったのかと思うくらいだ。

節足動物の進化は、はち切れんばかりの勢いで五億年にわたって続いている。これまでに発見された中で最大の節足動物はアノマロカリス類だ。[4]これはカンブリア紀に初めて見られるようになったグループで、遊泳性の捕食者という特徴をもっていた。大きなものでは体長二メートルを超えていたとの説もあるが、それはプランクトンを餌とし、ヒゲクジラを思わせる平和な動物だった。

その頃にくらべると、現生の節足動物には泳ぐ種が少ない。かつての海洋での競争には、長きにわたって今日とは異なる厳しさがあった。現代の遊泳性の節足動物はたいてい小さく、繊細で美しい身体をしたものも多い。私はインドネシアのレンベ海峡でダイビングをした時に、ホンカクレエビ属*Periclimenes*の一種、イソギンチャクカクレエビが泳いでいるところを見かけた（この属名は、ギリシャ神話で海神ポセイドンから何にでも変身する術を授けられたペリクリュメノスに由来しているのだろう。もっとも最近は多くの種がアカホシカクレエビ属*Ancylomenes*に分類されるようになっている。こちらはギリシャ語で「曲がった」を意味する言葉が語源だが、抗生物質の名前のような語感だ）。このエビはほかの動物の身体を掃除する「クリーナー」ながら、身を守るためにイソギンチャクと共生している。身体はごく小さく、ほとんど透明で、鮮やかな色の点や縞がある。イソギンチャクのまわりをせわしく動き回る様子は、楽しげな天使の集団のようにも見えた。

立派な眼と精巧につくられたはさみをもつこれらの動物では、感覚と運動の両方の面で、自分の身体の外にある物体とのかかわりがある。こんな動物はものを見ることができるし、ものを動かすこともできる。私が訪ねたオトヒメエビは腕を一本失っていたが、それでもあの場所で腕やはさみらしきものをもっている動物はエビだけだった。周囲には軟体動物や蠕虫がいたし、サメもいた。しかし、操作という点では、どれにも大したことはできない（その日、近くにタコの姿はなかった）。節足動物は、海中のほかのどんな動物にもまねのできない方法で物体に作用を及ぼすことができる。その意味では本物のマエストロなのだ。カンブリア紀の状況とはまさにそういう状況で、すぐそばでうとうとしていたサメのような歯のある動物も当時はいなかった。手足のない者の国では、一本腕のエビが王になれるのだ。

動物の感知能力

第3章では動物の行為に関して初期の歴史を検討した。ここでは（エビに見守られつつ）感知の歴史における二、三のエピソードに目を向けてみよう。

感知は（行為と同じく）動物が発明したものではない。細胞からなる既知の生物はすべて何らかの感知能力をもっている。単細胞生物は、接触以外に化学物質や光、さらには地磁気まで感じ取ることができる。しかしながら、感知の能力は動物において変化した。実際のところ、この変化は数回にわたって起きた。

前章で見た行為は、空間に存在する多くのパーツの調整を必要とするものだった。感知について起こった変化もそれに近い。(5) 動物は敏感な体表や触角をはじめとする付属肢、フィルターを発達させ、画像などを読み取ることができるようになった。たとえばヒトの眼の網膜は複数の細胞が層構造を組織し、入ってくる光によってひとつのパターンがつくられる。このパターン（像）は脳が「見る」ものではなく、その空間的な配置――どの部分がどの部分と隣り合っているか――が、脳とつながっているニューロンの下流に影響を及ぼす。私たちの皮膚で接触による刺激を感知するセンサー（感覚器）の働きもこれに似ており、押されたところに残った形や物体の手触りを感じ取っている。

私は前のほうで、行為の進化は感知の進化に多少「先行した」という考えを提示した。これは臆測だ。新しい種類の感知と新しい種類の行為の進化がどんな順序で起こったのかはわからない。それに、カンブリア紀に入ってからは、どちらの進化も速いスピードで進んだ。いずれにせよ、動物は多細胞生物ならではの行為を進化させて新しいタイプの生物となり、多細胞生物の感知を進化させた際にもまったく同じ変革を遂げた。それは、身体の各部が周囲の環境を断片的に反映する地図になる方向性が強められることで起きたのだった。

典型的な例として眼を取り上げよう。眼はカンブリア紀の初期に高度に発達した。節足動物の眼はたいてい「複眼」で、それぞれにレンズを備えた小さな個眼が多数集まってできている。対照的にヒトの眼には片方につき一枚のレンズと網膜があり、カメラと同じ構造になっている（「カメラ眼」という）。節足動物の中でも数種のクモは特殊なケースで、ヒトに類似した眼をもつ（望遠レンズまで組み込んでいる種もある）。だが、節足動物でもっとも精巧な眼、とらえようによってはあらゆる動物のうちでもっとも精巧な眼は、シャコ類のものだ。

シャコ類（口脚類）は、現代の海生節足動物の中でも特に活動的な部類に属する。あまり大きな動物ではないが、その姿は節足動物の天下であったカンブリア紀をどことなく思い起こさせる。私は一度、やはりインドネシアのレンベ海峡だったが、一匹のシャコのあとを少しのあいだつけてみたことがある。体長は一五センチくらい、かなり小ぶりのロブスターといった見かけだ。いかにも節足動物らしく、頭にはパーティーライトやらゴルフクラブやら、いろんな飾りがついていた。

そのシャコは海底を滑るように進んでいく。私はあとを追った。スピードを出しすぎないようにしながらも、しつこく。シャコはずっと動きながら、ときどき不意に止まって後ろを見る。私はそのたびに、向こうが「何だ？　何だよ？」といらいらした口調で言うのを想像していた（もっと正確な解釈は「後方確認ヨシ！」だったかもしれない）。後方確認と言うからには、ふつうは頭あるいは身体ごと振り返るところを想像するだろうが、シャコの眼は眼柄（がんぺい）に球体が乗った構造で、この一対は互いに独立して自由に回転できるようになっている。だから、かりかりしていても身体の向きを変えずに検分ができる。

シャコはひとつの物体を片方の眼の異なる領域で見ることができ、そのため片目だけで奥行きがわかる。また、シャコの眼には一〇種あまりの色の受容体がある（ヒトの眼は通常三種）。さらに、この動物はかなり手の込んだ武装をしている。勢いよく繰り出される武器は基本的には鎚（つち）と矛で、それらが「ばねや留め具や梃子（てこ）」がついた状態で格納されている（カリフォルニア大学バークレー校の生物学者で、シャコ類とコミュニケーションがとれるとさえ言われているロイ・コールドウェルが共同執筆した論文にある表現を拝借した[6]）。この装置から鎚が発射されると、その動きは一瞬途方もない速度に達し、〔ぶちあたった場所では圧力差によって〕水が蒸発することもある。

オトヒメエビの物腰はもっと穏やかだ。オトヒメエビたちと遭遇した時は、こちらを見に物陰から出てくるような振る舞いに、好奇心旺盛な動物という第一印象をもった。生態について知ったのはそのあとだ。このエビの仲間は、私がインドネシアで見た小さなカクレエビもそうだが、自分より大きな動物のクリーニングをする。(7) 魚やウツボ、カメなどの身体につく寄生虫を食べるのだ。本章の冒頭で私を迎えてくれたエビは、おそらくそんな動物が来たのかを確かめるために下りてきたのだろう。要するにお客さんだ。

本書の考察では、ここに至って多細胞生物のスケールで行為と感知の両方がそろったことになる。単にそれぞれがばらばらに複雑化したのではなく、互いに補完し合いながらセットで進歩したものだ。この連携により、行為と感知という古くからあった能力の関係が新たな形につくり替えられていく。

オトヒメエビの触覚器、つまり触角は、このテーマを持ち出すにあたって理想的な例だ。これはかなりの長さがあり、体長の数倍に達する。四方八方に絶えずぐるぐると動いているが、敏感な器官でもある。私が指を伸ばしたところに触角が触れると、たいていの場合すぐさま反応が返ってくる。しかし、この種のエビはよく狭い岩棚の下をうろうろしており、その結果として触角はひっきりなしに何かにぶつかっているに違いない。触れた感覚が同じでも原因が同じとは限らないし、自分の行為はあくまで原因のひとつだ。オトヒメエビは、どの接触の感覚が自分が歩き回ったことによるもので、どれが自分以外の何か、たとえば私という「他者」によってなされたものかがわかるらしい。

オトヒメエビの触角そのものの使い方や、ここでの例のように自分が原因になっている事象と自分以外の何かによって引き起こされた事象をオトヒメエビがどう区別して対応しているかについての研究は見つけられなかった。[8] だが、広い意味で同じ分類の動物——ザリガニとハエ——では、各時点で自分が行っていることを読み取って感覚的情報の解釈を調節するシステムをもっていることが示されている。[9] この能力は動物一般に認められる——すべての動物ではないが、節足動物よりも単純な神経系をもつものも含め、かなり多くの動物に当てはまる特徴だ。つまり、動物の感覚の機能を担う部位と行為を行う部位とのあいだで調整がなされていることになる。自分がいましていること（動いているか、静止しているか）の単純な結果として遭遇すると思われる感覚的変化を割り出し、それ以上の感覚的変化がないかに注意する。「それ以上」の変化があれば、それは自分の身体の外で何かが起きているサインだ。たとえば誰かが手を伸ばしてきて触角をつついているのかもしれない。

動物がこういったことをしなければ、何が起きているかを理解しようとしても、自分の動作とごっちゃになってしまうだろう。そして、もしこんなことをしているなら、その動物は「自分」と「他者」、つまり自分自身とそれ以外の存在の区別をつける方法で世界を感知していると言える。この追跡は神経系のおかげでごく単純に片づけられる場合もあるが、どのような方法でなされるにしろ、動物はいまや、一方の事象は自分以外の何ものかによるもの、他方の事象は自分で引き起こしたもの、と解釈するための営みを行っている。それは外界と自分自身の差異を感じることであり、新しいやり方で世界に対処することだ。

多くの文献がこれを、動物であることによって直面する問題への対応であると説明している。私も先の段落ではそうした。神経科学者のビョルン・メルケルは、影響力のある論文で次のように述べている。[10] 動き回れるのは便利だが、動くことにはコスト、あるいは「負担」がともなうし、そんなコストのひとつは、世界が一段とややこしくわかりづらいものになることだ、と。ところが、この状況には別のとらえ方もある。自分の行為が自分の感覚に影響を及ぼすという事実は、問題であるばかりでなく、チャンスでもある。

行為を通して世界を探り、自身に新たな刺激をもたらすことができる。押したりついたり、触ってみたりして、世界が反応を返してくるように仕向けるわけだ。そのことはエビの触角を見ればよくわかる。行為は感覚に対して、困難と同時に新しい洞察をもたらす。そしてその困難や洞察は、自分でどんな行為ができるか、どこまで感じることができるかによって、単純にも複雑にもなる。

自己と他者との関係を際立たせるこの種の感知は、動物的な生き方の重要な特徴だ。それは世界における新しい存在のしかたを生み出す。またそこには、新しい意味の視点、ものの見方を確立することが絡んでくる。

ここまでのところ、私は広く「感知」について述べてきたが、この現象は感覚の種類によってずいぶん異なる。視覚や触覚においては、自分の行為は自分が感じることに直接強い影響を及ぼす。頭をちょっと動かすと視野の全体が変わるが、もし自分が頭を動かしたと自覚していなければ、かなりの混乱を招くだろう。触覚の場合も同じだ。一方で、聴覚はまったく違う[11]。行為に応じて聞こえ方が変わるのは事実だが、視覚と触覚のようなはっきりした効果ではないことが多い。何かを聞いているときに頭を動かせば、確かに影響はあるにしろ、聴覚の世界が劇的に変化するようなことは起こらない。小さな動作なら、影響はいっそう弱いものになる。嗅覚や味覚は化学的感覚なのでまたさらに違うが、おそらくこの二極のあいだに位置するのだろう。

有効な化石がないことから、このような新しい世界の感知のしかたがいつ始まったかは定かではない。いずれも一足飛びに生じたものではなさそうだ。眼と新しい移動の方法はカンブリア紀に誕生したとされているので、この時期が特別な役割を果たしたことはほぼ確実と思われる。カンブリア紀の三葉虫には触角をもつものもあった。ここでもオトヒメエビは格好の例だ。触角に加えてはさみのついた長い腕をもつこのエビは、立派な三次元の物体だと言える。エビの身体はかさばる、つまり「存在感」が大きい。エビの存在は、周囲の物体を探ったり、動かしたりするたくさんの動きの源であり、中心だ。思うに、エビが経験している世界は、何が自分であり、何が自分でないかの厳密な区別を含めて、相当に空間化されているのではないだろうか。私の見たエビが自分の脚を一瞬つかんで放したことを思い出してほしい。

ところで、クリーナーと呼ばれる動物は、そのような次元で自分自身を区別する傾向がある。クリーナーはあらゆる環境要因の中でもっとも複雑な存在――ほかの行為者――を相手にしており、周囲の環境ときめの細かい関係を築いている。「ミラーテスト」といって、ある動物が鏡に映った像を自分であると認識できるかを確かめる手法がある。たとえば鏡がなくては見えない部位につけられたマークのグルーミングをしたり、それをこすり落とそうとしたりする行為を示した場合には、鏡像が自分だとわかっていると解釈されるのだが、このテストをパスする動物はきわめて少ない。哺乳類や鳥類（これらの中でもミラーテストに成功するのはごくわずかだ）以外でこのテストのあるバージョンに合格したと報告されている動物は、いまのところ掃除魚として知られる魚類の一種、ホンソメワケベラだけだ。[12]

知りたがりのヤドカリ

たいていの甲殻類は優れた感覚を備えた活動的な動物で、かなり長生きでもある。硬い殻をもっているためにミニサイズのロボットのようにみなされ、そんな扱いを受けてきた。しかし、この動物の内面では、一般に考えられている以上に多くのことが起きている。

特に重要な研究としては、クイーンズ大学ベルファスト校のロバート・エルウッドらが行ったものがある。[13]ヤドカリはカニの仲間で、海生のカタツムリが残した貝殻に身体を収めて生活する。貝殻をいわば甲冑一揃い、あるいはトレーラーハウスのように背負って歩き回るのだ。エルウッドと共同研究者は、ヤドカリは痛みらしきものを感じるということについて相当な量のデータを集めた。ここでのポイントは、不快だと思われる事象に対して身体を縮めるといった反応が見られる、ということではない。ヤドカリが示す反応が、単なる反射ではなく、痛みのようなものを感じている証拠だと考えられることだ。

痛みは本書でこの先よく出てくる概念なので、用語をいくつか説明しておこう。「侵害受容」とは、組織の損傷・ダメージの検出と、それに対する反応を意味する。侵害受容は動物にきわめてふつうに見られるが、反射などとして解釈されがちだ。その結果、生物学者は侵害受容を痛みの指標としては不十分とすることが多く、もっと別の、痛みの「感じ」に結びついているような何らかの指標を探す。どう感じるかを私たちに伝えることができない動物において、こういった指標はどれも多かれ少なかれ論争の的になっている。それには、その動物が傷の〝手当て〟や保護をすること、痛みを和らげる化学物質（多くの場合人間にも効くような薬効成分）を探し求めること、さらには行為の結果の善し悪しから何らかの学習をすることなどが含まれる。たとえば、エルウッドと彼が率いるチームは、エビが傷口の手当てとみなせるような動作をすることを示した。触角に酢や漂白剤がつくと、エビは触角をきれいにするような動きをしたほか、水槽の壁に触角をこすりつけたという。

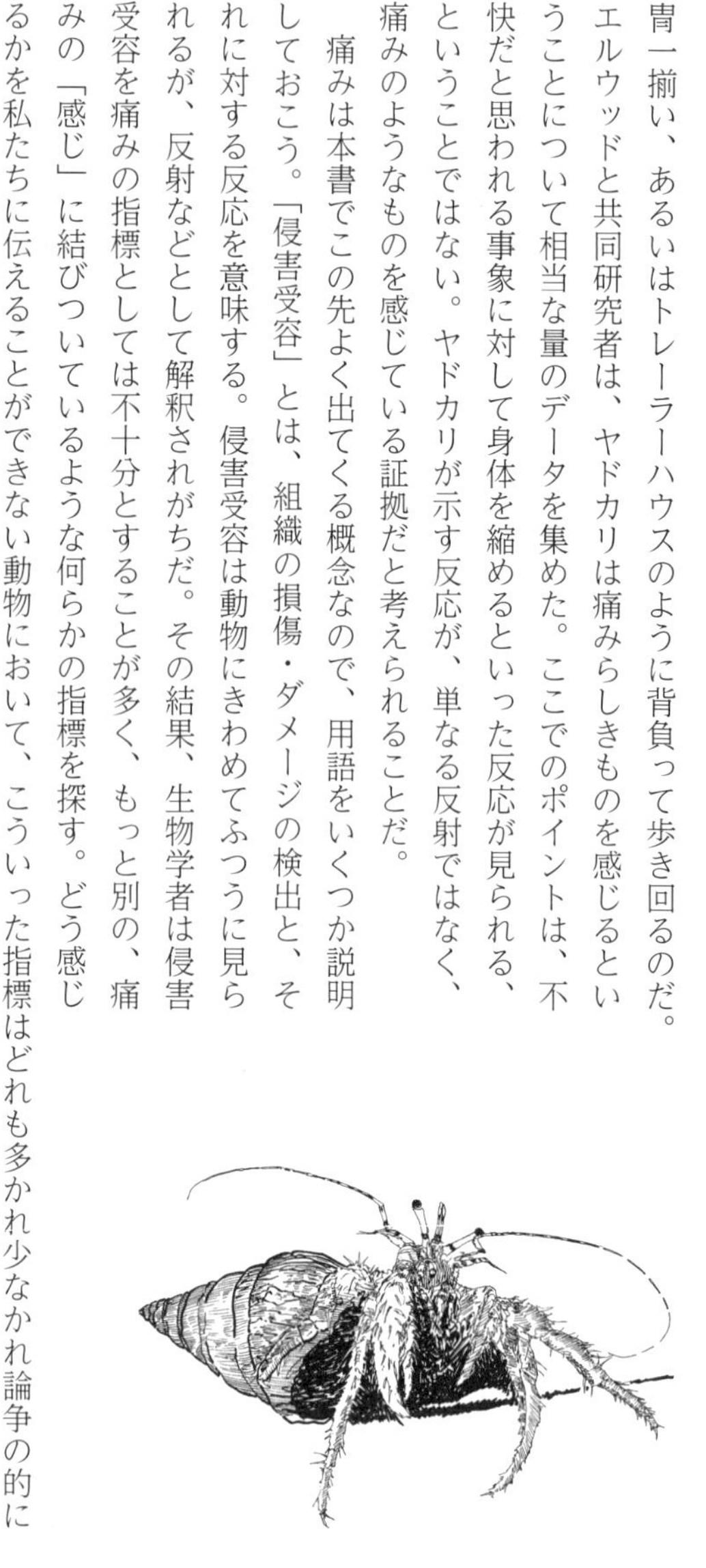

また、トレードオフに注目する実験もある。もし動物が何ごとかで嫌な思いをするとして、その動物が

それなりに賢いのであれば、その嫌な感じと自分が置かれた状況での利益（あるいはコスト）のバランスをとるだろうと想定するのだ。これは反射の反応とは大きく異なる。ヤドカリは確かにこういったことをしている。エルウッドの実験では、弱い電気ショックが用いられた。そのショックのためにヤドカリは住処の貝殻を捨てるのだが、これだけならそれほど大したことでもない。しかし、ヤドカリが状態のよい貝殻に棲んでいる場合は、それを捨てるのを渋るようなそぶりが強くうかがえた――殻から離れるまでにより強いショックに耐えられたという意味だ。また、近くで捕食者の匂いがするときもなかなか殻を捨てようとせず、ふつうなら殻を出ているはずのショックに耐えた。これが示唆するのは、一匹のヤドカリには善い、あるいは悪いとする一連の事象や可能性が存在し、弱いショックによる痛み自体は悪いことながら、それ以外の点を勘案した上で判断に至っているということだ。この判断はそれら全部（あるいは一部の）事情を裁量したものになっている。なお、この研究では、ほかにも感情のようなものの存在を連想させるという意味で興味深い結果が得られている。電気ショックを与えられて貝殻から出たヤドカリは、そのあとで問題の出どころを確かめようとするように、その殻を入念に調べることがあったそうだ。

甲殻類を対象にしたこの研究は、私の知る限りでは、無脊椎動物が痛みを感じていると言えそうな結果を初めて提示したものだ。エルウッドも認めているが、これは決定的なデータではない。テストの手法に疑問が呈されることもあり得る。そのような場合、エルウッドはたいてい、比較的身近な脊椎動物が同じテストにパスすれば、痛みを感じていることの有力な証拠だと解釈される、と返答している。するとこんな声が上がるかもしれない。「エビがそのテストをパスするなら、それはテストがよくないことを示しているのだ」。こういう指摘は可能だし、それに対して強力な反論を打ち出せるわけでもない。しかし、この類のコメントが場当たり的なものであることは明らかで、それ以上の理由が述べ立てられない限り、発言をする本人が宗旨替えをせずにすませるための理屈にすぎないようにも思える。エルウッドのこの研究は、甲殻類のような動物を痛みに近い何かを感じることができる存在としてみなす根拠となる実例を示しているからだ。

甲殻類は痛みを感じるという主張に対してよく聞く次のような反論は、ほかの動物についても同じように使われる論拠なのだが、じつはあまり有効なものではない。それは、甲殻類の脳にはヒトが痛みを感じるときに関与する部位がないということだ。しかし、エルウッドも述べているように、甲殻類の脳にはヒトの視覚野のような部位もないが、甲殻類は明らかにものを見ることができる[14]。進化はときどき、同じ機能を果たすさまざまな構造をつくる。これは視覚について確実に当てはまることで、痛みの場合もおそらくそうなのだろう。

動物の福祉（アニマルウェルフェア）という面から考えると、甲殻類に対する配慮はほとんどの国で基本的にゼロだ。人間が甲殻類に何かをして問題になることは一切なく、生きたまま茹でることもごくふつうに行われている。ヤドカリはかなり複雑な生活をしているようで、ほかの甲殻類とは多少異なるかもしれないが、それでも甲殻類が痛みを感じていることを示すデータはヤドカリに限定されているわけではない。甲殻類は私たちが思ってもいなかった能力をもっているのだ。

以前、私は水中でまったく動きのない場面を写真に収めようとしていた。岩棚の下にいるホヤがカイメンにすっぽり包まれ、ほぼ完全な球体になっていたのだ。まるで真っ暗な中に紫色の月がかかっているようだった。私はしばらくそこにいて、カメラをあれこれいじっていた。すると、突然ガタンゴトンと音がし、大きなヤドカリが目の前に転がり落ちてきた。殻を含めた全体でオレンジくらいのサイズだ。その直前までは何ごともなかったので、岩棚から私のことを見ていたヤドカリがバランスを失ったのだろうと私は本気で思っている。そのせいでずいぶん下まで落ちることになり、身体ごと殻ごとはさみごともんどり打って私の目の前にようやく着地したというわけだ。彼女はたちまち飛び起きて、岩棚の下に逃げ込んだ。*

いささか躊躇しながら――ふだんそんなことはしない――私は彼女をそっと拾い上げ、広くなっている場所に置いてみた。すると相手はそれこそ飛ぶように岩棚のほうに戻っていった。

私が手ではさんだとき、彼女の身体からは鮮やかなオレンジ色の細いテープが小さな花火のように噴き出てきた。これは「槍糸（そうし）」と呼ばれる刺胞で、ヤドカリではなくイソギンチャクが放出する防御の仕組みだ。ヤドカリによっては、貝殻を選ぶのはもちろんだが、イソギンチャクをはさみですくって自分の殻の上に注意深く移し替えるものもある。ヤドカリはイソギンチャクの刺胞を捕食者（特にタコ）から身を守るために利用する。種によるが、タコの匂いで飾りが少ない自分の殻にイソギンチャクをくっつける行動が誘発されるヤドカリもいるし、支配的な個体がほかのヤドカリからイソギンチャクを奪って自分の殻に

---

* これを皮切りに、本書の各所では動物を「彼」「彼女」と描写する。ある動物についてオスかメスかの区別がつけづらく、私自身その個体の性別がわからない状況で、その動物に起きていることを説明するのに最善の方法は「彼」または「彼女」と呼ぶことである（第3章の終わりに雌雄同体の動物が出てきたが、その例で代名詞は必要なかった）。私としては、性別を区別せずに「それ」it と呼ぶことはしたくない。ジェンダーニュートラルの単数形代名詞 they を使いたい文脈も多いものの、本書ではそれがうまくいかない場合がある。個体をオスとするか、あるいはメスとするかによって話の印象が変わるケースというのは確かにある。そんな例では、何らかの手がかりが得られたならば（仮にそれが信頼できないものであっても）いずれかの性別を割り当て、その手がかりの説明を本文中あるいは注に示すことにする。何の判断材料もなければ、ちょっとした動きから独断で性別を決める。この最初の例では、実際に性別を確かめたわけではないが、ヤドカリとイソギンチャクの関係についての古い研究に、イソギンチャクが貝殻に這い上ってくるのを待たず、イソギンチャクを自分でつまみ上げて殻の上にくっつけたのは観察した個体中ほぼメスだけだったという記述があったことから、メスと判断した。その論文は巻末の注に記載している。(15)

のせたりすることもある。

いずれにしても、私の目の前にいたヤドカリは、岩棚の下、殻が入るぎりぎりの奥まで逃げ込んで動かなかった。長い眼柄に支えられた眼が私をにらみつけていた。

エルウッドらの研究は、甲殻類という単独の分類にとって重要な意味をもつだけではない。かなり前のことだが、私はこんなふうに忙しく活動する甲殻類に囲まれたダイビングを終えて陸に上がってきたところで、ヤドカリやエビを何らかの経験をしている動物だとみなすことにいったん慣れてしまうと、ほかの動物のとらえ方にも影響が及ぶのだと突如気づいた。中でも昆虫に対する影響は相当に大きい。

ヤドカリやエビは、経験の痕跡がはっきりと——わかりすぎるほど——確認できる動物だ。私たちと同じようなスピードとスケールで動き、私たちが理解できる行動の指針をもっている。甲殻類は昆虫などとともに大きく節足動物にまとめられるが、昆虫はおそらく「汎甲殻類」という大きなグループから派生して進化したのだろう。陸上では至るところに昆虫がいて、私たちは日々とてつもない数の昆虫をむやみに殺している。私は昆虫を何も感じないロボットのようなものと考えがちだった。ほとんどの人はそうだろう。ところが、昆虫の親戚、愛想のよい甲殻類を経由することで、一種のゲシュタルトシフトが起こり得る。甲殻類は昆虫に新たな光を投げかけるのだ。昆虫もまた、自分が生きていることを経験しているのだろうか？

この結論は機械的に与えられるものではない。陸上の生活は昆虫に甲殻類とは異なる道を歩ませたのだから。だがこの気づきは、よくよく考えてみると、浜辺に立っていた私にはちょっとした衝撃だった。甲殻類とそれをめぐる話をきちんと整理したあとで、昆虫を主観的経験をもつ動物の候補としてまじめに検討することにしよう。昆虫はたいてい甲殻類より身体が小さいし、それと〔主観的経験をもつと〕明らかに見て取れるような動きもしない。しかし、昆虫の脳は甲殻類よりも構造が単純というわけではなく、ずっと複雑な脳をもっているものも多い。ヤドカリの例は、この種の動物に何ができるか、そしてまた身体の中で何が起こっていそうかを、目に見えるわかりやすい形で示している。

もうひとつの道

ここで私たちが目指しているのは、ほかの生物とくらべて際立った特徴のある「動物的な存在のしかた」を理解することだ。このようなあり方は、動物の身体と行為が成立し、それとあわせて、そういった行為にともなう新しい種類の感知が、それらの行為を通して発達したことによってもたらされた。ここにはあるパターンが認められるが、過度の単純化はしないようにしたい。第2章と第3章で取り上げた動物の進化の段階と並んで、また別の種類の動物たち、および植物が歩んできたもうひとつの道もある。[16]

ここで、小さな動物を一匹想定してみよう。進化的な意味で、この動物はサイズが大きくなるとより有利かもしれないとする。それを実現するには二通りのやり方がある。ひとつは、形態はそのままでスケールを拡大した身体をつくること。この場合は、物質の循環や機能の調整に関して新しい工夫が必要になる。もうひとつは、現在の形態を単純に繰り返すこと。いまの自分の身体に、ほかの部分もすべてそろった双子の身体を付け足し、それを繰り返していくアプローチだ。生物学ではこれを「モジュール構造」の体制という。

こうして単位（モジュール）を繰り返すことで、パッチワークのように密に組み立てられた群体が形成される。結果としては細胞が何度も分裂を繰り返して私たちのような身体をつくっている状況に少し似ているが、いま話している例では、複製されるモジュールの一個一個が完全な動物、あるいはそれに近い構成単位だという点で異なる。サンゴはそんなふうに群体を形成して生活するし、植物も大部分は「モジュール体」だと言える。モジュール体の生物を見ると、何をもって一個の個体とするかが曖昧になりがちだ。はっきり区別できる枝分かれしたサンゴを全体でひとつとするのか、それともその枝を構成するポリプを分けて数えるのか？　なお、ポリプのような小さな単位はかなりの程度まで自律的に生活していることが多い。生き延びるために大きな単位に頼っている場合でも、たとえば生殖はおおむね小さい単位で個々別々に行われている。

モジュール体の生物は、往々にして枝分かれした木のような形態をとる。[17] ひとたびこの道に入ると、生活様式は行動の領域では単純なまま存続するか、あるいはいっそう単純化する傾向がある。腕は伸ばすものの、身体ごと移動することができないサンゴはその一例だ。そのほか、ある意味でもっと極端な生物も存在する。

コケムシ類（外肛動物）は藪のようにもじゃもじゃと広がる生物で、前章では裸鰓類とのつながりで登場した。[18] この動物はアリやタコなどの仲間と同じ進化の道を長く歩んだあとで、植物に似た形態にきっぱりと舵を切ったのだった。コケムシ（「コケのような動物」という意味でこう呼ばれる）は軟体動物にかなり近く、身体は左右相称で神経系をもっている。だがコケムシは異なる生活様式に転じ、一致団結して群体をつくるようになった。その多くはまさに水中に草木やコケが生い茂っているように見える。

このような生物、中でも枝分かれをするものの場合、最終的な身体の形はごく限られた範囲でしか予測できない。オークの木はわかりやすい形をしているが、枝の数は初めから決まっているわけではない。一方でヒトは、希少な例外はあるにしろ、手足の数はおおむね決まっている。

ヒトやエビ、タコなどは「単一体」の生物だ。身体の形は決まっていて、それが世代を超えて繰り返されていく。モジュール体の生物のように、ある程度まで自己完結型の単位で構成される身体ではない。単一体の構造は行為の進化にとって重要だ――目安となる身体の形があれば、決まった動作や行為のパターンが徐々に形づくられる。同じひとまとまりの行為の微調整を、神経系が何代にもわたって続けていくからだ。

対照的に、モジュール体の生物は動かずにいることが多い。わずかだが、中には少し泳げるというか、水中を漂うように動くものもある。しかし、通常モジュール体の海生動物が自分で動くほうに向かうと、単一体に近い形になっていく傾向が見られる。たとえばオヨギイソギンチャクはかなりうまく泳ぐこともできる種だが、構造としては一個の大きなポリプだ。モジュール体の動物は身体全体を使う複雑な行為を生み出せない。したがってその点では植物に似ていると言える。

後半の章で検討するが、植物は決して不活発な存在ではない。植物は感覚をもち、反応を示すことができる。しかし、植物は一般にそういった能力を動物とは異なる方法で活用する。自分の身体をつくるために役立てるのだ。植物の形には、たとえば太陽の位置など、過去に感じ取ってきたことが反映されている。単一体の生物ほど統合されていないため、身体の形は一様ではなく、環境条件に応じて変えることもできる。

しばらく前に、私は水中でコケムシの群体を眺めていた。ダイビングスポットを案内してくれていたトム・デイヴィス（ソフトコーラルのタイムラプスビデオを撮影したダイバー）が、指さして教えてくれたのだ。群体の茎か柄にあたる部分には、せいぜい二～三ミリくらいのごく小さなウミウシがいくつかくっついていた。コケムシは一見春雨のような透き通った糸が絡まった状態で、「スパゲッティコケムシ」と呼ばれる種だった。どう見ても一匹の動物、あるいはたくさんの動物の集合体だとは思えない。本当にスパゲッティのかたまりのようだった。

トムが指さしている動物の姿を確実に残そうと、私は何枚も写真を撮った。あとからコンピューターの画面で確認したところ、小さなウミウシはちゃんと写っていた。その次にコケムシの枝も順番に見ていった。茎や節があって、それがいかに草木が茂っている様子に似ているかと思いながら。繰り返しになるが、この茎の部分はそれぞれに神経系をもつ小さな動物が永遠にくっつき合ったものなのだ。私は、この動物たちの内面では何が起きているのだろうと考えた。その時、思いがけなくわずかな赤い筋が目に入った。拡大してみると、その筋はかぎ爪のように曲がったはさみの模様であることがわかった。はさみがあるのは単なる茎にしか見えないものの先端だったが、この〝茎〟はさらに、何とも違和感を覚えるものにつながっていた。それは明らかにヒンジだった。はさみとヒンジとくればわかる。私はコケムシの群体の続きではなく、節足動物を見ていたのだ。

その動物の脚と節が目立つ身体はとても薄く、最初はコケムシの、植物にそっくりの茎とほとんど見分けがつかなかった。しばらくすると頭が見え、身体の形がわかってきた。ひょろ長く、ほぼ透明で、針のようにとがったはさみがある。私は同じようなものをもうひとつ見つけた。さらにもうひとつ。ほかの写真も見返してみてわかったのだが、その生物は絶えず動き回っていた。「ワレカラ」という名前だ。英語では skeleton shrimp というが、恐ろしげなガラスの骸骨の集団がコケムシの枝のあいだをさまよっているというところだろうか。白っぽく動かない茎と、爪でそこにつかまる枝のようなものは、異なる進化の道をたどったとはいえ、いずれも筋肉と神経をもつ動物なのだった。

数週間後、私はワレカラを探して例の場所に戻ってみた。「探す」といっても、まずほとんど見えないのだから簡単にはいかない。あとからコンピューターで写真を見て、初めてわかったものもたくさんある。

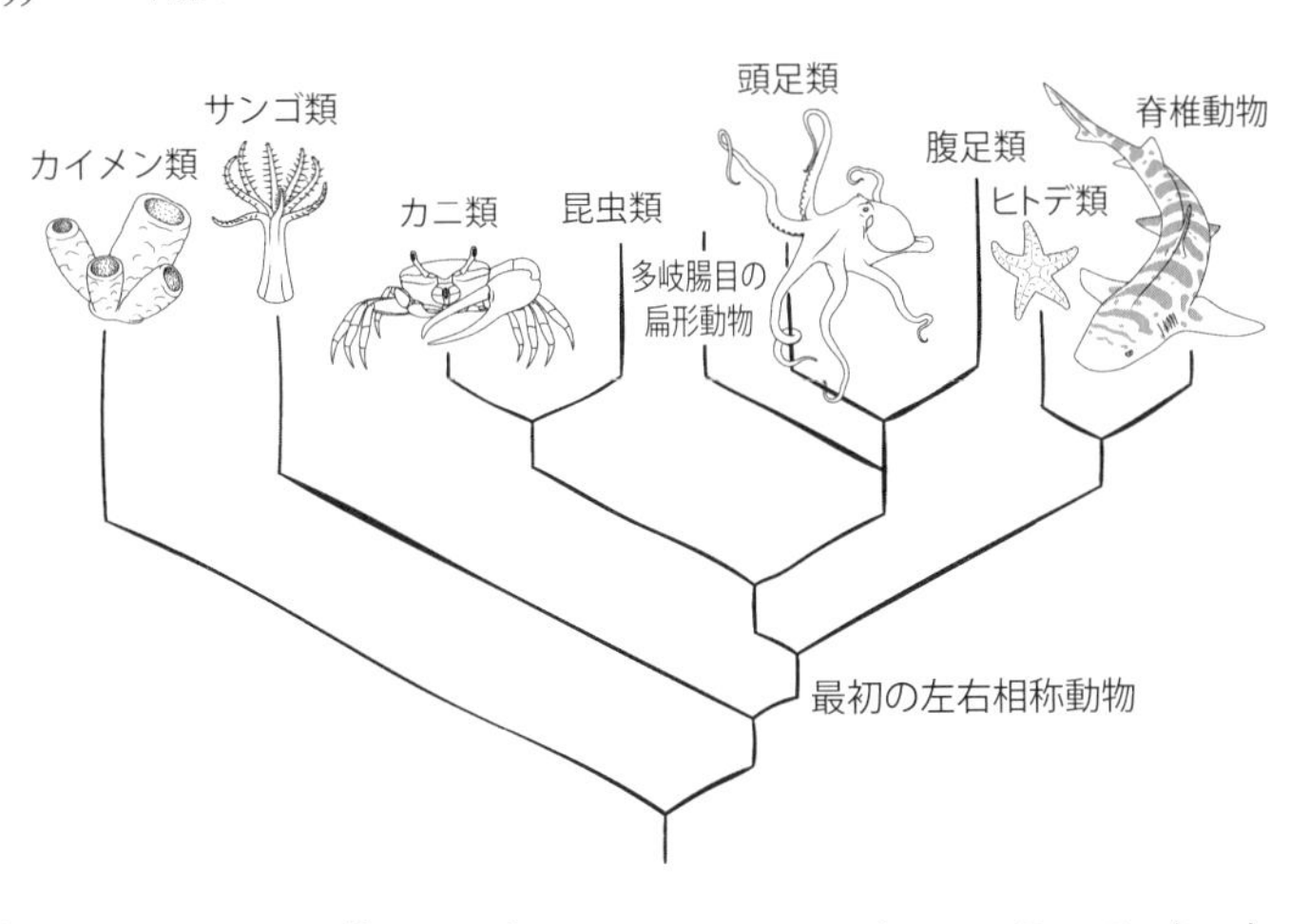

だが一度そうやって見つけると、本当にどこにでもいた。身をかがめていたり、逆さまにぶら下がっていたり、小さな爪で何かしていたり、私が写真に収めようとしている場景に入り込んできたり。かろうじて見える程度だが、確かに後方に写っているのだった。最近では、ほかのものを撮った写真を見て、背景のワレカラの小さな群れに目が行くことも多い。はるか昔に死んだ世代が小さな幽霊となって集まり、海原の一角に出没しているようなものだ。

着飾るカニ

さて、私たちは動物としての生き方が生まれた道をかなり遠くまでたどってきた。この道は、ほかと大して違わない単細胞の真核生物が一歩を踏み出したことに始まり、それがやがて無数の細胞の統合と新しい種類の生体の単位の登場につながったのだった。神経系と筋肉が発端となって、行為が多細胞生物のスケールで発明された。続いて最初の左右相称動物が出現し、そこから一連の分岐が生じた。このすべてはカンブリア紀の前、また大部分は最初の動物化石よりも古い時代に起こった。カンブリア紀には行為と感知に関して軍拡競争が繰り広げられ、形の整った身体と関節のある脚が行為をしっかりと支える節足動物を先頭に、生物としての新しいあり方が編み出されていった。

前ページの図は生命の木の一部だが、ステージを細かく分け、ここまでに見てきた動物を書き入れて示す。

この図も62ページの前掲図と同じく、時間はページの下から上に向かって進む。さらに、記載されていない動物は膨大な数にのぼる。このように図を描くと、最初の左右相称動物の重要性は一目瞭然だ。その動物がどんなものだったかは明らかではないが、おおよそ扁形動物のような姿だったと考えられている。図にあるように、左右相称動物ではかなり早い時期に分岐が起こり、さまざまな動物が生じた。その時点まで、あなたの歴史はアリやカニ、タコの歴史と共通していた。個々の系統が独自の進化を遂げたのはそれ以降の時期だ。

本章の冒頭で述べた海中パイプラインのスポットに潜ったある日、私はカイメンを眺めていた。暗赤色のかたまりで、滑らかに浅く盛り上がった部分がある。ドクター・スース〔アメリカの絵本作家〕の作品にある〔太めの〕指を束にしたような見た目だ。そのかたまりはカイメンらしく静かにじっとしている――ヒトの裸眼にはそう映った。すると突然、それがぎこちなく動き出した。そこで気がついたのだが、モクズショイがいたのだった。

モクズショイ decorator crab はカニの仲間だから、これも節足動物だ。このカニはカイメンで身体を飾る。甲羅にカイメンを生やしているのだが、こんな装飾をつけておくために特殊なフックをもっているものも多い。ヤドカリがイソギンチャクを使うよりもはるかに徹底したやり方だ。ヤドカリは巻貝の殻に自分の身体を押し込め、その殻の外側にイソギンチャクをくっつける。一方でモクズショイは自分自身の殻、つまり自分の身体を、ほかの生物が生息していく環境として役立てている。モクズショイの身体に直属する植物園では、カイメンだけではなく、サンゴその他の刺胞動物もよく見られる。これらはすべて非移動性の生物で、なおかつ——ほとんどの捕食者からすれば——食べられない。モクズショイはこうして自分の身を守っている。装飾には、タコをはじめたくさんの動物が見つけにくいようにするだけでなく、それらが寄りつかないようにする意味もあるわけだ。

カイメンのように見えていたかたまりの大部分が、いまや動いていた。はさみが現れる。カイメンにすっかり覆われたこのカニは、ほかのカニにくらべるとずいぶん動きが遅い。のろのろした動作になるのは、カイメンの組織に身体と関節を固定されているからだ。頭部がゆっくりと持ち上がる。その姿は、二つのまったくかけ離れた動物進化の産物を体現していた。

グッバイ

居眠りするサメを前に指揮者のように腕を振り上げたオトヒメエビを目にしてからおよそ二週間後、私はその一本腕のエビがまだいるか見に行ってみた。泳ぎだしたところでかなり攻撃的なタコと鉢合わせし、縄張りから追い出される羽目になった。岩棚に近づきながら、私は自分が来ないあいだにタコ——もしかするとさっき追いかけてきたタコ——にエビが食べられてしまったのではないかと気をもんでいた。だがそれは杞憂で、一本腕のエビは岩の下側にぶら下がっていた。どうやらサメはいないようだ。

この前にくらべると動きが鈍く、私に対する関心も薄いようだったが、やがてエビは下まで降りてきて私を見つめ、腕を振り回した。脚や身体には海藻がまとわりつき、ちょっとだらしない見た目になっていた。それでも、私は彼に会えてうれしかった。

先日の一件以来、私はオトヒメエビについていろいろと読んでいた。[19] このエビは長生きで、縄張り意識が強く、一雌一雄制で一生同じ相手と暮らすという。水槽で飼う場合は五年ほども生きるとされている。また、オトヒメエビは互いを個体として認識できる。一九七〇年代に行われた古い研究で、つがいを一晩か二晩別々にしたのちに元に戻し、パートナーではなく別の個体（赤の他〝人〟）と一緒にされたエビのペアと比較したものがある。別の個体とはいえ、そのエビは本来のパートナーと性別が同じというだけでなく、大きさや外観も（人間が見る限りでは）そっくりだったが、エビにはその違いがわかった。他人どうしを一緒にすると求愛行動とけんかがいずれも増え、パートナーに再会できた場合はふだんの行動をまた始める傾向が見られたそうだ。

この研究によれば、野生のオトヒメエビのつがいは終日互いの触角が届く範囲にいるが、夜になると（特にオスは）数メートル先まで散歩に出かけ、明るくなる前に戻ってくることが多いらしい。一平方メートルそこそこの縄張りの中で一生の大半を過ごしているようだ。

私は数か月前にその場所でエビのつがいを見かけたことを思い出した。二匹とも腕は欠けておらず、とても活発だった。そのときに撮影したビデオには、差し向かいでひっきりなしに触角を動かし、互いに触れている様子が映っている。一見支離滅裂なつつき合いだ。これはシグナリングか？　グルーミングなのだろうか？　一九七七年の研究論文では、オトヒメエビの個体認識の基盤はおそらく化学物質の検知だろうとされていた。だが私は、あのつがいがしていた脚や触角を総動員した一対一の触れ合いは何だったのだろうと不思議に思った。

オトヒメエビのメスはオスより大きいが、それ以外のことで性別を判断するのは難しい。一匹でいる一本腕のエビがオスかメスかはわからなかった。前に見かけたつがいの片割れかどうかははっきりしないにしろ、このエビがパートナーを失ったことは明らかで、私は少し気の毒に感じた。腕が一本ないだけではなく、エビの身体全体もくたびれてきていた。ほかの水中生物が幾筋も絡みつき、そのままになっていたからだ。例のつがいのつつき合いにはグルーミングの意味もあるということだろうか？

さらに二週間後、私はまたそこに行ってみた。信じがたいかもしれないが、一匹のエビを見に行くために車で三時間かけて海岸沿いを北上した。この時は水がよくなかった。その場所全体がいつもより狭苦しく、暗く感じられた。ホヤが咳払いをし、くしゃみをする。[20]岩棚に着くと、例の種類とサイズのエビが、例の場所に一匹だけでいた。腕が二本ともない。たぶん同じエビだが、残っていた腕も失ったらしい。

長い腕が一本もないのに、どうやって餌を食べるのだろうと最初は思った。しかし彼にはもともとたくさんの脚があり、四つの小さなはさみの少なくともいくつかはまだ残っている。その小さなはさみで、ものをつまみ上げたり、食物を口に運んだりといったことはかなりうまくできているようだった。もっとも、そんな動きも以前にくらべれば確かに元気がなかった。疲れた様子でひとり。おそらく寿命が尽きかけていたのだろう。

5 主観の起源

主観・行為者・自己

どのくらい来ただろうか。進化については、初期の生物から初期の動物を経て、行為と神経系、そして視覚の出現までを取り上げてきた。いまはカンブリア紀に一時停車中だ。この時代区分で、とりわけ活動的な生物として節足動物に注目しているが、遠景にはこのあとの章で表舞台に登場する動物の始まりがうかがえる。それは、脊椎動物、それから頭足類のことだ。頭足類はいわば無双の軟体動物で、進化をめぐる私たちの考えをねじ曲げてしまうだろう。

哲学的な問いについてはどこまで来ただろうか。心の進化や、心的なものと物理的なものとの関係について理解しようとするプロジェクトは。こちらは少しは進んだと言えるだろう。ここまでのページで紹介した概念のうち、いくつかのものは実際に「ギャップを埋め」はじめている。この先で取り上げる概念や見解もあるが、切りがよいのでここで全体を確認しておこう。これまで語られてきた話と、哲学的な立場からの見方を結びつけて考えるのによいタイミングだ。そのためには手のひらを上に向けたり下に向けたりしていく必要があると思われる。つまり、手を開いて伸ばし、いくらかの進展がみられたと示すこと、あるいはその手を裏返し、問題を実際以上に手強いと受け止めさせる誤った思い込みを押し戻すことだ。

ここまでの数章で語ってきたように、進化は単により大きく、より複雑な生物をもたらしただけではなく、それ以前には存在しなかった「あり方」、新しい自己をも生み出した。これは新たな方法でひとつにまとめられた生物で、環境とのかかわり方もそれまでとは違っていた。

動物の進化の中核をなしていたのは、筋肉と神経系のおかげで無数の細胞が協調して動く、新しい行為の発明だった。そして、これらの行為を誘導するために、新しい感知が生まれた。この二つのイノベーションが一体となって、潜在的な自己の感覚をベースにした感知と行動ができ、外界としての環境に応答する生命が立ち現れる（気まぐれに揺れるはさみで自分の脚をつかんだのをすぐにやめたエビを思い出してほしい）。

すでに提示した二つの概念は「主観性」と「行為者性」だった。いずれも日常生活でなじみのある統一体の異なる側面を切り出した概念である。その統一体とは、周囲で起こっていることを感知し、行為を行う者のことだ。主観性には、感覚と「私にはこのように思われる」という印象が含まれる。一方の行為者性とは、実行すること、着手することを指す。あらゆる生物（あるいは細胞からなるすべての生物）には主観性と行為者性のようなものがうかがえるが、この特徴は動物においては特異な形で現れる。

心と身体をめぐる哲学の議論では、主観性がいちばんの問題だとみなされている。たとえば「主観的経験」は説明が難しい語句のひとつだろう。行為者性のほうが理解しやすそうに思える。しかし、すでに見たように、生物の感知と感覚の側面は行為とさまざまに絡み合っている。哲学者のスーザン・ハーリーは、この関係を考えるときに助けになるイメージを提唱した。[1] ハーリーは、標準的なとらえ方には実態から少しずれているところがあると指摘したのだった。そのようなとらえ方によると、人間は「主観的存在と行為者がいわば背中合わせに立っている状態とみなされる」。言うなれば、ひとりの人間は何らかの仕切りのある存在、縦に走る二つの層が隣り合う物体であって、世界がその前後をはさんでいる。世界は感覚を通じてその人間に影響を及ぼす――これが「主観」の側面。その人間はまた、どう応答すべきかを考え出し、行動する――こちらが「行為者」の側面だ。ひとりの人間はこの二つの側面から構成されている。ほとんど二人の人間がいると言っていいだろう。しかし、ハーリーによると、二つの役割はこのようにはっきりと分かれているわけではなく、背中合わせのイメージも誤解につながりやすい。私たちは「主観」と「行為者」が一緒になった存在なのだ。

何が生まれたか、何が新しいことだったかを別の方法で説明してみよう。進化が進むにつれて、動物は世界に広がる因果的経路のネットワークにおける新しいジャンクション、あるいはネクサス（結合部）になっていった。ある動物が感覚を通じてさまざまな情報を受け取ると、それは複数の線が交わる点となる。動物が行為を始める側であれば、それは因果関係を示す線が分岐して広がっていく出発点となる（多くの場合、その線は輪を描いて出発点に戻り、当の動物の感覚に影響を及ぼす）。また、動物は現在と過去が交差する場所でもある。かつて見たことや以前にした行為の出来不出来によって、現時点の対応が変わってくるからだ。入ってくる「いま・ここ」の情報は、過去の形跡と相互に作用し合う。

このような特徴と世界における位置づけは、動物的な生き方の産物として――一定不変のものではないにしろ――よく見られる。こういった動物はある視点をもっており、その視点の立場から行動する。「主観的経験」という疑わしい用語でくくられるもろもろの中には、動物の進化の当然かつわかりやすい成果であるものがある。大ざっぱに言えば、動物の行為者性の進化が、それにつれて主観の源流をもたらすのだ。

クオリアとその他の謎

第1章で、本書の目的のひとつは動物の経験に関する議論につきまとう恣意性を取り除くことだと述べた。ある人はゾウリムシを見て、この生き物に感覚はないと言い、また別の人はゾウリムシだけでなく魚も感覚をもっていないと片づける。私はこんな状況を突破する手助けをしたい。ここで欠けているのは、たとえば特定の生物についての情報、それは何ができるか、またその内では何が起きているかといったことだが、これは自然科学の細かい問題だ。しかし、こういったことを考えてみようとすると、錨を失ったような状態になることがあり、話がなかなか進まないのはそのためでもある。この拠りどころのなさは、唯物論に対する伝統的な反論に見られる、ひじょうに古い問題につながっている。

一七世紀の哲学者ルネ・デカルトは、身体をもたない魂を仮定し、次のように議論を展開した。[2] 自分が物質的な身体をもっていると確信できるだろうか？　その確信は幻想であるかもしれない。一方で、自分が心〔魂〕をもっていることは、（少なくともこのいまの時点では）疑いようがない。したがって、心と身体は同一のものではあり得ない。身体が自分という存在にとって任意に付け足すことができるものならば、自分は身体であってかつそれ以上のものではない、とは言えないからだ。

より最近の主張は、デカルトの思考実験の逆を行くルートになる。魂あるいは心をもたない身体の可能性を考えてみよう。具体的には、ふつうの人間と物質的には完全に同じコピーを想定する。唯物論が正しければ、このコピーは必ず経験をもっていなければならない。ところが、この場合も経験はオプションのようだ。デイヴィッド・チャーマーズの表現を借りると、このコピーは一切の意識を欠く「ゾンビ」にすぎないかもしれない。[3] もしこのゾンビが本当に存在できるなら、身体と心は同じものではあり得ないように思われる。というのも、心は身体に付け足せるものということになるからだ。心は脳と身体、そして物理的なプロセスによって確かにつくられるものかもしれないが、単にそれらであることはないわけだ。

身体と心がこのように切り離し可能であるように見えるということには、私も同意する。もっとも、こういった見かけ上の分離可能性は、私たちの想像力の癖に端を発しているのだ。トマス・ネーゲルは唯物論に対して批判的な立場をとったが、この癖を分析し、なぜ誤解を招くものであるかを示した(4)。人間の想像にはいくつかの種類があり、「知覚的」想像（何らかの対象を見ている・聞いているという想像）や「共感的」想像（何らかの対象そのものになっているという想像）が含まれる。ここで、共感的想像は心に対してしか機能しない。自分以外の何ものかである状態を想像できるのは、その対象が心を、あるいは少なくとも経験をもっている（と考えられる）場合だけだ。対照的に、知覚的想像は身体——見たり、聞いたり、触れたりできる物体——に対して容易に働く。思考実験なら、共感的想像と知覚的想像の対象を自由に組み合わせ、分離し、並べ替えることができるというわけだ。ある組み合わせによって身体をもたない魂を想定し（知覚側を「ブランク」にする）、別の組み合わせで魂をもたない身体を想定する（今度は共感側が「ブランク」）ことも可能だ。とはいえ、そのような思考実験からは、何が本当の意味で分離可能なのか、何が本質的に別々なのかは、まったく見えてこないだろう。

ネーゲル自身は、心的なものは唯物論では説明できないだろうと考えていた。しかし、その一方でそういった思考実験によって唯物論の誤りを示すことができるという見方も否定した。もっともな主張だ。

同じような拠りどころのなさ、根拠の弱さはほかのところでも見られるが、それはもっと穏やかな形をとる。あなたはゾウリムシを目にし、ネーゲルが述べたような想像力の働きをもって、この動物に精神生活を与えることができる。あるいは魚を見て、その中は真っ暗だと想像することもできる。こんな成り行き任せのやり方をしている限り、想像力を働かせても参考になる情報は得られない。想像力には役割があるし、私は本書のあちこちで、人間なりにさまざまな動物の生活に身を置いて想像をめぐらせている。ただし、本書の目標は、例の懸け橋となる概念を見つけ出すことだ。それがあってこそ、多少厳密な、動物の生活により忠実と思われる方法で、このような想像が展開できるようになる。

私は先に、何かと問題の多い「主観的経験」という用語で総括されることの中には、動物進化のしかるべき帰結——感知と行為の進化や視点の形成など——が含まれていると述べた。しかし、そのどれひとつとして経験そのものの理解には大して役に立たないと言う哲学者もいることだろう。この領域における最大の難問に取り組んでいないというわけだ。彼らが言う難問とは、経験の「本質」——赤の赤さ、クラリネットの音の特殊性——を説明することを指す。目の前に広がる森の緑を見る経験には、ある感じがともなう。「生(なま)の感じ」とも呼ばれる独特の感じだが、それを生物学的に説明するのはひじょうに難しい。経験がもつこの特徴を一語で表し、（悪名高い）標準となった言い回しが「クオリア」だ。クオリアは世界においてどんな位置を占め、進化のプロセスでどのような役割を果たし得るのだろうか。

哲学者のダニエル・デネットらは、クオリアという考え全体が誤りであって、その存在は幻想であると主張している。[5] この批判は、色や音の経験を動かしようのない事実だとみなす立場からすれば、まったくもって非理論的ということになる。私としては、クオリアが提起する問題の一部は実在し、ゆえに混交しているどれもこれもをひとくくりに議論することはできないと思っている。私はそういう問題をそれぞれが属する場所に置き、生物学的にとらえる場合のハードルを従来よりも低くしたい。

正常な視覚をもつ人がトマトを見て、その色を経験するとき、その人の内部で起こる生物学的な事象は個別の物理的な特徴や特性をもっているだろう。つまりそれらには「固有の」性質が備わっている。この内在的な性質はその人自身の経験に独特の感じを与える。ここで「その人」とは、特定のパターンをもつ生物学的活動のことである。この領域における大きなチャレンジのひとつは、これこれの脳のプロセスによって、ある人にほかならぬ赤の感覚が喚起されるのはどういうわけかという問いに答えることだ。これは確かに難題ではあるが、自然科学の問題とみなすことができる。しかし、科学的な説明がそれについてどのような役割を担うべきかという見方、あるいは唯物論者に対してなされる要求の中には、理不尽なものがある。科学による記述は、描写されている経験自体をカプセル化、あるいは「内包」することはできない。つまり、ある経験について知っているということは、知っているために想像しやすくなる可能性はあるにしても、その経験をしているということとは異なる。それなのに、唯物論に批判的な主張には、人間その他の動物に関する三人称の記述では基本的に無理なことをさせたがっているようなものもある。[6] 要するに、その記述が魔法のように一人称になることを求めているのだ。

　クオリアについて思い悩み、次のような理由づけをする人もいる。唯物論は物理的なプロセスの集合を三人称の立場で記述するものであって、それはクオリアが立ち現れるような方法でなされるべきなのだ、と。つまり、赤色や緑色、シンバルの音は、記述されているシステムの中に何らかの方法で「出てくる」はず、と考えるわけだ。このようなとらえ方は完全に間違っている。クオリアは、どういうわけか物理的なシステムの働きで生まれてくるもの、注釈を必要とするようなおまけの部分ではない。そうではなく、記述されているシステムとして存在するもの、そのシステムであるものの一部だ。経験とはある種の複雑な生体システムの一人称の視点であって、そのシステムの働きによって魔法のように呼び出されるものではない。

　クオリアをめぐる議論は、別の意味でも納得できる範囲を超えがちだ。哲学者が執着しているいくつかの具体例が、あらゆる経験のモデルとなってしまうのだ。赤の赤さにずっとこだわっていると、経験それ自体が色や音の連続だと考えるようになりかねない。単色を見ることが経験の典型とみなされるわけだが、アメリカの抽象画家マーク・ロスコにちなんで「ロスコ経験」と呼んでも差し支えないだろう。印象に残るだけでなく、実態の分析にも役立つ呼び方だ。私が思うに、色面で構成されるロスコの作品に独特の感じを覚えるのは、ものを見ることのふつうのあり方を逸脱しているからではないだろうか。人間の視覚は通常さまざまな探索を含み、その結果に応じて本人が目の前にあるものの空間的な配置を理解しているという背景の上に、視覚経験が生じる。ところが、色面の広がりを見るとき、それは私たちの内にはなく、外にもないように思える。私たちは確かにロスコ経験をすることができるが、それは視覚の一般的な働きとは異なるものだ。この現実離れした印象が、ロスコの作品の魅力と人気の理由でもあるのだろう。

ここからは、スーザン・ハーリーの見解をもう少し引用したい。彼女は五二歳で早世するまで、こういった関係性の研究にとりわけ熱心に取り組んでいた。ハーリーは、心理学や神経生物学の分野で用いられる視覚のメカニズムについての区分を、哲学の世界に導入した。それは脳の what 経路と where 経路と呼ばれるシステムだ。(7) what（なに）のシステムでは形や色を扱い、where（どこ）のシステムでは空間的な配置が処理される。また、これら二種類の情報は、脳の中である程度まで別々のルートを経由して伝えられる。とはいえ、この区別は大ざっぱなものだ。たとえば形は what の情報だが、各部の空間的な配置という where の要素も含まれる。日常的な視覚の場合、これらは渾然一体となっている。

視覚におけるこの二つの側面は、行為とフィードバックにどうかかわっているかという点で違いがある。通常の状況では、ものがどこにあるのかという感覚は自分が動くことで絶えず修正されているし、触覚を通して照合・確認されることも多い。視覚のこの側面は「あなた 対 世界」という感覚と不可分の関係にある。あなたも一個の物体であり、ほかの（同じく動く）もののあいだで自分の位置を変えている。色はその状況を追跡する仕組みの一部であり、色のコントラストや色によってできる形を利用しているのだが、色自体は通例もののように行為と結びついているわけではない。ふつう色は触って確かめることができないし、ぼんやりした形しかわからない色面の場合なら、脳の where システムが頼れる手がかりはほとんどない。ハーリーの考えでは、where システムが私たちのためにしているような処理こそ、「知覚者兼行為者としての統一された見方もしくは視点をもっていることの基本、世界に存在しているひとつの自己であるという感覚、ゆえに心をもっていることの基本」であるという。(8) 色面を見る経験、つまり視覚の「どこ？」について糸口がない経験も現実の経験である――私もそのことは否定しない――が、一部の人が考えるほど典型と見なすべき事例ではないということだ。

それにしても、この領域における人々の考え方はどのように発展し、問題が顕在化するようになったのだろうか。クオリアが中心となったいきさつはどんなものだったのだろう？

クオリアの〝祖先〟にあたる複数の考え方は、一七、一八、一九世紀に生まれ、それぞれに隆盛をきわめた。ジョン・ロック、ジョージ・バークリー、デイヴィッド・ヒューム、J・S・ミルらに代表されるその時期の経験主義哲学では「単純観念」「印象」と呼ばれ、点在する色や短い音など、純粋な感覚を生じさせるもののことを指していた。(9) 単純観念や印象は、心の最小単位（アトム・原子）が集積するような形で心に存在していると考えられた。心の中にはほぼそれだけしかないとする哲学の流派もあったが、その立場をとらない場合でも、〔心的なアトムの概念は〕知覚と経験の見方に大きな影響を及ぼした。純粋な感覚を生じさせるものという考えは、哲学において二重の役割を果たす。それは心の中身と仕組みを説明する試みの一部だったが、その過程で当時のドグマを一掃するような、新しい知識の基盤を探究する鍵ともなったからだ。もしすべての知識を感覚におけるパターンの追跡として再構築すれば、疑わしい知の瓦礫を大量に捨て去ることができるだろう、と。

心に関するこのような見方は、わずかな修正を加えられつつも、英語圏の哲学で長く存続した。二〇世紀の初頭には「センス・データ」（感覚与件）と呼ばれるものが同じような二重の役割を担った。現代の哲学に「単純観念」や「センス・データ」はないが、その輪郭はクオリアに息づいている。

一八世紀末頃から、感覚をベースにして心と知識をとらえる見方に反旗がひるがえされた。この見方は心を完全に受動的なものと解釈している、そう批判されたのだ。指摘された不足や欠点はほかにもあったが、反対の核心はおおむね受動性の問題だった。哲学におけるドイツ「観念論」のプロジェクトでは、受動的、原子論的な経験観が拒否され、自己を決定する自律的意識の卓越性を主張するという、もう一方の極端に走る傾向が見られた[10]。この領域では代々それぞれの立場から大げさな見解が主張されている。

感知と行為に関する最近の議論でも、同じように対照的な意見が唱えられている。「エナクティビズム」と呼ばれる考え方（の少なくとも一部）は、知覚それ自体が行為の一形式であると説明しようとしている[11]。「ものを見ることは身体的な行為」であり、経験とは「われわれが〔身体を使って〕行うこと」であるという。行為と感知のフィードバックを利用する立場で、何を感じるかは何を行うかによって変わるという事実から、感知を全面的に行為の側に仕分けようとしている。こんな言い方をすると、行きすぎた考え方のように響くかもしれない――実際私自身はそう受け止めている。エナクティビズムの目的は、心はスクリーンにすぎないとか、心はクオリアが現れる受動的な容器であるなどとする理解からできる限り離れることにあるが、その立場では心の感覚受容に関する側面――これは実在する――まで完全に否定されている。

やたらに大仰な説を考え出すというのは、哲学に常につきまとう特徴だ。アメリカの哲学者ジョン・デユーイが自嘲気味に述べたように、哲学を学ぶ者は、初めこそ対立する立場の大きな相違（万物は流転する／否、変化は幻想にすぎない）に驚くが、やがては自分からいまにも倒れそうなチェスの駒を無造作に動かすようになる。[12] それはこの学問の病理だろう。ひとつの様式化された明確な見方が別の見方に対置され、新しい観念が現れるルートとなることもままあるが。経験を理解するという領域に限って言えば、生体システムと世界のあいだには「輸送（トラフィック）」があり、双方向のプロセスの中に感知と行動が共存する、と認めることすら、どういうわけか難しいようだ。哲学的な関心とは、一方の側から反対側へと大きく切り替わるものらしい。

感覚を超えて

本章のテーマは経験と主観性で、ここまでのところは主に「感覚的」経験について述べてきた。感知に関する一部の哲学的な見方の問題点を指摘したが、かなり最近の哲学研究では、もうひとつ別の問題もある。それは、感知は経験の重要な部分であるばかりでなく、経験として起こることのほぼすべてであるとする考え方にかかわることだ。経験が世界にどのように位置づけられるかをよりよく理解しようとするならば、私たちはこれも乗り越えなければならない。

あらゆる経験は感覚的であると考える哲学者でも、私たちの内から生じる感じ・感覚 feeling があることは認めている。彼らは、外的な対象はもとより、内的な事象（空腹感や興奮など）を検出することを「感覚する・感知する」sensing と表現する。私たちは内向きの感覚と外向きの感覚を両方もっているわけだ。「感覚する」の代わりに「知覚」perception が使われることもあるが、この二つはひじょうに似通っている。私が想定している立場について、世代が違う哲学者から二つ例を挙げよう。私のニューヨーク時代の同僚、ジェシー・プリンツの態度は、「すべての意識は知覚による」と素っ気ないほどだ。[13] またフレッド・ドレツキは、私が学生時代に強い影響を受け、彼がスタンフォード大学で定年を迎える前に一緒に仕事をすることができた研究者だ。彼もプリンツと同じようなことを考えていたが、その主張はぼかされている。いわく、すべての意識については当てはまらないかもしれないが、〔意識の経験の〕「もっとも明快で説得力のある」ケースは、「感覚経験と信念」の中に見いだされるという。

このこと、つまり意識の「もっとも明快で説得力のある」ケースが感覚経験と信念であるという主張は、どの程度もっともらしいと思われるだろうか？　情動や意志、気分、それから衝動も、間違いなく同じように明快で説得力のあるものだ。私個人の意見では、これらのほうが意識経験のケースとしては信念よりも多少わかりやすいと思う。

ひょっとすると、情動や気分とは、自分の身体の状態、たとえばホルモンの活動などを知覚することなのかもしれない。そのように考えていくと、あらゆる種類の経験を、何らかの事象の感知または追跡、もしくは識別として扱えるようになる。この見方によれば、気分が悪い（不機嫌）というあなたの経験は、あなたの内部で何かが起きているのをあなたが検知することだ。これに代わるひとつのとらえ方は、じつは明白ながらおろそかにされているが、気分とはある事実や状態を「表現するもの」ではなく、その時点のあなたの「あるがまま」にすぎないというものだ。

もうひとつの例として、気力の充実度、特に疲労を取り上げよう。わかりやすいのは、筋肉を酷使したあとの身体的な疲れではなく、精神的な疲労だ。たとえば長時間のドライブ中、あなた自身のエネルギーが減ってきたとする。疲れてだるくなってくるが、これは何かであるように感じられる。つまり経験の一部だ。さて、そのことは、車の燃料が少なくなって警告マークが点灯するように、あなたの身体のある状態を表現していると思えるだろうか？　それとは別の考え方をするなら、繰り返しになるが、あなたの経験はその眠いようなぼんやりしたあり方を含んでいるだけ、それで飽和状態になっているようなもの、ということになる。何ごとかを考えるとき、時間がかかり骨の折れるプロセスと、スピーディーで楽に進められるプロセスのあいだには実感できる違いがある。エネルギーのレベルはあなたの生命活動の一面であり、それは感じられるものだ。

続いて、「意志がみなぎる」状態を考えてみよう。これもまた、経験はもっぱら検出と知覚にかかわるとする見方から外れて、生命活動全体の一側面が経験であるとみなす方向に向かっていく。経験とは、ただ何かを「知らされる・教えられる」ことではない。そこにはもっと生命が感じられる。では、この「もっと」とはどれくらいだろう？　哲学者ジョン・サールを引用する。[14]

真っ暗な部屋で、夢を見ない眠りから目覚めたところを想像してほしい。その時点まで、あなたは何か脈絡のあることを考えていたわけではないし、知覚への刺激もほぼなかった。ベッドに横たわる自分の体圧と上掛けの感覚を除き、外部からの感覚刺激は一切受けていない。それでも、いま現在のようやっと目覚めた状態と、先ほどまでの無意識の状態では、脳の中に違いがあるはずだ……。この目覚めの状態が、基底の、あるいは背景の意識である。

この文脈で「基底」とは、基礎的、もっとも基本的という意味だ。ベースとなるレベルとも言えるだろう。サールがこの節で何か現実のことを描写しているらしいのは間違いない。ただ、それの意味するところはあまりはっきりしない。この筋道をたどるひとつの方法は、意識はその内で何も起きていなくてもかまわないと推断することだ。意識は状態にすぎないというわけだが、これは現代の心理学と哲学における大多数の見方とはかけ離れている——今日主流のアプローチでは、意識は心の中に情報が提示される手段のようなものとして扱われる。そうであれば、提示される情報がなければならない。このような立場をとる人は、サールの目覚めのシナリオでも、自分との対話が始まる瞬間は必ずあるし、ちょっと空腹だなどと認識するようなこともあるはずだと応じるかもしれない。一方、神経科学の分野では、哲学や心理学とは対照的に、ロドルフォ・リナスをはじめ、サールが述べる「状態」としての意識に近い意識観を提案している著名な研究者もいる。[15]すなわち、意識は一般に感覚を通して入ってくる情報を反映するが、それに依存するわけではないという見方だ。

あるいは、暗い部屋で目が覚めてぼんやりと意識を取り戻すときに起こることの説明は、もうひとつあるかもしれない。それは「いまここにいる」と再び感じることだ。

実在感（プレゼンスの感覚）という概念は、経験をめぐる最近の議論の周辺で微妙な役割を果たしている。[16]時には漠然とした期待に添えられる思わせぶりな言葉というだけのこともある。実在感とは、自分が現実に存在し、その場にいるという感じのことだと言われる。詳しく説明するのはなかなか難しいが、それが何の役に立ちそうかを理解するには、差異に注目するとよい。つまり、まったく異なる複数の見方をくらべてみることだ。数ページ前に、すべての経験は知覚の問題、何が起きているかを読み取ることだとする考えについて述べた。これを受け入れる人の中には、「透明性」として知られる概念の正当性を信じる人もいる。[17]透明性とは、経験において、私たちは自分自身の存在、あるいは自分が経験をしているということには決して気がつかず、目の前に置かれたものごとに気づくのみであるという考えを指す。経験自体は透明であり、私たちは経験を通して世界（そこには私たちの身体も含まれる）を見ているとするわけだ。これに近い考え方は瞑想についての文献でも散見される。[18] 瞑想を実践すると、思いもよらない自己の不在が明らかになるのだという。この透明性の見方が正しいとすれば、意識経験は常に何か別のものの存在を示しており、意識それ自体はその指示あるいは提示にすぎないということになる。

「透明性」は、経験をめぐる多くの見方につきまとう自己消去的な傾向の一例だ。実在感の概念は、このような、主観は媒体あるいは容器にすぎないとするアプローチに抵抗するものと位置づけられる。日常的な経験において、自己はたいていの場合テーマや焦点ではないが、かといって消え失せてしまうわけでもない。少なくとも一部の人にとっては、その場に身を置いている、いまここにいるという感じは経験を構成する重要な要素だ。

とはいえ、この感じとはいったい何なのだろう？　実在感をひとたび認めると、それは世界に居場所をもつ生物でさえあれば自然に備わる特徴だと考えたくなる。[19] 私たちは本能的に、自分が生物としてどんな存在であるかを感じることができる。もしそうなら、基礎的なレベルの経験は生きているものすべてに「無料で」ついてくることになる。

これは興味を引く考えだが、おそらく単純すぎる。いまここにいるという感じには、もっと多くのことがかかわっているはずだ。大部分は表に出てこないにしろ、私たちの内部で継続的に行われているたくさんの複雑な処理に依存しているように思われる。たとえば、身体の状態を絶えずモニターし、体内の事象が周囲で起きていることにどう関係しているかを把握するといったことだ。このようなバックグラウンドの事象は、特にそれがうまく機能しないときに表面化する。

自分はいまここにいるという感じ（実在感）は、自分の身体は自分のものだという感じ（身体所有感）にかかわっているが、この身体所有感についてはさまざまな異常やねじれが起こりやすい。手始めに「ラバーハンドイリュージョン」という現象を取り上げよう。目の前で偽物の手がブラシで撫でられ、それと同期して直接見えない自分の手も撫でられると、その偽物の手が自分の手であって、いま見ているブラシの動きを触覚として経験しているという錯覚を引き起こすことができる。なお、ラバーハンドイリュージョンはいわば氷山の一角だ[20]。自分が自分の身体を離れてどこか別の場所にいる感じがするという錯覚は、脳の損傷が原因の場合もあるが、一定の程度までは実験で誘導することによって、さまざまな形で生じさせることができる。これについてはあらゆるパターンの知覚のゆがみが知られている。完全な「体外離脱経験」はそのひとつだし、ほかにもイメージとして投射された身体が見えているのに、同時にその身体の中に入っているという体験の例もある。精神医学の分野では、「非現実感」をはじめ実在感に混乱が起こることは、顕在化しつつある問題を示唆する重要な症状かもしれないと解釈される。

もし実在感が常に複雑なバックグラウンド処理から生じているのだとすれば、それは生物の身体の中で「生きてある」ことの自然な帰結以上のものだと言える。もしかすると、このことに対応して、実在感は単純で本能的なレベルと、体内の状態をモニターできるなど、より複雑化したレベルの両方に存在するのではないだろうか。生命体としての単純で必然的な感覚は、身体や神経系が異なる動物ではまた異なった形になっているのかもしれない。この考えはおもしろいが、信じるだけの根拠はまだないと思う。実在感は原初的なものであるように「感じられる」が、その感覚は起きていることについての信頼できるガイドではない。

意識経験にとって、実在感は不可欠なものではなさそうだ。「非現実感」は一般に実在感とは異なるとされるが、感覚であることには変わりがない。ところで、私たちはいま、生物について身体的なものと経験的なものの「ギャップを埋める」ために必要とされる大切なパーツの近くにいる。自分が「いまそこにいる」という感じは、経験の特徴や個別性に大きな影響を及ぼす。これは主観性それ自体の重要な要素なのだ。私たちの脳と身体の中で起こり、この実在感をもたらす活動について知るほどに、生物学的な世界に経験を組み入れていけるようになる。

たとえば、視覚の仕組みについて生物学的な説明が与えられるとしよう。それは光や眼、脳への経路といった言葉で語られる。すると、この説明には何かが抜けている、視覚がどのように感じられるかを伝えていないと思うことも多い。私の考えでは、説明に中途半端な印象をもつ理由は、ものを見るという経験にはふつう実在感が含まれる（あるいはともなう）からでもある。その実在感――ぼんやりととらえどころがなく、まず表には出てこない感じ――は、ものを見ることがなぜそのように感じられるかということの一部をなしている。

哲学者にしろ、科学者にしろ、あるいはこういったことを考えている誰もが、意識や主観性の性質を示している、あるいはその手がかりとなると自分には感じられる特定のタイプの経験をもっているかもしれない。この種の個人的な印象は信頼できないが、それに導かれる感覚をもたずにいることが難しいケースもある。私にとって指標となっている経験はというと、自分が感じる実在感と周囲で起きていることの理解のあいだに一定のバランスがとれているような経験だ。これは、自分のことに夢中で外界に関心が向かないとか、自己反省的な心の状態とは違う。さらに、自分は透明性の中に消え去り、そこにあるのは場景だけというようなものでもない。そうではなくて、私自身の実在感と、私の周囲にあるものが確かにそこにあるという感覚、この二つが釣り合っているという意味だ。この「バランス」は、場合によっては瞑想の文脈でも成立する。まず場景があり、それにプラスしてその場の一部として存在している感覚がある。この分野の学説（特に哲学の理論）に自律的な自己をむやみに膨らませるか消去してしまうかという二者択一的な傾向があることを考えれば、こういった感覚は一種の矯正手段として役に立つ。私たちは相も変わらず、一方の側を詳述し、もう一方の側は黙殺しがちだが、外の世界を遮断せずに、透明性の誤りを見抜くこともできるのではないだろうか。

本章では、手を二通りの方法で動かすことになると先に述べた。それは、心的なものと物理的なもののギャップに向けて手を伸ばすこと、そして問題を実際以上に難しく見せる誤った考えを退けることだった。私たちは手を差し伸べることから始めた。進化によって動物は細胞の複雑な集合体となっただけではなく、行為者性と主観性の中心にもなった。この構成単位の成立が、経験の起源の一部である。この話題をめぐっては異なる考えやテーマがいくつかあるが、それぞれにどの程度の重み付けをすべきかは私にも判断がつかない。たとえばひとつは、いかにしてこれらの新しい単位が完全にひとつにまとまり、動物の生命活動が全面的に感知によって調整される状態が形成されるのか。もうひとつは、感知と行動が一緒になって、暗示的——あるいは明示的——な「自己対他者」という感覚をどのようにもたらすのか、だ。哲学者がよく取り上げる人間の視覚経験の例で言えば、そういったことのすべてが、目の前に「なにが」あるか、もの は「どこに」あるか、自分対世界の感覚、身体所有感その他を追跡することに統合される。これを前提とすると、ものを見ることが、カメラがするように単に情報を取り込んでいる以上の何かであるように感じられるのは不思議ではない[21]。そしてまた、哲学者たちはこれまで経験について、感覚の側面（特にロスコの作品のような色面）ばかりを考えることに多大な労力を費やしてきたが、感じ・感覚には生命のほかの面もかかわっている。そのうちどのくらい——往々にして「無意識」とみなされるプロセスのうちいくつ——が、〈感じられた経験〉に微妙な影響を及ぼしているのだろうか？

物語はいまのところ完成には程遠いが、これが始まりだ。

ナイトダイブ

日没からおよそ一時間後、沿道から湾の静かな水に向かって歩いている人間はトム・デイヴィス（第3章で登場したソフトコーラルを撮影したダイバー）と私だけだった。私たちは浅瀬を突っ切り、そのスポット最初の謎——海藻の中で何だかわからないものが動き、赤い光を放っていた——もそのままにして進んだ。深く潜るにつれて、私は夜の海の心細さに驚いていた。ちょっとのあいだライトを消すと、たちまち漆黒の闇が迫ってくる。陸上の夜行性動物はたいていそれなりの光を発しているものだが、暗い夜に海に入り、一〇メートルも潜れば、ほとんどすべての光が消えてしまう。そこで暮らす動物たちは、何よりも匂いや味、触感を頼りに生きている。

トムは珍しい魚を調べていた。この湾では夜になると岩棚の下に熱帯性の魚がやって来る。何匹か見つかったが、昼間よく目にする魚たちもたくさん岩棚で眠っていた。大きなベラやタカノハダイがごたごたと集まっている。地元の連中が折り重なって眠っているところで、小柄なお客さんの姿を見つけるのは難しかった。

前章の終わり近くでは、モクズショイの生態を簡単に紹介した。昼間見かけるモクズショイは、たいていカイメンで覆われている。夜になると、カイメンをくっつけているもの以外に、ソフトコーラルで身体を飾ったものも出てくる。独特の衣装を身にまとい、夜にしか現れない。まるで秘密結社の会員というか、人目を忍ぶ甲殻類騎士団の騎士たちのような姿だ。この種のモクズショイは岩礁の上を粛々と動く。その身体に沿ってソフトコーラルの長い指が海中に伸ばされる。サンゴの手の半分ほどは大きく開き、半分はぎゅっと閉じている。

大きな魚が岩棚の下で眠り、モクズショイが歩いている。そのかたわらでは貝殻を背負ったヤドカリが二匹、正面からお互いをつつき合っていた。一匹は自分の殻をたくさんのイソギンチャクで固め、もう一匹の殻にはほんの少ししかない。歩き回るヤドカリのおかげで自分も動けるようになったイソギンチャクにとっては、驚くような体験だ。イソギンチャクの触手は伸ばされ、向かい合うヤドカリの殻に触れたり、刺激に反応してまた引っこんだりしている。ヤドカリの台車に乗ったイソギンチャクどうしが反対側に手を伸ばして仲間を触っているところは見なかったが、たぶんどこかでしていただろう。深々とした闇の中で、多くの生き物がうごめいていた。

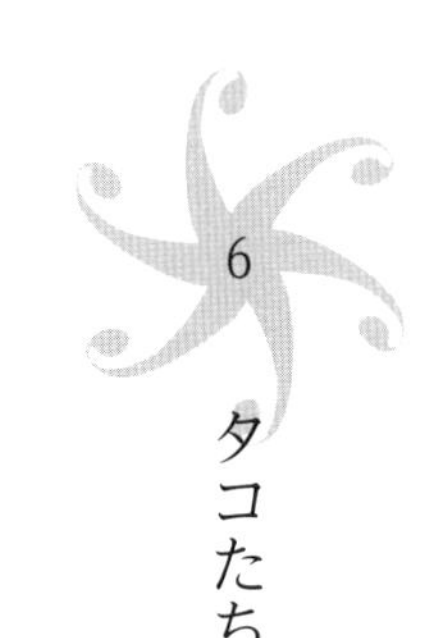

6 タコたち

大暴れ

しばらく前のことだが、私は第3章で触れたソフトコーラルがあるスポットのひとつで潜ろうと、潮の変わり目で水が凪いだタイミングで泳ぎだした。この時間はふつう、海の中も静かだ。かなり奇妙な形をした動物がゆるゆると動いていたりするが、どれも自分の領分を守っている——変わり者たちは穏やかに共存していると言えるだろう。しかし、この時は一匹のタコがじっとしていなかった。私が目指す場所に着くと、彼女は身体を起こして動きだすところだった。中型のタコで、身体はせいぜいソフトボールくらい。この種としては大きくはないものの、とても元気で勢いがよかった。

私は彼女のあとを追うことにした。じつは「彼女」だったかどうかは自信がない。タコの性別を見分けるのは難しいが、オスはよく特定の腕——大半の種では、右第三腕——を多少なりともかばうような動きをする。タコの八本の腕は口のまわりを囲んでいるが、正面から見ると身体の中心にまず二本あるように配置されている。それが左第一腕、右第一腕で、それぞれそのすぐ外側に向かって第二腕、第三腕、第四腕と数える。オスの右第三腕の下側には交尾の際に用いられる特殊な溝があり、オスの個体はこの腕をあまり見せたがらない。

私が追いかけはじめたタコの右第三腕は、ほかの腕と同じくあちこちに動いていたので、ここは「彼女」としよう。彼女は八本の腕でサンゴやカイメンを相手にベアハッグを繰り出し、そのあおりでいろんな生物が逃げを打っていた。動物によって気をもんでいるものと平気なものに分かれたのはおもしろかった。たとえば、それまでうまく隠れていた小さなタコたちは相当おびえていた部類だ。姿を現したかと思うと、警戒しつつすたこらと歩いていくか、ジェット噴射で逃げ去る。カイメンのカモフラージュで名実ともに守られているモクズショイは、まったく動じていないように見えた。[1] タコの腕がモクズショイの外套に何度か触れたこともあったのだが、タコは何の反応もせずに先へ進む。

意外なことに、タツノオトシゴも安全らしかった。タコが迫っていくと、磁器でできた鳥にそっくりのタツノオトシゴは、ゆっくりと鰭をはためかせて浮上する。その途中でもほかのタコに触られたりしていたが、双方とも大して気に留めていないようだった。

砂に埋もれていたカレイは明らかに怖がっていた。身体を舞い上がらせ、大慌てで逃げていく。だが、いちばん焦っているように見えたのは、カイメンやサンゴの外套で守られていない種のカニたちだ。素早く飛び出してきたところを激しく追いかけられたりしていた。そんな場面を眺めていると、カニが一匹まっすぐ私に向かって泳いできて、その後ろからタコがすごいスピードで突進してきた。カニは私のギアのどこかに入り込み、タコも続いた。しばらくするとタコは自分で身体を抜いたが、カニは逃げたのだと思う。タコによる付近の捜索は続いたからだ。

タコがソフトコーラルのベッドに闖入するとは、迷惑きわまりない。彼女は最後には不意に静かになって穴を掘るような動きをしはじめ、貝殻その他の堆積物のかたまりの下に自分の身体を押し込んだ。一時間近く狩りをして獲物を仕留めたのかどうかは知らないが、とんでもない騒ぎを引き起こしたことは間違いなかった。

彼女は（先に述べたように）特に大きなタコではなかったが、それでもその日周辺にいた多くの生物を凌駕していた。しかも、目の前の動物たちを追い散らし、はるかに攻撃的で活発な存在だった。規模は小さいとはいえ、それは頭足類が海を支配していた頃を彷彿とさせた。

頭足類の繁栄期

タコは軟体動物だから、大きく言えばカタツムリをはじめ、カキやハマグリなど二枚貝の仲間になる。軟体動物の中でも、タコはコウイカやツツイカその他、珍しい特徴をもつ生物とともに「頭足類」というグループに属している。

軟体動物はエディアカラ紀にすでに出現していた可能性もあるが、カンブリア紀に生息していたことは確実だ。軟体動物の身体は柔軟で、骨や外骨格はない。もっとも、カンブリア紀以降、軟体動物の多くはミネラルを含む硬い殻によるしっかりした防御機構をもつようになった。

こんな身体が盛んに動くようになり、複雑な行動を進化させていくなど、ありそうもないことのように思える。ところが、カンブリア紀の直後、初期の頭足類の中に海底から浮上して海中への冒険に踏み出す動物たちが現れた[2]。あるいは、少し身体を浮かせながら這い回りはじめたというところだろうか。殻のおかげで浮力が得られ、口のまわりに密集する触手が新しい行動のツールとして機能したのだった。

カンブリア紀に続くオルドビス紀に、これらの頭足類のいくつかは大型化した。体長五メートル超、頭部と何本もの腕に加えて円錐形の殻をもつものも知られている。この頭足類は節足動物の地位を乗っ取り、

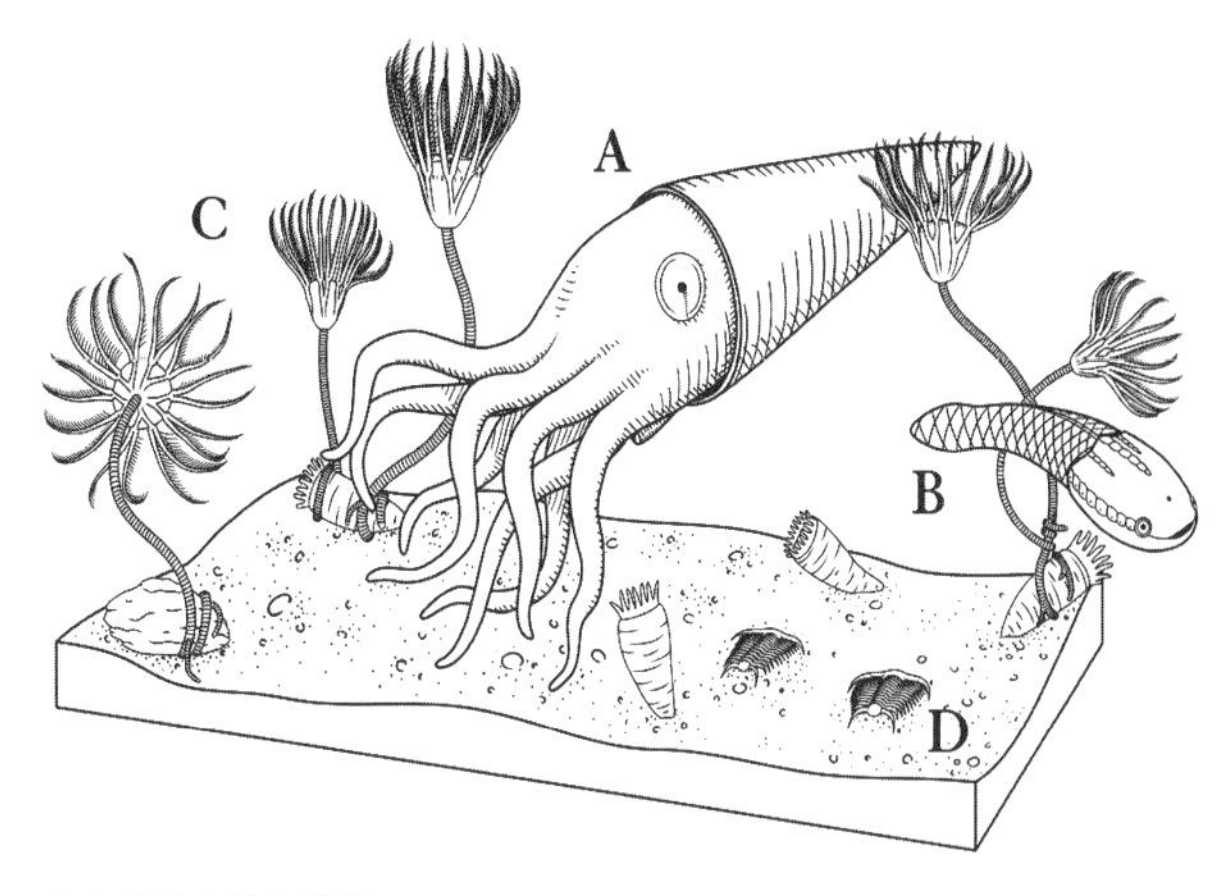

オルドビス紀の場景
A：オルソセラス（直線的な殻をもつ大型の頭足類）　B：アストラスピス（甲板に包まれた身体をもつ魚類．この仲間は第７章で取り上げる）
C：グリプトクリヌス（ウミユリ類．ヒトデの近縁）　D：三葉虫

当時最大の捕食者となった。殻をもち活動的な頭足類は海中で数億年にわたって繁栄するが、現代ではほぼ絶滅している。その実験で生き残った唯一の例はオウムガイだ。この小さな動物は今日でも太平洋に生息し、毎日静かに一定のリズムで浮き沈みを繰り返している。

頭足類のうち巨大な殻をもつ一群がだんだんと消えていったのは恐竜の時代にあたるが、この頃には、典型的な軟体動物よりも野心的な生活のために新しい取り組みを進めるグループも存在していた。「鞘形類」は頭足類のひとつの分類で、殻をもつ大型頭足類の最盛期の前後に分化したとされる。その後の中生代を通してこの鞘形類がたどった進化は、のちに驚くような結果につながった。硬い殻を体内に収め、防備は断念しながらも、浮力を得るために違う形で殻を残したのだ。この動物のグループはさらにいくつかに分かれ、中には殻を完全に捨て去る方向に進んだものもあった。この変化を突き詰めたグループはひとつだけで、最終的に外側はもちろん内側

にも殻をもたず、硬い部分がほぼない身体ができあがった。これは一億年ほど前のことだが、そうして生まれたのがタコだ。(3)

タコは無脊椎動物の中で最大の神経系をもち、ひじょうに複雑な行動ができる。タコの複雑さは独特だ――詮索好きで、手先が器用で、目新しいものによく関心を示す。ジェット噴射はもちろん、ゆっくりと這うような動きにもいろいろな種類があり、明確な特徴をもっている。タコは相当に活発かつ複雑で、また系統的に私たちからずいぶん遠く離れているので、とりわけ注目に値する進化の実験だと言える。私は第4章で動物の系統樹の基本的な形について触れた。この生命の木では左右相称動物の最後の共通祖先が特殊な位置を占めている。その未知の動物からおそらく六億年前に系統上の小さな新芽が二つ出て、やがて多数の動物を含む大きな枝になった。二本の枝の一方が私たちだ。もう一方の枝には軟体動物や節足動物のほか、なじみのある無脊椎動物の大半が含まれる。このはるか昔の分岐から出現したすべての動物の中で、大きな神経系をもち、複雑な行動ができる種が生まれた動物群は三つしかない。それは、頭足類と呼ばれる頭がむき出しの軟体動物、節足動物、そして脊椎動物だ。そう、暴れ回るタコと散り散りになるカニたちがいて、そのうしろをギアで身を固めたヒトが追いかける――。

これらの動物の共通祖先にどの程度の複雑性があったかについては論争が続いている。長年考えられてきたのは、扁形動物に近い動物だ。しかし最近の研究によると、もっと複雑な動物であった可能性が浮上している。昆虫を綿密に調べている生物学者の中には、ヒトと節足動物のデザインに認められる微妙な類似点について、はるか昔の初期の左右相称動物にミニサイズの「実行機能を担う脳」executive brain が存在したことを示していると主張する者もいる。(4) これはニック・ストラウスフェルドとガブリエラ・ウォルフが唱えている説だが、もしかすると今後の見方を変えることになるかもしれない。彼らが言う「実行機能を担う脳」とは特別凝ったものではなく、制御の機構が集まる身体の前側の相当に狭い部分だと思われるが、それでもこれまで想定されていたものにくらべると、かなり脳らしい。とはいえ、ストラウスフェルドも認めているように、仮にこんな脳が早い時期の動物に存在していたとすれば、軟体動物はそれを捨ててしまったと考えられる。軟体動物は殻に身体を隠すことができるようになり、活動的な生活のために神経系をつくる必要はほとんどなかった。なお、頭足類は複雑な脳をずっとあとになってからもう一度つくったのだが、その脳はデザインが異なっていた。ただし、頭足類の脳でも、ほかの動物の脳で見られる化学物質のセットとほぼ同じものが用いられている。二〇一八年に、合成麻薬MDMA（通称エクスタシー）を数匹のタコに投与して反応を観察する実験が行われた。[5] 意外なことに（少なくとも私はそう思った）、タコは愛想よく、社交的になったように見えた。人間が示す反応にちょっと近かったというわけだ。しかし、この化学物質のセットの主なものがほかの動物とタコのあいだで変わらないとしても、脳の構造は似ても似つかない。

タコの大きな脳ができていった進化の経路がこのようにヒトの経路とは隔たり、独立性をもっていることは、私がこの動物をとてもおもしろいと思う理由のひとつだ。タコはまた、動物としての多様なあり方や、動物の身体の違いに応じて異なるかもしれない経験について、考えるきっかけを与えてくれる。

ここで、第4章で登場したオトヒメエビと、タコとの違いを考えてみよう。節足動物と頭足類は、別々の時代の海を前後して支配した初期の大型捕食者だった。その親戚にあたる現生の生物をくらべてみると、何が言えるだろうか。節足動物、中でも昆虫や甲殻類などのあり方は、行為を形成し、かつそれを支える硬いパーツに基づいているところがかなり多い。そんな身体で効果的に行える行動はたくさんあるが、その身体はある意味で閉じており、範囲が決まっていると言うこともできる。それはバネやヘラのある身体、はさみや脚や棒のようなものがついた身体だ。先に私はこういった身体をアーミーナイフにたとえた。アーミーナイフはいろいろなことに使える反面、限定的で固定的な機能による制約があるので、これは当を得た表現だと思う。節足動物の全身を構成する硬いパーツも似たようなもので、することはきちんとするが、それ以上のことはできない。だがタコは、対照的にほぼどんなものでもつかんだり動かしたりできる。自分の腕の長さを倍にしたり、身体全体をぺちゃんこにすることも問題ない。身体と行為のあいだにオープンな関係があるのだ。

複数の制御系統

頭足類の身体は柔軟な上に筋肉質でもあり、さまざまな行為に対応できるが、そのことには特殊な条件がともなう。タコの腕の「自由度」はほぼ無限だ。この身体をまとめ上げること、行為を行わせることは簡単ではない。だが、もしそれができれば、いろいろなことが可能になる。

そのためだろうか、タコが体現しているデザインは私たちヒトのものとは大きく異なっている。タコの神経系は分散型で、ニューロンのおよそ三分の二は脳（この部位の輪郭がそもそも曖昧だが）ではなく腕、特に上腕部に集まっている。腕は単に中枢の脳に連絡する遠隔センサー兼中継システムとして機能しているだけではない。腕のコントロールが明らかにその腕自体に任されているような動きも一部見受けられるからだ。

これは、問題への対応であると同時にチャンスであるとも言える。何十年も前、ロジャー・ハンロンとジョン・メッセンジャー[6]は、タコの神経系が大きく分散して存在しているのは、身体の制御が難しいためではないかと主張した。だが、その試練はチャンスでもある。自由に動き回る腕を口のまわりに八本まとめて生やしはじめたなら、そこにずらりとセンサーを埋め込み、ある程度までは勝手に動くようにして何が悪いのだろう？

多くの場合、タコは見たところ統一体として行動しているようだが、中央制御を担う脳と各腕のニューロンとの正確な関係は長らく不明だった。研究の初期には、腕に対する脳の制御はかなり限られており、タコはある時点で自分の腕がどこにあるかさえほとんど把握していないのではないかと考えられていた。このような推測が生まれたのは、タコは実験室レベルであまりうまく課題をこなせないこと、また神経系の中で腕と脳との連結が比較的弱いことがわかったからだ。

タコの神経系をめぐる問題に長く熱心に取り組んできたのは、イスラエルのエルサレムにあるベニー・ホーヒナーの研究室だ。(7) 彼らが行った巧妙な実験では、タコは視覚を頼りに初めて見た通路に腕を一本入れ、水のない空間も通って餌を取ってくることができると示された。これは相当な中央制御の現れであるように思える。タマー・グットニックらが執筆したこの実験の報告によると、タコが課題をクリアするときには、進行中に腕がその場の探査をしているように見えるとも述べられている。ただし、これはタコを観察している人間が抱く印象にすぎない。同じ研究室の神経生物学的な実験では、人間が描いているような自分の身体地図（ボディーマップ）はタコの脳には存在しないことが示唆されたとの報告もある。もしタコがある時点で自分の身体の配置を多少なりとも理解しているとすれば、その理解は私たちとはかなり異なった方法で生み出されていることになるだろう。

身体の制御の仕組みを分散させるやり方は、タコだけに見られるものではない。私たちヒトを含め多くの動物もしていることで、そうなる理由もある程度までは想像がつく。動物の感知と行為を担う機構（私は本書でその歴史を追っているわけだが）は入り組んでおり、多くのパーツを必要とする。ものを見るためには組織立った細胞の配列が必要だし、動作を行うためにはまた別の配列が必要だ。そして、そのすべてを調整する神経系にはさらに多くの細胞が必要になる。こういった仕組みが全部そろうと、新しい進化の選択肢が生まれる。いくつかの経路を選り分け、限られた部分だけで完結する複数の制御系統をつくり出すことができるのだ。進化的な意味では、行為を制御する系統を別に設けるか、それともすべてをひとつの系統に統合するかは、選択の問題になる。この両方を取ることもでき、たとえば大部分は別々の系統にして、ところどころ一緒になる部分を設けるような形も考えられる。

このことは、いくつかの理由から本書のテーマにとって重要だ。私はここまで、主観性の概念を理解する筋道として「視点」という概念を用いてきた。視点の「点」はいつでも比喩的な表現だが、かなりの部分が統合されている状態を連想させる。しかしじつは、多くの動物はほんの一部が統合されているにすぎない。制御の系統を独立させると、だいたいにおいて何かを得る（多いのは速度、つまり高速化だ）が、失うものもある。感覚の流れがばらばらに切り離されていると、たとえば議論をするときの前提や、パズルのピースのように、一緒にして考えてこそ役に立つ種類の情報を組み合わせる能力を失ってしまうだろう。また、身体の各部がそれぞれに行為をすることを許せば、勝手な動きでつじつまが合わなくなる状況に陥る可能性もある。極端なケースでは、自分で状況を理解して自分で決断を下す複数の〝サブ行為者〟に完全に分割されてしまうことにもなりかねない。これは確かにまずい状況に思えるが、それでも、CEOが中央におり、部下が大勢控えているようなところですべてが進行すると決めてかかるべきではない。

身近なところでの重要な例としては、ヒトをはじめとする動物の脳に見られる「側性化」がある。[8] すでに述べたように、私たちは左右相称の動物だ。身体の多くの部位が左右で対になっているわけだが、このことは脚や肺はもちろん、脳の（全体ではないにしろ）大部分についても当てはまる。ヒトの脳では左右の大脳半球が線維の太い束（脳梁）で連結されている。さらに、脊椎動物では視神経の交差（視交叉）が見られる。右視野でとらえた事象が左脳で処理され、左視野の事象が右脳で処理されることだ。左右相称の無脊椎動物の場合、脳の部位はある程度まで対になっているものの、このような交差はない。たとえばタコでは大きな「視葉」がそれぞれの眼の後ろにあり、左右の眼から入った情報はそれぞれの側で処理されている。

動物の脳にこういった対になる構造があることは、左右の側での意外な分業にもつながった。さまざまな脊椎動物において、同じ種の仲間との社会的交流には左眼を、食物に関係することには右眼を好んで用いる傾向が知られている。繰り返しになるが、仲間との触れ合いに左眼が選ばれるなら、それは右側の脳を使っているということだ（右眼なら左脳）。タコと同じ頭足類に属するコウイカは、餌を摂取することに関しては右眼、捕食者に対処する場合は左眼を優先的に使う。(9) 頭足類は視神経の交差がないので、左眼はそのまま左脳を意味する。脳のデザインは違っているにもかかわらず、役割分担は脊椎動物と共通しているわけだ。

これが徹底したかたちで人間に現れた状態——自然に生じたものでは（まず）なく、外科手術の結果——が「分離脳」の患者だ。重度のてんかん患者では、発作が脳の反対側に広がることを防ぐため、左右の大脳半球を連絡している脳梁の部分を切断することがある。発作の範囲をいずれかの脳半球に限定することができれば、脳の全体で発作が起きるよりもまだよいからだ。この手術（脳梁離断術）を受けた患者は、ひとつの頭蓋骨の中に二つの心をもっているように振る舞う場合がある。そのほかの状況での行動はいたってふつうだ。分離脳についてはあとで詳しく検討するが、この知見はタコの経験の謎を解く手がかりとなるかもしれない。だがその前に、少しタコを観察することにしよう。

オクトパスウォッチング

私はここ一〇年ほど、オーストラリアにある二つの場所でタコの観察を続けている。どちらもタコの行動の難解さと魅力がとりわけよくわかる環境だ。[10] ひとつめのタコの生息地は、二〇〇八年に広い湾で海中探検をしていたマット・ローレンスが偶然発見した。その湾は私がこれまでの章で述べたダイビングスポットがあるネルソン湾ではなく、そこから海岸沿いに車で約六時間南下した辺りになる。スキューバをつけてホタテがたくさんいる海底の砂地をぶらつくうちに、マットは何千個というホタテの貝殻が積み重なり、一〇匹を超えるタコが暮らしている狭い場所を見つけたのだった。私たちはここを「オクトポリス」と名づけた。

一般に、タコは群れをつくらず、かなり孤独な生活を送ると思われている。多くの種ではおそらくその通りなのだろうが、この場所を見れば、タコたちは場合によってはかなり狭苦しい一角でも暮らせることがわかる。私たちが見た中では、いちばん多かった時で一六匹ものタコが集まっていた。ここにはオスとメスの両方がいるし、大きさもさまざまだ。ある意味「老いも若きも」集う場なのだが、タコは意外に短命で、わずか一～二年しか生きない。[11] 私たちが観察を始めてから、多くの世代が消えていった。この場所で大きなタコの身体はだいたいサッカーボールくらい、腕の長さは一メートル弱といったところだろうか。小さいものはマッチ箱程度の身体ながら、年齢ではわずか一年ちょっとの違いだ。

オクトポリスの起源は定かではないが、私たちはこう考えている。この場所はタコの食物がふんだんにある一方で、捕食者も多い。サメにアザラシ、イルカ、攻撃的な魚の群れもいる。砂地は細かいシルト状で、安全な巣穴を掘るのは難しい。オクトポリスはタコの一生――被食者と捕食者の両方としての生活

――におけるジレンマを体現している。このような環境に、ある時おそらく船から何らかの人工物が落ちてきたのだろう。大きさは三〇センチそこそこ、たぶん金属製の物体だが、いまはほとんど埋もれてしまって見えない。それでも、これがいわば結晶の種となったようだ。まずタコが一匹（ひょっとすると二匹）、そのそばに具合のいい巣穴をつくり、餌のホタテを持ち込んだ。タコ（たち）はホタテの身を食べ、殻はそのままにした。貝殻が積み重なるにつれて、細かく流れやすい砂よりも巣穴がつくりやすくなり、そこに巣穴を設けてつつがなく暮らすタコが増えていった。このタコたちはさらに多くのホタテを持ち込み、殻は積もるに任せたので、ほどなく「正のフィードバック」のプロセスが始まった。新参のタコがホタテを食べることによって、意図せずにほかのタコがここに棲み着くチャンスがつくり出されたわけだ。

本当にこんなふうに始まったのかどうかはともかく、タコたちがホタテを持ち込んで食べ、殻をそのままにしたこと、そしてその殻のおかげで自分や仲間たちが質の高い巣穴をつくれるようになったことは間違いない。この巣穴の中には、鉱山の縦坑のように五〇センチ以上も垂直に掘り下げ、壁面に貝殻をまっすぐ並べたものもある。安全かつ安心なつくりだ。

巣穴は、少なくともタコ以外の生物との関係においては安全だと言える。オクトポリスには、タコどうしの縄張り争いや仲間を追い出すような行動が頻繁に見られるという特徴がある。一匹のタコがある巣穴に飛び込み、別の一匹を引っ張り出す。つかみ合いが始まり、負けたほうは逃げ去る。勝ったタコはその巣に落ち着くこともあるが、元いた場所に戻っていくこともある。

オクトポリスはタコという動物を理解しようとする上で重要な場所だ。というのも、タコたちはここでお互いをどう扱うか、同じ種のほかの個体が常にいる状況にどう対処するかを考え出さなければならなかったからだ。大半の動物において、生活環境の中でもっとも複雑な要素とは、往々にして自分以外の動物の個体、とりわけ同じ種のほかの個体だ。タコはふつう仲間の個体と深くかかわることはないようだが、オクトポリスでは紛れもなくほかのタコに囲まれている。タコたちはこの複雑な状況を切り抜けていかねばならない。実際には、それなりの勢いで向かっていくものの、敵意というほどでもない。近くに誰がいるかを見張ったり、誰が誰かを確かめたりするような行動も見られるが、これは特に性行動に関連したものかもしれない。一匹のタコがゆるゆると海底を伝って、あるいは水中をゆっくりと飛ぶようにしてこの場所に入ってくると、通り過ぎがてらほかのタコに向かって何本かの腕を上げたり、相手の身体をたたいたり、触ったりする。たまには素早く腕を突き出して探りを入れ合い、ボクシングのスパーリングのような展開になることもある。しかし、ほとんどの場合、そうはならない。よく見られるのは（一方あるいは双方のタコが）腕を伸ばし、通るときにちょっと触れる動きだ。仲間を見送ったタコは、元いたところに身体を落ち着けるか、巣穴に戻っていく。

こういった触れ合いが取っ組み合いに発展することもあるにはあるが、私の印象（ごく個人的な印象で、まだデータに基づくものではない）では、本物の格闘はたいてい別のきっかけで始まる。たとえば外からこの場所に歩いて（または這って）きたタコをオクトポリスに棲まう一匹が迎え撃ったときには、何本もの腕を交えた激しい応酬が起きる。

これまでに数えきれないほどの格闘があったが、私が見た中では、オクトポリスではけんかが原因でタコが死んだり、見てわかるほどの大けがをしたりしたケースはない。そのため私は、二匹のタコのあいだに明らかな体格差がない限り、手持ちの武器で相手を傷つけることは相当難しいのではと考えるようになった。タコ対タコの闘いで死亡する例はほかの場所では確かにあり、死因は窒息らしい。その場合、体格にかなり差があったのではないだろうか。大きさがあまり変わらなければ、タコのけんかは（私が撮影したビデオを見てミランダ・モウブレイが言ったように）派手なピローファイト（枕たたき）をしている枕のように見える。

オスのタコがほかのオスを積極的に排除していると思われる場面もときどきある。この際にどの個体を排除せずにおくかは触覚で判断できるようだ。触れば性別がわかるのかもしれないけれども、じつはあまり当てにならない——相手の性別を間違えているようなタコも見受けられるからだ。オスはほかのタコたちの目の前でメスに忍び寄るが、交尾を迫る動きが途中で消えてしまうことがある。あれは初めに性別を取り違えていたせいだと思う。こんなことはタコたちが押し合いへし合いし、泥が舞う中でよく起こっている。

ここで見られる行動の中に、純粋に未知のものや少なくともこの種では珍しいと言えるものが含まれているのかどうかは確信がもてない。ふつうは群居しない種の動物が異常に高い密度で暮らすようになり、どうすればうまくやっていけるのかを個体のレベルで学習している状況なのかもしれない。あるいは、この種をはじめ数種のタコにこれまで認められていた以上の社会性があるということかもしれない。[12]

不確実な部分も含めて、オクトポリスの全体像はここ数年で固まってきており、前著『タコの心身問題』ではそれを紹介した。その後、オクトポリスにまつわる謎解きに大いに役立つことになる事件が二〇一七年に起きた。オクトポリスに近い一帯を探索していたマーティー・ヒングとカイリー・ブラウンという二人のダイバーが、同じような数のタコが集まって同じような活動をしている別の場所を発見したのだ。[13]しかし、「オクトランティス」と名づけられたこの二番目の場所では、タコたちが集まってくるきっかけとなるような人工物は見つかっていない。ここは完全に「自然の」住処なのだ。

このオクトランティスも食物が豊富で危険が多く、巣穴をつくるのが難しい環境だが、海底から岩がいくつか突き出していたことでフィードバックのプロセスが始まったようだ。タコたちはホタテを持ち込み、貝殻が積み重なっていった。巣穴は岩に沿ってつくられているものもあれば、殻が散らばる海底にじかに掘られているものもある。オクトポリスは人間の不注意な行為によって引き起こされた単独の事例ではなかった。そのような事態が再び起こり得ることを、オクトランティスが示してみせたのだ。オクトランティスでは、オクトポリスの住〝民〟数に近い数のタコたちが暮らしている。私が見た中でいちばん多かったのは一四匹で、三つの区域に散らばっていたが、いずれもかなり狭いところだった。

オクトポリスとオクトランティスのタコには、ほかの場所で生活している一般的なタコとくらべて多様な行動が見られる。個体どうしの触れ合いが多いし、活動も盛んだ。私たちはここで実験はしない。ただタコの好きなようにさせて、それを眺めているだけだ。とはいえ、長年観察していると（計画的に準備をして行う観察もあれば、ごく個人的な記録や報告もあるわけだが）、さまざまな行動に区別がつけられるようになった。タコたちを見ながら、私はいつも中央制御と器用な腕との関係について考えをめぐらせている。

私たちが目にするタコの動きの多くは、全身に及んで調整された行動だ。タコはさまざまな種類の動作にあわせて身体を変化させる。ジェット推進で移動しているときは、腕がひとつにまとまり、細長いミサイルのようになる。海底を這いはじめると、腕はたちまち四方八方に広がる。また、社会的ディスプレイと呼べそうな行動も見られる。攻撃的なタコは、腕を広げて外套膜（身体の後部の袋状の部分）をまっすぐ起こし、大きく立ち上がることがよくある。このときは身体の色が猛烈に濃くなる（タコは文字通り一瞬のうちに全身の色を変えることができる）。この組み合わせは身体を最大限大きく見せる効果があり、本当に不気味な感じがする。私たちはこれに「ノスフェラトゥ・ディスプレイ」という名前をつけた。

とりわけ興味深いのは、ものを投げる行動だ。[14] タコは腕でものをかき寄せ、それをそのまま抱え持ったり、離したりするが、たまに整った――時には見事な――フォームで投げることがある。この場合、腕はまず、貝殻や海藻、沈泥（このうちひとつのこともあれば、複数のこともある）を集めるために使われる。集めたものを腕で支え、その下側からジェット推進装置を作動させると、発射された水の勢いで腕に持っていたものが飛ばされるわけだ。こんなふうにして投げられたごみは、体長の数倍の距離を飛ぶこともある。そして、投げられたものがほかのタコにぶつかることも多い。

この行動に社会的な役割があるのではと最初に気がついたのは、私の共同研究者であるデイヴィッド・シェールだった。タコは仲間を狙って投げているのだろうか？　この場所でよく見受けられる弱い攻撃行動の一種だろうか？　タコが何をする「つもり」かを見極める必要があるので、この判別はひじょうに難しい。私たちにかなり近い動物でも行動の真意を汲むのには苦労するのに、タコならなおさらたいへんだ。デイヴィッドと私は、タコが何をしようとしているのかを解釈する方法を編み出すために長い時間を費やしてきた。科学と哲学の謎が謎を呼ぶ作業だ。いまのところ、私は次のように考えている。

ものを投げる動きの大半は、巣穴をつくったり、掃除をしたりする活動の一環だろう。タコは巣穴にたまってくるごみを取り除くことにかなりの時間を費やすし、その途中でごみをまわりに投げ散らかす。もしタコが近くにいる仲間に若干の注意を払いながら掃除をしているとすれば（これ自体はよくあることだ）、投げたものが意図せずに当たってしまうことも予想される。メスはオスよりも頻繁にものを投げるようだ。

これはこれで興味深いことだが、メスのほうが上手に巣穴をつくり、メンテナンスも丁寧にする傾向があるのもまた事実だ。メスはやがて産卵しなければならないわけで、そう考えると筋が通っている。

とはいえ、社会的な役割をもった〝スローイング〟も確かにありそうだ。しつこく迫ってくるオスに対してメスがものを投げつけることはかなりよくある。いっときなど、メスのタコが数時間にわたって一匹のオスをめがけて繰り返しものを投げつける様子がビデオに映っていた。そのうち約半分はオスに命中。半分は外れたが、それはオスが頭を引っこめたか、身を隠したからだ。終わり近くになると、標的にされていたオスは攻撃に慣れてきたようだった。メスが投げの体勢を取りはじめるとすぐに身をかがめるので、発射されたものは(たいてい)頭越しに飛んでいくようになった。

社会的な意味をもつスローイングは、より広範に観察される二種類の行動が変化したものと見ることができる。そのひとつはジェットを用いて巣穴の開口部からごみを放り出すこと、もうひとつはタコをはじめほかの動物めがけてジェットを噴射することだ。ダイビングの最中に巣穴のそばにいるタコの周辺をうろうろし、向こうがいらついてくると——ちょっかいを出したからか、ただ長居したせいか——身体にぴゅっと水がかかるのを感じることがよくある。こういった行動はすでにできるのだから、タコがふと投げたごみが偶然ほかのタコにぶつかり、投げた側のタコがその効果に気がついたというルートも無理ではないだろう。この効果は絶大で、大きなスローイングを見せると、うっとうしいオスがびっくりして後ずさりすることも多い。メスのタコが投げたものが近くにいるほかのメスに当たることもあるが、これはおそらく先に触れた弱い攻撃行動の一例だと思われる。じつのところ、どれについても確信はない。タコを相手にすると、何が起きているかはいつも見当がつきづらい。

このスローイングは、社会的な役割を帯びている可能性があるだけでなく、調整された一極集中型の行動であるという点でも興味深い。ジェット推進をするときと同じで、ものが落ちないように支えておくには、腕を一定のやり方でそろえる必要がある。さらに、オクトポリスとオクトランティスの両方で見られる巣づくり行動も、腕と脳の関係を考える上でおもしろい。オクトポリス全体は初めからタコの住処となることを目的に建設された都市ではないにしても、タコが生活しているひとつひとつの巣穴はわざわざつくられたものだし、中にはかなり念の入ったものもある。各自がホタテを持ち込んで食べることで、ほかのタコが安全に暮らせる機会が生まれているわけだが、私たちが思うに、タコはそのことに気がついていない。一匹一匹のタコはかなり優秀なエンジニアながら、私たちが言える限りでは、巣づくりで協力し合うことは（たとえつがいでも）ないようだ。

見つけた物体をうまく利用した例も挙げておこう。ある時、小型のタコが一匹、水中で三脚に固定した無人カメラの一台を巣穴からしばらく見つめていた。そのうちちょっと画面の外に消えると、死んだカイメンをつかんで戻ってきた。そしてそれを巣穴のいちばん上に置き、その屋根というかヘルメットのようなものの下で身体を縮め、周囲をうかがいはじめた。実際、カイメンは覆いとしてうってつけだった。ちょうどよい大きさで、たわまず、しかも軽い。このタコがカメラを気にして目隠しを立てようとしたのかはわからないが、そんなふうに見えたことは確かだ。

こういった行動――素早く、全身を使い、視覚に支配される――はどれも、トップダウンの制御が相当に効いていることを示唆している。また、このタコたちはよく眼が見えている。タコは近視だと言われてきたが、じつはそうではない。私自身、タコがかなり離れたところにいる仲間を見分け、たとえばアカエイなど、ほかの動物が近づいてくる場合とはまるで違う反応をする様子を目にしたことがある。何かを一心に見ているタコは、よく頭を上下に（多少は左右にも）振る動きをする。ジェニファー・メイザーが述べているように、これは視角を変えて対象までの距離、つまり場面の奥行きをよくとらえようとしているのだと思われる(15)。タコはその頭の形から主に片方の眼だけでものを見ているので、頭を動かさなければ奥行きの知覚は難しい。これは視覚において自分から情報を取りに行くことであり、さらに言えば「再帰性求心入力」（自分の身体を動かした結果として起きる感覚の変化）と「外因性求心入力」（外界で起きていることの結果としてもたらされる感覚の変化）と呼ばれるものの微妙な関係の処理が必要なことでもある。

　こんなふうにうまく組織された行動を示すタコだが、それとは別に腕を絶えず探るように動かす行為も見られる。急ぐ様子もなく這って移動しているタコは、腕を身体のまわりでさまようにまかせていることがよくある。また、かなり落ち着いた様子で座っているときには、数本の腕が遠くまで伸び、まるで細いウツボが興味津々という様子で繊細な身体を動かしているように見えたりもする。そんな場面は、本章の冒頭で述べた一騒動があったネルソン湾をはじめ、オクトポリスとオクトランティス以外の場所で目にすることがずっと多い。これは、オクトポリスやオクトランティスの外ではタコはふつう一匹だけで過ごし、ほかのタコと付き合う必要がないためではないだろうか。そのほうがリラックスしているわけだ。オクトポリスやオクトランティスでは社会環境が複雑で、オスとメスの問題も常につきまとうため、タコたちとしても気が抜けないのではないかと思う。

　こう考えていくと、タコの身体はいわば混合型の制御を受けているようなイメージが浮かんでくる。身体は中央の脳の命令に応じて動くが、それは一部にすぎず、同じ身体には自ら探るような動きをし、周囲の状況に対して個別の反応を示す部分もあるというわけだ。中央で調整される行為から、個々の腕による探索的な動きに切り替わるケースも見られる。タコを観察していると、ときどきゲシュタルトシフトが生じ、全体を見て腕の一本一本をツールととらえていたのに、突然ある腕がその場で感知したことに反応して勝手に動き回っているように見えてきたりする。

　有名な神経障害の患者で、イアン・ウォーターマンという、この話の流れにぴったりの名前の人物がいる。[16]彼は一九歳のときに感染症が原因で一切の固有感覚を失った。自分の腕や脚がどこにあるかなど、身体の位置を理解する感覚がまったくなくなってしまったということだ。このため、視覚を用いて自分の身体を把握することを学ばねばならなかった。ひどく厳しい状況で、スムーズに身体を動かし、行為を実行する能力を取り戻すにはたいへんな困難をともなったが、彼はこれをやり遂げた。少数ながら、このケースをタコと比較した研究者がいる。たとえばフレッド・ケイザーは、タコはもしかすると「天然のウォーターマン」ではないかと言った。タコは自分の身体に関する内的地図をもっていないことを示唆する研究を下敷きにすれば、この解釈も成り立つ。だがタコがウォーターマンであるとすれば、いかにも自然に無理なくその状況に対処していると言えるだろう。もちろん、そんなふうに生まれつき、これまでずっとそうだったなら、ある程度予想できることではある。しかし、タコは自分の腕の位置がわかっていなければ複雑な動きができないという見方がもし本当だとしたら、それは驚くべきことだろう。実際のところ、タコは素早く動こうと思えばすぐさま身体を一致団結させているように思えるからだ。

タコについては昨今よく「頭がよい」と言われるようになり、その形容はあながち間違いではない。ただし、それは私が真っ先に思い浮かべる言葉ではない。タコは複雑な行動をする動物だし、私が思うに感受性も鋭いので、自分の生活を豊かに経験しているはずだ。しかしながら、「頭がよい」という表現には特定のニュアンスがつきまとう。それからすると、私たちはタコの行動の複雑性を、どちらかといえば知性をはたらかせることという方向で

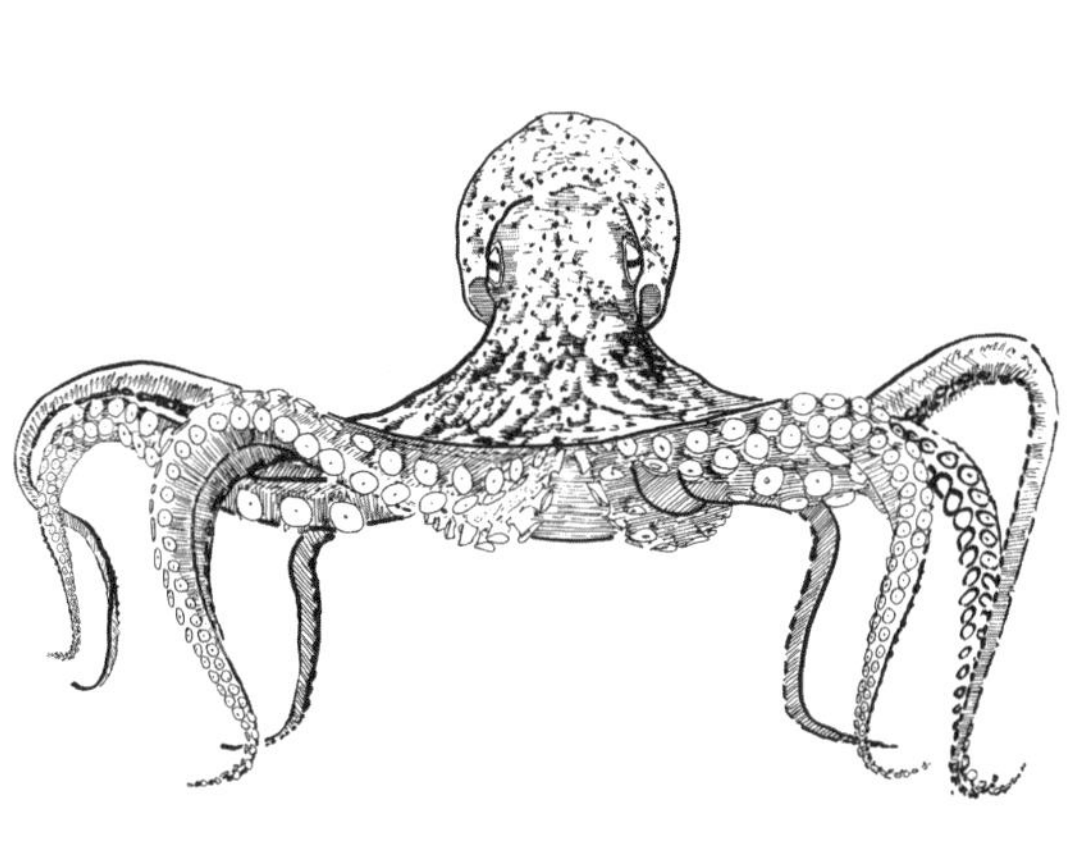

解釈しているようだ。タコは探索好きな動物で、何であろうと目の前にあるものに対して自分の複雑な身体をまっすぐに向ける。解せないものをいじり、つつき、何度もひっくり返す――物理的にそうするのであって、心的な作業ではない。タコはひじょうに優れた感覚器官と新奇なものを無秩序に受け入れる身体をもっているが、だいたいにおいて沈思黙考はしないし、「頭が切れる」タイプの動物とは言いがたい。

もちろん、この手の「頭の切れ」、抜け目のなさを一切持ち合わせていない、という意味ではない。タコが水族館の水槽から不可解にも姿を消したといった有名な事件も知られているが、そうするには計画の類が必要だろうし、貝殻やココナツの殻などをシェルター代わりにするのは道具の使用と考えることもできる。ものを利用することについては、行き当たりばったりというか、便宜主義的にそうなったケースもあるようだ。カメラから身を隠すためにカイメンを拾ってきたあのオクトポリスのタコもその一例だろう。これらの行動は身体を使った探査であるのはもちろんだが、ある種の心的な探究もうかがわせる。そんなふうに見えることは当てにならず、貝殻やココナツ、カイメンなどを使うのは、捕食者に対する反応として進化の中で生じ、十分に確立された行動という可能性もあるが。それでも、もうひとつの文脈とあわせて、ここでタコの「頭の切れ」を示す例を確認しておきたい。

もうひとつの文脈とは、より社会的なものだ。タコは人間を含めてほかの行為者が何をしようとしているかを驚くほどよく知っている。タコがその場から逃げ出そうとするのは、たいてい人間が目を離しているときだ。同じようなことはコウイカにも当てはまる。マサチューセッツ州・ウッズホール海洋生物学研究所でタコをはじめさまざまな頭足類を研究するブレット・グラッセは、この動物たちとおそらく誰よりも長い時間を過ごしてきた。(17) ブレットの印象では、タコたちはブレットの動きをよく心得ているという。あるときどき水を吹きかけてくるのだが、ブレットが見ていないタイミングを待ってそうしているらしい。ある時、水を吹きかけられたブレットが振り返ると、〝無邪気な〟コウイカたちは水槽の底の辺りに群がっていた。そこでブレットは元のようにコウイカに背を向け、ただし今度は携帯電話のカメラで後ろの様子を見ていた。すると何匹かが水面に上がってきて、また水を吹きかけたのだそうだ。

もうひとつ、私がタコで好きなところは――頭のよさに関係のあることではなく、単によいところという意味だが――同じ種の個体がずいぶん異なっていることだ。かなり基本的な行動をしているときでも、それぞれに違いがある。ほかによい表現がないので「個性」と呼んでおこう。例の暴れダコがいた場所の近くを通った際、巣穴にいる大きなタコに出くわしたことがあった。私は邪魔をしないようにしたが、彼は私が見ている前で自分の身体を引っ張り出し、私たちは景観を横切るようにして移動を始めた。彼は一匹のタコを巣穴から追い出し、別のタコと交尾した。そしてそのあいだずっと、腕をプロペラの羽根のように平らにしたり、はっきりした理由もなく自分の頭から後ろにもっていったり、輪っかに丸めたりと、そういった動きの型があるかのような独特のしぐさをしていた。私はそれまでそんなふうに腕を動かすタコを見たことがなかったし、そうすることにこれといった理由もなさそうだった。奇行というか、妙な癖にしか見えなかった。タコたちの巣穴のつくりにそれぞれ変わったところがあるのと同じような。そのタコがすることは、何でもとにかく大きかった。

タコとサメ

節足動物と頭足類は海における初期の大型捕食者として、異なる時代に順番に略奪を働いた。一方タコたちは、自分たちの生息する環境を支配したことはない。タコが進化したのは頭足類の黄金時代第一期からずっとあとで、その時には初めから手ごわい競合者――魚類――が一緒だったし、以来魚の姿はタコの生活から切り離せない。本章の冒頭で述べた大騒ぎからわかるように、タコは自分たちだけの場をもつことはなかったのだ。

ネルソン湾の北側、ソフトコーラルのあるスポットで昼間のダイビングを終え、私は岸に向かっていた。エアが少なくなっていたが、小石や海藻が散らばった平らな場所に大きく立派なタコが腕を投げ出すようにして座っているのが目に入った。何枚か写真を撮ったところで、そのタコが身体の下で腕をせわしげに動かしていることに気がついた。交尾かもしれないと思ったのだが、しばらく見ていると、岩の割れ目の中にタコがもう一匹いて、大きなタコに上から押さえつけられているのは間違いないものの、これは交尾ではなく、長期戦の攻防だということがわかった。タコたちはそれなりの大きさの魚をめぐって戦っていた。それはスローペースの力勝負で、一〇分以上も続いた。魚の存在に気がつかなければ、その様子は交尾と言ってもおかしくなかった。メスが巣穴の奥にいて、オスが外をうろついているというのはよくある場景だ。交尾の相手どうしが一匹の魚を争ってたっぷり一〇分も組み討ちをしていたとは考えにくいだろうか？　タコならあり得る。いろいろな特徴からして、巣穴の上にいたのはオスで、もう一匹のほうがメスだったと思うが、ここは中立的にタコ1、タコ2として話を続けよう。

タコ1はようやく勝利を収め、魚はその身体の下に消えた。タコ1はすぐ近くに移動して座り、タコ2はそのまま巣穴の中にいた。

しばらくすると、オオセがやって来た。幅広で厚みのある身体をもつサメの仲間で、体色はオリーブグリーンや茶色、グレーが入り交じり、昔の爆撃機のような迷彩柄になっている。ふだんはだいたい海底に貼りつくようにじっとして不用心な獲物を待ち伏せしているが、時折泳ぎ回ることもある。基本的に人間に危害は加えないものの、こちらから何かした場合は別で、深刻な傷を負わせかねない（一度噛みつくとなかなか離さないので危険だ）。泳いできたオオセの体長は一メートルほど。最大のものはその三倍くらいになるので、これはまだ成熟には遠い。

タコ1は少々動揺したらしく、注意深く後退した。ふらふらと泳ぐオオセに対して一定の距離を置いている。タコ2は巣穴の奥に引っ込み、私のほうからは見えなかった。すると、突然攻撃的になったオオセが、タコ2を狙って岩の割れ目に頭から突っ込んだ。尾鰭までほぼ垂直にして何度も激しく身体を打ちつけ、巣穴に押し入ろうとする。猛攻にもかかわらず、作戦はどうやら失敗のようだった。しばらくするとオオセの動きは緩やかになり、完全に止まる。そして身体をひるがえし、少しのあいだ巣のすぐそばにとどまった。

タコ1は遠くに逃げていったり、隠れたりはせず、実際のところこの騒ぎの最中にじわじわと近づいてきていた。私はタコ2の様子を見に行ってみた。けがをしていてじっと動かない。タコ2がこのサメに墨を吐かなかったのは驚きだった。ただ身体を低くして耐えたということだ。オオセはその後すぐ同じような攻撃をしかけたが、それも失敗に終わった。

オオセはあきらめ、今度はタコ1に注意を向けた。またもや驚いたことに、タコ1の反応は鈍いように見えた。後ずさりはしたものの、切迫感はない。そこにオオセが突進してきて、私にはなぜタコ1がのんびり構えていられるかがわかった。ジェットを使えば、苦もなく安全な距離を保てるのだ。タコは、いよいよとなれば逃げ出せると知っているようだった。

事態はいまやにらみ合いの様相を呈していた。オオセは岩の向こう側に移動する。タコからはおそらく見えない位置に陣取るというのはおもしろい。オオセの頭部は岩陰でタコのほうを向いている。私は上から眺めながら、オオセは誰が誰を見られるかを認識していて、これは相当に高度な待ち伏せ戦術だろうかと思った。もっとも、タコはそんな手には乗らない。オオセは見切りをつけたらしく、海藻の中にようようと戻っていった。

タコ2は微動だにしなかった。ひどい傷を負っているように見えたが、生きているのは間違いなく、まだ呼吸していた。タコが何千年ものあいだサメたちと海を共有する中でそうしてきたように、このタコもまた、オオセの攻撃を切り抜けたのだった。

統合と経験

一〇年にわたってタコを追いかけ、オクトポリスとオクトランティスというじつにさまざまな行動が見られる場所で観察を続けてきた私は、タコが広い意味で意識をもっており、自分が生きていることを経験しているのはほとんど疑いないと思うようになった。とても複雑な動物であることや、機敏に動く眼の後ろに大きな脳があることだけからそう考えているわけではない。このテーマに関連して動物行動の多くを無意識のプロセスとする複数の理論でも、タコは問題なく「意識あり」の側に分類されるだろう。タコは人間の奇抜な行動を含め、珍しいもの、新しいことに細やかな関心を示す。また、タコの動きの大半に決まった型のようなものは一切見られない。ストレスを感じているとか、好奇心むき出しであるとか、あるいはいたずらをしたいとか、さまざまな気分の影響は受けているようだ。オクトポリスでの観察例では、大きなオスのタコがほかのタコ数匹から目を離さないようにしようとするが、誰を追いかけ誰を無視すべきかの判断に迷っているように見えたこともある。タコが意識をもつ無脊椎動物であることはかなりはっきりしているように思われる。タコはいちばんわかりやすいケース、あるいはエルウッドのヤドカリの例を含めるなら、もっともわかりやすい二つのうちの一方ということになるだろう。系統樹の形からすると、それは意識の歴史についてあることを示している。つまり、意識には少なくとも二つか三つの異なる起源がある——ひとつは人間、ひとつはタコ、ひとつはヤドカリ（たぶんほかにも）——か、あるいは単一の起源だったとすれば、ずっと昔にひじょうに単純な形態で存在したということだ。

タコはいくつかの謎も提起する。私は前章で、経験の進化の説明には、新しい種類の「自己」の起源、すなわち、経験に視点を与え、ひとつの主体にするような方法で結びつけられた自己の起源の問題だとみなせる部分があると述べた。その大半はいわば動物における統合の問題と表現できるだろう。統合というテーマは、最近の唯物論と意識に関する思想でかなり頻繁に取り上げられている。時には物理的システムがどのようにして経験をもち得るのかを説明する上でのまさに「核心」とみなされることもある。ところがタコの場合は、ひじょうに複雑な動物ながら、統合性は低いように思われる。多くの面で全体として機能し、行為と感知の中心であることは確かだが、それでもタコの身体が組織されている方法は特殊だ。タコに何ができるのか、内部の仕組みはどうなっているのかが依然として不明なため、謎のすべてに答えるのは難しいけれども、ここでは便宜上、本章の前半で簡単に触れた見方を採用しよう。それによれば、タコの行動は中枢と末梢の両方が混ざった制御によって生み出されている。では、このことは身体の内側からはどのように感じられるだろうか。

ひとつめの可能性は、タコの一風変わったデザインは大した違いをもたらさないというものだ。クローズアップで見ると統合されていないところが目につくにしても、それが全身に対して重大な影響を及ぼすことはないのかもしれない。タコはたいていかなり統一のとれた振る舞いを見せる。とはいえ、これで一件落着とはならない。いくつかの異なるルートでも行動の統一性は生じ得るからだ。グンタイアリやミツバチの群れなど、密に組織された社会的集団（「超生物体」「超個体」と呼ばれることもある）を考えてみてほしい。ある面ではこのような集団もひとつの個体として行動するが、その群れの一団は個々の行為者の集合体であり、それぞれの個体が感覚をもち、行動している。こういった生物のコロニーは、多くの個体から成り立つチームワークが一致団結した行動を生み出す強力な手段となり得ることに気づかせてくれる。

となると、私たちはタコが複数の自己をもつ生物である（という、二つめの）可能性を少なくとも検討すべきだろう。もっとも重要な、あるいはもっとも複雑な自己――中枢の脳――があり、それに加えて小さな自己が八つ存在すると考えるわけだ。小さな自己は感性あるいは意識をもつものではないかもしれないが、基本的な状況としては「1＋8」となる。

さらにもうひとつの（三つめの）可能性は、「1」でも「1＋8」でもなく、「1＋1」だ。タコの腕に存在する神経細胞のネットワークは、中枢の脳につながっているだけでなく、腕の上部で互いに「横に」連絡している。腕の神経系は相互に十分に結びついており、ひとつにまとまって第二の脳に相当する巨大なネットワークを形成できると指摘する見解もある。この第二の脳は、腕のニューロンをすべて含めると中枢の脳よりも大きいという。生物学者でロボット工学の研究者でもあるフランク・グラッソは、「二つの脳をもつタコ」（"The Octopus with Two Brains"）と題する論文でこの考えを慎重に展開している。[18] またシドニー・カールス＝ディアマンテは、哲学的な議論として、脳が二つあるということがタコの経験にとって何を意味するかを考察した。もしかすると、タコはそれぞれの脳にひとつずつ、つまり二つの異なる意識の流れをもっているのかもしれない。

カールス＝ディアマンテは、「1＋1」を「1＋8」と並べて二つの可能性として論じている。なお、私が知る限りもっとも徹底した「1＋1」の探究は、エイドリアン・チャイコフスキーのSF小説『廃墟の子供たち』*Children of Ruin* で展開されているものだ。[19] この作品では、（人間の介入を経て）テクノロジーを使いこなすことにかけていっそう高い能力をもつように進化したタコが登場する。このタコたちの個体を描写するときに、チャイコフスキーはクラウン、リーチ、ガイズという名前がついた三つの部分を持ち出す。クラウンは中枢の脳、リーチは一本一本の腕に走り、さらに腕どうしを結んでいる神経細胞組織のことだ。そしてガイズは――動物の一部なので本当の行為者ではないが――色が変わる皮膚を指している。タコの行動と経験はひとつの相互作用、いわばスキルとスタイルが異なるクラウンとリーチの対話として描き出される。リーチが経験する主体だと設定されているのかどうかは判断しかねるが、それに近いものではあるだろう。

　これら三つの可能性に加えて、ほかの考え方もできる。たとえば、タコは構成が特殊であるために、ひょっとすると経験の世界から完全に切り離されているのかもしれない、というような。この可能性は棚上げにしておきたい。というのも、タコのある種の経験にはかなり立派な根拠が認められるからだ。さらに言うと、私が「1＋8」の「1」としているものは、もしかすると――脳の左右の側を別々に数えれば――2かもしれない。ただし、私がここで注意深く擁護しようとしているのは、初めの二つの可能性、「1」と「1＋8」をミックスする立場だ。矛盾を生じさせずに両者を組み合わせるやり方がある。

　私が検討したいのは、統一性が高い状態と低い状態を交互に切り替える「スイッチング」という考えだ。タコが経験する主体として1個と9個の状態を行き来していると言うのはおそらく言いすぎだろうが、そこまで極端でないなら正しいかもしれない。この見方は――後述するほど詳細なものではなく、概略だったが――私がペンシルベニア大学で講義をした際に、当時学生だったジョーダン・テイラーが提案してくれたのだった。私が「1」と「1＋8」の見方を比較し、どちらかを選ぶもののように論じていたところで、テイラーが尋ねたのだ。「なぜ切り替えができないんでしょうか？」　少し横道にそれるが、タコよりも有名でドラマチックな別の例を用いてこの可能性について考えてみたい。それは人間の分離脳だ。

分離脳に関して基本的なことは先に述べた。てんかん治療のために左右の脳半球をつなぐ脳梁を離断する手術を受けた患者がいる[20]。彼らの行動はおおむね正常ながら、実験的な状況に置かれると、ひとつの身体に二つの心が入っているように振る舞うことがある。こうしたことが起こるのは、左右の視野に異なる情報が提示され、それが反対側の脳半球に伝えられた場合だ（手術で離断されるのは脳の上側の部分だけだが、簡単に「脳半球」としておく。なおこの点はあとで重要になってくる）。人間の視神経は前述したように交差しており、左視野からの情報は右脳半球、右視野からの情報は左脳半球で処理される。実験で［左右の視野に別々のものを提示、つまり］左右の脳半球に別々のものを見せて、患者に何が見えたかを答えさせると、予想外の反応がいろいろと返ってくる。言語は通常左脳がつかさどっているため、患者が何を見たと口に出して言えるのは右の視野にあったものだけだ。しかし、右脳は左手の動きを制御するので、指さしたり絵で描いたりして答えを示すことができる場合がある。

これらの例から浮上する謎は、ひとつの身体に二つの心があるとして納得できるかということだけではない。手術を受けた人は少なくともほとんどの時間は正常な行動ができているという事実も、同じように不可解だ。分離脳の患者は、実験状況になければふつう「分離」しているようには見えず、健康な脳をもつ人々と同じような日常生活を送っている様子だ（全員そうとは限らず、例外はあるが）。説明が必要なのは、ふだんの一見統合されている状態と、特殊な場合に分離がはっきりわかる状態が組み合わさっているところだ。

分離脳の患者の事例をめぐる議論から、主に四つの選択肢が浮かび上がった（それぞれについてはたくさんのバリエーションがある）。まずひとつめは、意識をもつ行為者はひとりだけ、つまり心はひとつしか存在しないというものだ。その行為者は左脳と考えられる。この見方の弱点は、右脳も実験的な状況によってはかなり利口な反応を示す事実があることだ。二つめの選択肢は、左右の脳半球はいずれも意識をもっている、したがって心が二つあるという見方だ。すると今度は、患者が大部分の場面で見たところ正常に振る舞っていることが問題になる。この立場では、統合された行動は二人の行為者の微妙な調整から生まれると考える。

そして三つめの可能性は、左右のスイッチングが行われているとするものだ。これは意識をもつ左脳と意識をもつ右脳の切り替えかもしれないが、私が以下で検討したいのは、ひとつの心をもっている状態と二つの心をもっている状態の切り替えだ。実験という特殊な状況下では二つの心が生じるものの、それ以外の時間の心はひとつなのではないだろうか。これを「高速切り替え」と呼ぶことにしよう。さらに、最後の可能性として「部分的統合」がある。この場合、心はいくつあるというようなものではない。心は身体の中に存在しているが、それが二つあるか、ひとつしかないのかと尋ねるのは、質問が間違っているとする立場だ。経験はいつもわかりやすく整理されているものばかりではないのだから。

私としては、「高速切り替え」のひとつのバリエーションが正しいのではと思っている。[21]とはいえ、確信にはほど遠い。分離脳は本当にたくさんの謎を提起するし、個々のケースは患者によって異なるからだ。それでも、高速切り替えの解釈を用いることは、タコの経験をめぐる謎解きにも役立つはずだ。

高速切り替え説に賛成の立場を主張するために、状況によっては本当にひとつの身体に心が二つ存在するという考えをまず擁護したい。ここは哲学者エリザベス・シェクターの研究を参考にして話を進める。[22]二つの心が存在することに関してもっとも説得力のある論拠は、〔分離した〕左右の脳半球のあいだで、誰の目にも見える即興的なコミュニケーションが行われているというケースに基づいている。たとえば、患者の右脳は声に出してものを言うことはできないが、左手の指を右手の甲で文字を書くように動かして左脳に何らかのメッセージを伝えようとしたという例が複数記録されている。右の脳半球が何かの答えを知っていて、左半球がそれを知らない場合、右半球はそうやって言いたいことを伝えようとするのかもしれない。だが、このために実験の目的がなし崩しになってしまうこともあった。それは右脳〔に入力されるように左視野〕に示した画像について左脳は何を言えるかを確認する実験だったからだ。患者の指が動くのを目にして、実験者が慌てて「書いてはダメです！」と制すようなケースもあったらしい。

これは反射などではなく、知的な行動だ。ある種の心が右の脳半球に存在し、左の脳半球に情報を伝えようとしていることを十分に裏づけている。心は時として二つ存在する。そしておそらくは、シェクターが考えているように、そのようなあり方は永続的なものだ。ただし、これが唯一の可能性というわけではない。

別の可能性としては、ほとんどの時間は脳の両半球が一緒に働いて単独の経験の主体をもたらしているが、時折この主体が二つに分かれることが考えられる。[23] 完全な心がぱっと現れ、心理学の実験など比較的小さな物理的変化の結果としてまた消えてしまうというのは、二元論的な見方に思えるかもしれない。だが、心がある活動のパターンだとすれば、たちまちのうちに現れたり消えたり、形を変えたり、ひとつの動態から異なる動態へと移ったりすることができて当然とも思える。むしろ、この見方に関するさらなる難問は、脳の上部で左右の脳半球は物理的に分かれているのに、大部分の時間に存在するという「単一の」心をつくり上げる特定の活動パターンが、いったいどのようにして存在できるのかということだ。

高速切り替えに関する初期の議論は、この難問にはさほど徹底して取り組んでいなかった。そんな中、第5章で登場したスーザン・ハーリーが、左右の脳半球の正常なつながりを欠いた脳で心が統一されている状態を説明する見解を示した。[24] ハーリーは高速切り替え説を擁護しようとしたのではなく、分離脳の患者にどうやって単一の心が存在できるのかを理解しようとしたのだった。ハーリーによれば、意識をもつ主体の脳を統合する物理的な接続の一部は、頭蓋骨の内を走るニューロンからニューロンへの経路ではなく、世界に向かって飛び出してから戻ってくるループ状の経路かもしれないという。本人の行為と、行為の知覚とのあいだの密で速いフィードバックが、この経路を実現する仕組みにかかわっているのではないか。統一された意識のための物理的基盤は、ハーリーの暗示に満ちた表現を借りれば、何らかのかたちで身体の外にまで及んでいる「因果的な流れの場」の中で、「動的特異点」として存在することができるという。なお、哲学者エイドリアン・ダウニーは最近、ハーリーの見方がひとつの心と二つの心を高速で切り替える分離脳のケースに無理なく当てはめられることを示している。[25]

さて、このようなことが大筋で可能だと認めたとしよう。それは真剣に受け止めるべきことだろうか？ まじめに検討すべきであることを示すために、ここでもうひとつ別の医療処置を取り上げる。

日本出身でカナダに移住した医師、和田淳が発明したＷＡＤＡテストは、誰に対しても行うことができる（侵襲性で、ありふれた検査ではないが）。[26] このテストでは、左右どちら側の脳が言語をつかさどっているかを同定する。具体的には、麻酔薬を注入して左右いずれかの脳を眠らせ、もう片側は起きた状態にし、その後反対側の脳で同じ手順を繰り返す。患者はそのたびごとに言語機能の課題を与えられ、脳の半分が眠った状態で何ができるかが確認される。多くの患者では、左脳が眠っていると言葉が出ない。しかし、どちら側が眠っているときでも意識はある（ように見える）。

テストでは、ものを見せられて、それが何であるかと、すでに見せられたものかどうかを答えることになっていた……脳の右側のテストでは何の違いも感じなかった。続いて左側――うわーっ！　ものを見せられると、それを見るのだが、言葉が浮かんでこないときのあの感じがした。口先まで出かかっているのに、というような。だがどんな言葉でもそうなのだった。まったく驚くほかない。私は言葉がなかった。

脳半球の片側が眠っていても、起きている側はそれぞれ単独で意識があるらしい（イルカは左右の脳半球を交互に眠らせるから、自分でＷＡＤＡテストをしているようなものだ）。ＷＡＤＡテストとそれが示唆するものについて、私は哲学者のジェームズ・ブラックモンから学んだ。彼によれば、ＷＡＤＡテストはかなり思いがけないことを示している。いわく、脳の片側が眠っているときにもう片側に意識がある状態が可能だとすると、左右の脳半球はいずれもテストの前の時点で独自の意識がすでにあったはず、ということになる。それぞれの側が明らかに、意識がある状態に必要なものを備えているし、眠らせるために何か異質なものを注入したからといって、それで脳半球の性質が大きく変わることはあり得ない。眠っていない側はその前までと同じようにしているだけだ。したがって、左右の脳半球はいずれも初めから意識があったに違いない、とブラックモンは考える。完全に覚醒している健康な人間の意識は、左右の脳半球にある二つの意識が結合したようなもの、あるいはもしかすると、もっと小さな複数の意識が混じり合ったものかもしれないという。

しかしながら、ＷＡＤＡテストではある種の高速切り替えが起こっていることも考えられる。（たとえば）左脳を眠らせたとして右脳そのものがすっかり変わるわけではないのは本当だが、「脳＋身体」における全体の活動パターンは変化する。思うに、ＷＡＤＡテストの処置が行われると、起きているほうの脳半球は意識経験を支えるのに「あつらえ向きの」ものになるのではないだろうか。処置の前は、「まるごとの」脳だけが正しい活動パターンを支えている。ＷＡＤＡテストの最中に左脳半球が眠ると、機能している右脳半球との接続が切れ、結果として心の物理的基盤が「狭まる」。それまで脳の全域に及んでいた活動パターンが半分に制限されるわけだ。眠っていないこの半分の側には意識があるが、それは処置前の意識のシステムとは本質的に異なっている。

ただしこの点については、複雑な問題があることも認めないわけにはいかない。ブラックモンの説明にならって脳の半分がすべて一度に眠らされるような書き方をしているが、じつは脳の「下側」は分離脳でも分かれておらず、ＷＡＤＡテストでも半分だけ眠ったりはしない。同様に、人間の分離「脳」という慣習的な言い方は、脳の上側の部分（大脳皮質）が思考や経験に関するほとんど全部の機能をつかさどっていると考えられていた頃に始まったものだ。今日、脳の下側――脳梁離断術で切断されない領域――の役割はかなり重要視されている。人間の通常の意識経験は、脳の上下の部分が一緒に働くことから生じているのかもしれない。ＷＡＤＡテストで上側、つまり大脳皮質の左または右半分が眠った状態になると、それぞれの場合に起きていて、なおかつ意識経験に関係があるのは、大脳皮質の反対側の半分と脳の下側全体ということになる。この状態でも私が「高速切り替え」と呼ぶ現象は起こり得るが、それは一部共有部分がある二つのユニット間での切り替えになるだろう。

もしこの考え方が正しければ、ＷＡＤＡテストからわかるのは、経験の物理的基盤とは素早く現れたり消えたりできる活動パターンであるということだ。こういったスイッチングの存在をいったん認めると、分離脳の事例では意識をもつ自己がひとつの場合と二つの場合のあいだで高速の切り替えが行われており、しかもそれはいずれか一方の側への情報の流れを断つような実験の結果として起こると言ってもかまわないように思われてくる。

分離脳のケースで起きていることはこれだけではない。じつのところ、私はパズルのピースはもう一個あると考えている。心が二つ存在するとき、その二つは完全に別々になっているわけではない。ここでもいくらかの部分的統合があるようなのだ。

改めて、「部分的統合」(27)とは、分離脳の例で心がひとつか二つかというふうにきちんと数えることはできないという考えだった。ある面においてはきれいな分離が見られ、経験や記憶が二つに分割されているが、それら以外の思考や経験は両方の心に存在できる。分離脳の患者を診る医師や研究者の多くは、そんな状況がしばしば見られるとしている。そしてこれは、おそらく脳の下側の分離されていない部分を経由して、気分や情動の共有が可能だからだという。たとえばストレスを感じているなど、ある特定の気分は心1の一部として、そして同時に心2の一部としても存在できる。となると、じつは二つの別個の心などないということになる。なお、これは二つの心がたまたま同じようにストレスを感じているという意味ではなく、ストレスを感じているというひとつの気分が二つの心に存在するという考えだ。脳の片側だけに刺激を与えると、反対側はそれが何かは知らないはずだが、それでも気分には（そのとき何が起こっているかはあまりわからないにしても）影響が及ぶのかもしれない——研究者たちはこう想像している。

以上、人間の分離脳を概観した。ひとつの心と二つの心のあいだでは高速切り替えが行われている。また、ひとつの心が存在しているとき、その心の一部は身体の外に拡大する因果経路によって統合されている。さらに、ひとつの心が分離するときには気分や情動などに関する部分的統合が見られるが、これは「二つの」心が完全に別個のものになっていないことを意味している。私は何かと議論を呼ぶ「高速切り替え」と「部分的統合」の考えを両方とも受け入れ、さらにこの二つをまとめ合わせた。どちらを想定することも、思ったほど難しくはない。

分離脳のケースには複雑な点がたくさんあり、この解釈は間違っているかもしれない。[28] 少なくともいくつかの例では、スイッチングではなく心が二つある状態がずっと続くように思われる（「二つ」には部分的統合と気分の共有との混同の問題が絡んでいるケースも含まれているだろうが）。これらの疑問点については、あとの章でパズルの別のピースが登場したときに再検討する。ところで私は、分離脳のパズルに関して解釈を詰めていくことは、経験や主観性、そして脳を全般的にとらえる上で役に立つと考えている。例として、タコの話に戻ろう。手術の結果であるとか、特殊な状況についてではなく、ふつうのタコの生活の話だ。ひょっとすると、そこでも同じような――意識をもつ自己の誕生といったドラマチックな形式ではなく、もっと穏やかな――組み合わせが存在しているかもしれない。私は次のように考えている。

タコは、ある時は統一された単独の行為者である。ごみを投げたり、ジェット噴射で泳ぎ回ったりしているとき、タコは統一された状態にあって、タコの経験にはそのことが反映されている。しかし、また別の折には腕が勝手に動いて周囲の様子を探ることもある。そして、おそらくタコの中枢は、こういった局所的に誘導される動きを「自分のもの」だと認知していない。

タコがうろうろと歩き回るとき、その腕はごく単純な行為者たちのように、外界の状態を知覚し、行為によって応答する。こんな腕には経験が存在するのだろうか？　たぶんそれは言いすぎだろう。経験をもてるだけの複雑性――十分な数のニューロン――は備えていると思われる。ハチ一匹のニューロンは全身でわずか百万個だが、タコは腕一本で数千万個もある。とはいえ、腕どうし、また中枢との神経回路の接続を考えれば、腕が適切な「自己」となることは決してなさそうだ。結局のところ「1＋8」に加えて「1＋1」の見方も引き続き俎上に載っており、これは腕が（見たところ）自由に動いて好きなことをしているときでも、腕一本一本の神経回路はそれだけで自立できるものではないという事実を反映している。おそらく、複数の腕からなるネットワーク全体、また一本一本の腕のいずれも、真の主体となるにふさわしい完全性を備えていないのだ。しかし、腕には私が主観性の基盤と述べてきたことがいくらか、ほんの少しながら確かにある。もしそれぞれの腕、あるいは一部の腕にかすかな経験が存在するとしたら、その場合はここでも部分的統合のいずれかの状況になると思われる。ストレス、エネルギーレベルの変動、興奮などは、腕が感知と応答を各自で処理していても、統一された形でタコの全身にわたって存在するのかもしれない。なお、私はタコの八本の腕は同等のもののように書いてきたが、第一腕と第二腕の二対は一般的に残りの腕よりも活発だということを付記しておくべきだろう。

いずれにしても、タコが「自分を立て直して」中央制御を強いれば、腕は自律性を失う。すると、これらの腕に備わった特徴は、それがどんなものであるにしろ、身体全体の反応に飲み込まれてわからなくなってしまう。人間の事例（WADAテスト、分離脳）で見てきた主観性の大きなシフトは、本人に対して何かがなされた結果として生じる。タコの場合、そんなふうに統一と不統一を行き来するシフトがあるとしても、それは人間とは違った形で出現する。タコはおそらく、明確な目的のある行為が必要な状況への反応として、勝手に動き回ることを許されていたものを抑制することで、自分を立て直すのだろう。

もしこれが正しいとすると、タコのこのやり方は、健康な人間がたとえば自分の呼吸や咀嚼、あるいは歩き方が急に気になりはじめる場合とどう違うのだろうか。上の空で楽器を弾いていたところ、突然そのメロディーに集中するのとは？　私の考えでは、これは確かに違う。タコの場合、中枢の支配がないときの腕は、行為者のように、それぞれの知覚に基づき局所的に制御される活動に従事する。また、腕自体の動きは、その腕が次に何を知覚するかに影響を及ぼす。一方で人間の場合は、たとえるとすれば、中枢の自動操縦装置がときどき解除されて手動運転になる状態に近いかもしれない。

あなたが何の気なしにぶらぶらさせていた手が、関心を引くものに触れたときとくらべてみよう。情報は中枢の脳に伝えられ、反射その他の特殊な反応でなければ、手は脳の指示があるまで何もしない。一方、タコの体内で何が起きているかは正確にはわからないものの、腕の一本が何かに触れると、情報は中枢の脳に確かに伝わるが、その腕も独自に局所的に制御される反応を起こすと想定されている。タコの全体としては、何かに触れたことは知っているし、そこでどんなことが起きたかは眼で見ることができる（もしかすると感じることもできるかもしれない）。しかし、こういった状況における腕の反応は、腕そのものが決めている。つまり、タコが集中と制御を働かせているときは、私たちがそうする場合よりも多くのことを成し遂げている。放っておくと身体の別々の部位がそれぞれに一種の行為者性をもつ方向に向かってしまう状況にあって、タコでは各部位で進むある程度独立したプロセスをひとつにまとめていることになるからだ。こう考えると、ふつうのタコの生活には、人間の分離脳に見られるドラマの弱いバージョンが含まれているのかもしれない。タコ全体の中枢機能と腕（数本）のかすかな自律性のあいだでスイッチングが行われているということだ。このわずかな自律性は、調整された行為を指示することにタコが注意を向ければ見えなくなるか、あるいは消えてしまう。私はかつて、統合は主観性にとって重要で、したがって経験にとってても重要なものだと悩んだのだが、タコはさほど統合されていない。ここでわかるのは、タコの場合はより統合された状態／されていない状態に即時に「変化している」ということだ。

タコは、私が展開しているイメージの多くの部分に圧力をかける。ことによると、タコの「1＋8」という組織のために、私たちはいつか動物における主観性やその統合との関係をめぐるそもそもの考えを再検討するよう迫られるのかもしれない。答えが出ていない部分はかなりあるにしろ、分離脳とＷＡＤＡテスト、そしてタコについてのこの議論は、心的なものが物理的なものの中にどうやって複数の方法で存在できるのかということに対するイメージに影響を及ぼす。まず、高速切り替えはそれほど突飛な考えではない。心がひとつの活動パターンであるなら、それはあっという間に現れたり消えたり、形を変えたり、拡大・収縮したりする可能性はある。この点をいわば公認するのはたやすいが、WADAテストではその結果どんなことが起こるかが示されている。さらに、部分的統合の考えもきわめて疑わしいとみなされてきたが、これも動物についての思考の枠組みとなり得る。さまざまな動物は多少なりとも互いに分かれた感覚の流れをもっているが、その一方で気分や満足感、ストレスといった、感覚とは異なる身体の状態は、全身で共有されているのかもしれない。

タコの中にごく小さい補助的な自己が複数存在するのかと疑問を抱くのはなるほど当然だが、その問題はさておいて、タコの経験の中枢は常にひとつだけであると想定すると、タコの身体が経験に対してもたらす影響はやはり相当に奇妙と言えるかもしれない。タコは、ネコのように長時間じっと座って過ごすことがある。おそらく眠っている状態に近いのだろう。対照的に、ひどく活動的になることもある。ジェット噴射はもちろん、ものを投げたり巣穴をつくったりしているときだ。また、その中間のような状態を目にすることもある。経験する主体について考える上では、この時間がとりわけ興味深い。たとえば、タコが一匹、平坦な一角を歩き回っているようなとき、タコの腕はだいたいにおいて中枢に指示されているような動きをするのだが、ときどきちょっと迂回したり、大仰な歩き方をしたりもする。あるいは、タコは座っていて、同時に二〜三本の腕が身体のまわりをうろうろしているということもある。タコは行為の多くを視覚に頼っているが、それ以外の面でもきわめて敏感だ。各腕の吸盤には化学センサーが満載されている。タコのいずれかの腕があなたの指に触れると、その腕はあなたの指を「味わって」いる。タコは、薄い手袋をつけた人間の手の感触と、素手の感触との大きな差を識別することができる。さらに、タコの身体全体を覆う皮膚は光にも敏感なようだ。タコが皮膚でものを「見る」ことができるというのは言いすぎ——皮膚は像を結んだり処理したりはできない——だろうが、光の強さだけでなく、変化や影の具合、そしておそらく色の濃淡まで、身体全体で検出されているのかもしれない。

すべてを考え合わせると、私たち自身の経験とはかけ離れた状況にたどり着く。皮膚と吸盤からの感覚情報が、局所的な神経細胞組織のみならず、中枢の脳にも確実に届くと仮定すると、タコはひじょうに豊かな感覚を備えた体表をもつ動物であり、なおかつ中枢の脳の視点からすれば、何をしでかすかわからない相当に気まぐれな動物ということになるだろう。腕がとりとめなく動くにつれて、身体の形が変わっていく。その腕は物体にぶつかり、表面に触れ、あるいは化学物質を検知して感覚現象が生じる。しかもこれは数本の腕で同時に起きることがある。タコが「ある視点を専有している」ことは確かだが、その視点は変幻自在で、おそらくは混沌としたものだと思われる。これを頭に浮かべると、私はどうも幻覚を見ているような気分になる。[29] そしてそれがタコの日常なのだ。

星の中に潜る

真冬のある日、私はマット・ローレンスと一緒に錨綱をたどり、オクトポリスに下りていった。マットがこの場所を見つけたのは一〇年前のことだ。

海上は晴れ渡っていたが、潜るにつれて光が薄れ、暗くなっていく。オクトポリスがある平らな場所の上まではすぐだ。着いてみると、サメが四匹、ぐるりを取り囲んでいるのが目に入った。まるで防衛線を張っているかのように、四匹とも鼻先を内側に向けている。「タコとサメ」の節で取り上げたサメと同じ種ながら、どれもずっと大きい。一匹は少なくとも二メートル半はあった。タコも何匹かいたが、みな文字通り頭を下げておとなしくしていたので、マットと私は海底をぶらついてみることにした。

湾のその辺りの海底は淡いグレーの砂に覆われ、オリーブ色や濃緑色のさまざまな海藻が点在している。歩き出してすぐ、私はヒトデがたくさんいることに気がついた。ふだんよりもはるかに多い。よく見てみると、それはウミシダだった。ウミシダはたいていの場合「ヒトデ」とは呼ばれない。「ヒトデ」と言えばもっと太い腕をもつ動物のことだ。だが、ウミシダとヒトデは両方とも「棘皮動物」に属し、いずれも星のような形をしている。ウミシダ（英語では feather star）はその名の通り、細長いシダの葉、あるいは羽根飾りのような薄い腕をもつ。

棘皮動物には大きく分けて二つのグループがある。ウミシダを含む「ウミユリ綱」がひとつ。おなじみのヒトデやウニの大半はもう一方の群になる。ウミユリ綱の特徴は、棘皮動物のうち、もっとも動かない種と、もっともよく動く種を含んでいることだ。茎のような構造で海底に固着したままのもの——ウミユリ——もあれば、自由に泳ぎ回れるものもある。

オクトポリスの近くにいたウミシダは小さく、その腕の長さはわずか五～六センチといったところだった。ほとんどは白か銀白色、いくつかは濃い紫色をしていた。一面にいるというわけではなかったが、二～三メートルごとに必ず一個、薄明かりの中に現れる。マットと私は星が散らばる砂地の上を泳いでいた。

動物の歴史をたどる私たちの旅は、ここでさらなる一歩を踏み出す段階に到達した。それは、生命の木の一本の枝から別の枝に移ることだ。動物では、円盤状の形をしたサンゴのあとに見てきた、左右相称の種から構成される大きな枝がある。この左右相称動物の枝は、さらに大きく二つに分かれている。一方は節足動物（カニなど）と軟体動物（タコやナメクジなど）が属する「前口動物」の枝だ。そしてもう一方は

「後口動物」、私たちの側、つまり脊椎動物が属する枝になる。招かれざるサメたちの一件と数種の魚やホヤがちらっと登場した場面を別にして、これまで本書では後口動物の側については言及してこなかった。この先は、主にこちら側について話を進めていく。ただし、私たちを最初に迎えてくれる動物は、意外にもヒトデだ。

棘皮動物は、少なくともカンブリア紀から生息している。[30] 最初期の形態は、実際の、また想像されている初期の左右相称動物の身体に近い、平たく押しつぶされたような身体で海底を這う生物として再現されている。そこからさまざまな非対称の形を経てらせん状の構造に進化し、続いて例の星形を発見したのだが、このデザインは第3章のソフトコーラルに逆戻りしたかのようにも見える。

ヒトデの中にはかなり素早く這って動けるものもあるし、私は大きなナマコが身体を上向きにして猛烈な勢いで口に餌を詰め込んでいるのを見てびっくりしたこともある。だが、棘皮動物の多くは、花のような身体とゆっくりしたペースの生活に落ち着いている。

マットと私はそんな動物たちがいる場所を泳いで通った。すべてが星座のようだったわけではない。よくタコの前哨基地になっているところに着くと、ちょうど大きなアザラシがやって来た。かなりのスピードで近づいてきたかと思うと、動きを止めてこちらをじっと見つめ、泳ぎ去った。驚くような敏捷さで、水中で身体をねじり、波打たせていく。

アザラシがあまりにも迫ってきたので、私は頭突きを食らうのではと思ったほどだ。やがてアザラシはもう一度身をひるがえして上に向かい、見えなくなった。水面、光のほうへ。私たちは星々のあいだに取り残された。

7 キングフィッシュ

パワー

ネルソン湾のパイプライン付近でのダイビングが終わりに近づき、岸に向かっていた私は、浅瀬になる手前のまだ水深がある場所でちょっと一息ついた。すると、いつの間にか頭がぐるぐるしはじめ、低い音を立てて飛ぶミサイルの渦に飲み込まれていた。体長一メートルほどの魚が数十匹、かたまって泳いでいる。銀色に輝く側面に、ほっそりとした鎌のような尾鰭。キングフィッシュ（ヒラマサ）だ。その鰭は、私の身体にかかる力を生み出しているにしては繊細すぎるように見えた。脊椎動物ならではのすさまじい動力（パワー）だ。

私は群れの真ん中にいたが、キングフィッシュはその三日月形の尾鰭のように短く弧を描いて向きを変え、姿を消した。私には彼らの筋肉を走る電気——イオンの急増、細胞の随意的収縮——の音さえ「耳に届く」ように感じられた。この音の感覚は錯覚で、海の中はひっそりしたままだ。私は自分の周囲で水が震えるように動くのを感じていたのだった。

動物界にはスピードとパワーで知られるさまざまな要素があり、それはここまでに取り上げた動物の一部にも見られる。たとえば、クラゲが刺胞から極小サイズの毒針を発射する仕組みや、シャコがもっているばね式のハンマーがそうだ。しかし、大きな魚のスケールで高速の動きを生み出す、それだけのサイズの身体を水中で進ませるというのはまた話が違う。キングフィッシュでは、筋肉の勝利、骨の上に筋肉がついた脊椎動物のデザインの成功がはっきりと見て取れる。高速で泳げる魚は、動物の動力におけるひとつの頂点と言うことができる。

魚類の歴史

魚類は「私たちの」グループに属する動物で、この進化の物語において特別な役割を担っている。いや、正確を期すなら、私たちが魚類のグループに属していると言うべきか。哺乳類は生命の木で魚類の枝から派生したのだ。私たちは魚の後裔ということになるが、これまでの章に出てきた動物たちについてこのような言い方はできない。生物学者のニール・シュービンはその著書で、魚類はヒトの祖先であり、魚類の解剖学的構造は私たち自身の身体の大部分を基礎づけていることを示し、私たちの「内なる魚」について一考を求めている。[1] この意味では、私たちの身体に「内なるエビ」や「内なるタコ」はいない。

とはいえ、私たちはキングフィッシュやマスのような見かけの魚から進化したわけではない。これらはヒトの系統が枝分かれしたあとで出現した種だ。私たちの近縁にあたるのは、もっと無骨でずんぐりした、肉鰭（にくき）類と呼ばれる魚の一群で、現生種としては深海に生息するシーラカンスがいる。

魚類は最初、まったくマイナーな存在だった。[2] カンブリア紀に出現したのだが、その当時は体長二・五〜五センチくらいの細長い小片という地味な姿をしていた。前章の終わりで、私たちは後口動物の枝に移動した。棘皮動物と私たち［脊椎動物］、その他いくつかの系統を含む枝だ。ほかの多くの動物群と同じく、後口動物に属する動物たちも蠕虫のような初期の左右相称動物から分かれ、曲がりくねった道をたどることになった。そして、ある段階で、そのうちのどれかがより動きやすいスリムな形態に進化した。この動物は大したことはできず、歯すらなかった。目立たずに海中を漂う何かの切れ端といったところだ（82ページの図でBの動物、ピカイアを見てほしい）。だが、この新種の動物には顕著な特徴があった。ミサイルのような形に加えて、背側に神経索があり筋肉を組織していること、原初的な硬い部分を（節足動物のように）身体の外側ではなく、内側にもっていることなどだ。

カンブリア紀には節足動物が捕食者に進化したが、こんな魚たちは格好の餌になった。おそらくそのためだろう、魚類はじきに優れた眼を発達させる。それは、大半の節足動物にあるような複眼とは異なり、一枚のレンズ（水晶体）と網膜を備えたカメラの構造をもつ眼だった。運動しやすいつくりの身体、そしてカメラ眼は、脊椎動物における初期のイノベーションに数えられる。

オルドビス紀以降、魚類は大型化していく。体表を鱗板（りんばん）［大きな板状の鱗］で覆い、体長一メートルになるものもやがて現れ、サイズと装甲板のおかげで捕食を逃れられるようになった。中には恐ろしい顔つきの魚もいたが、実際に獰猛だったわけではない。堂々たる身体にもかかわらず、この魚たちには噛みつく手段がなく、おそらくはすくい取ったものを吸い込んで濾過（ろか）していたと思われる。その後、およそ四億二〇〇〇万年前に決定的な発明があった。顎（あご）だ。

魚類の顎は、頭部の両側にある鰓弓（さいきゅう）［鰓（えら）を支える骨］からつくられた。フランスの生物学者フランソワ・ジャコブが「進化の修繕（ブリコラージュ）」と表現したことの古典的な例と言えるだろう。[3] すでにあるものに変更を加えていくことを指すが、こうして顎を獲得したことは大事件だった。結果として、一様にしっかりと噛むことができるようになったからだ。母指の対向性のような発達が顔の部分で起こったと考えるとわかりや

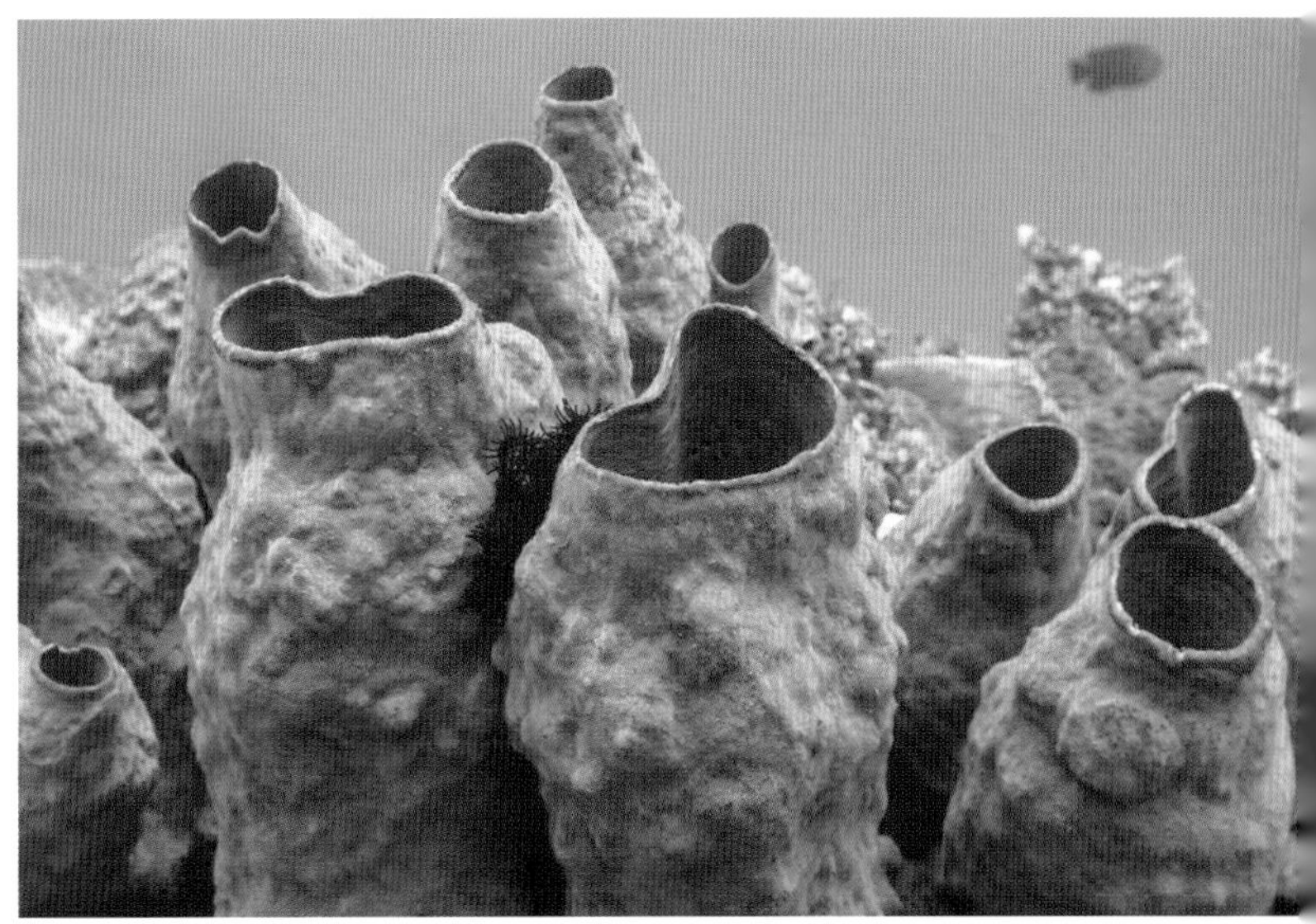

上：第３章冒頭に登場するソフトコーラルの手前に，大型の裸鰓類，ダイオウタテジマウミウシ（*Armina major*）が２匹いる．オーストラリア，ネルソン湾で撮影．下：群生するカイメン．インドネシア，レンベ海峡で撮影．これはガラスカイメンではなく，フツウカイメン綱に属する種である．海綿動物の大半はフツウカイメン綱に分類される．

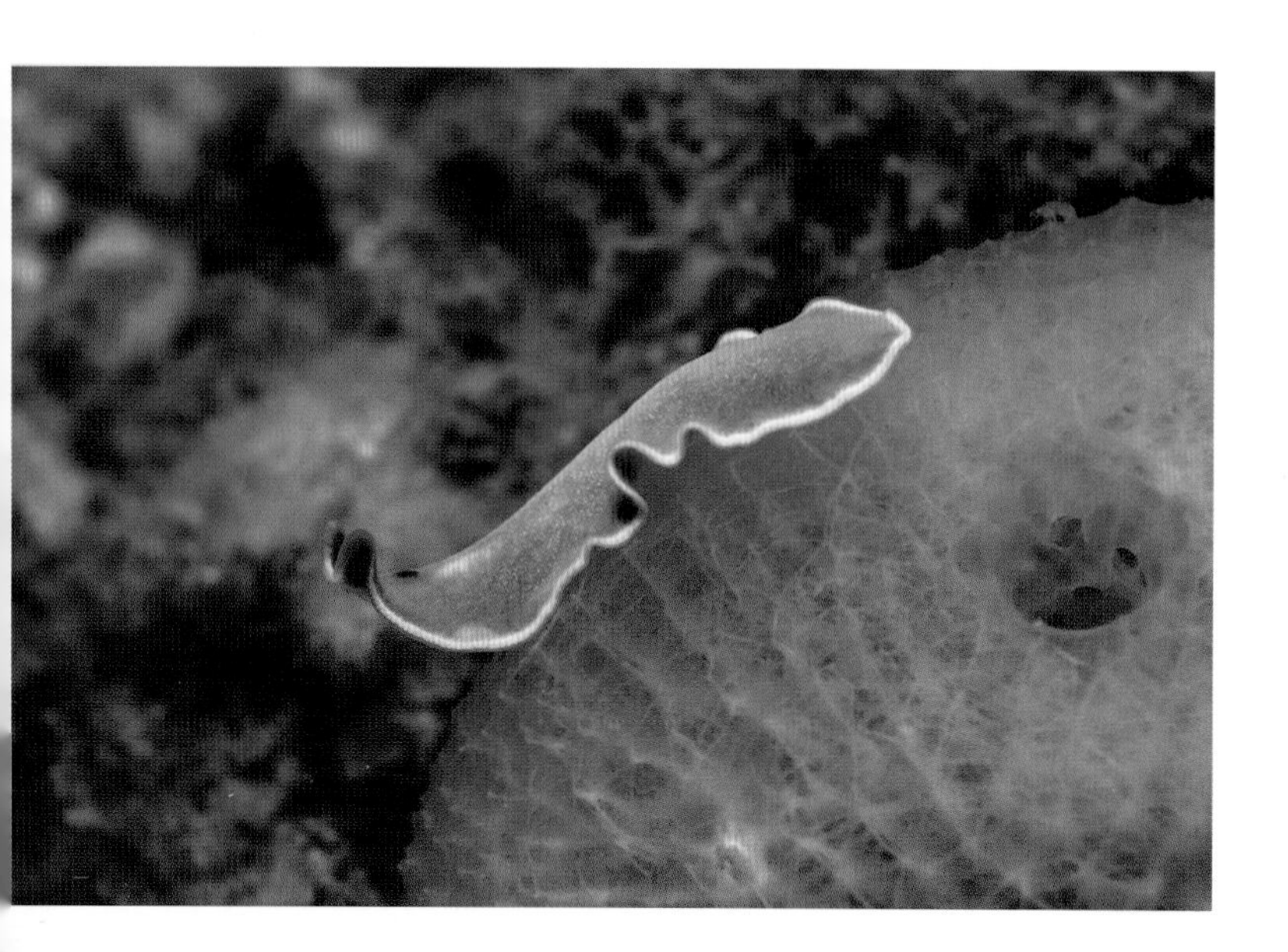

上：フチアナヒラムシの仲間（*Cycloporus venetus*）．カイメンの表面を右から左に向かって移動中．ほとんど見えないが，ごく小さな節足動物がその後ろ（写真右上）にいる．下：裸鰓類ハナビラミノウミウシ（*Phyllodesmium poindimiei*）．ネルソン湾で撮影．

上：イソギンチャクの上に透き通った身体をもつカクレエビの仲間（*Ancylomenes holthuisi*）がいる．インドネシア，レンベ海峡で撮影．下：何本もの触角や脚を広げるオトヒメエビ（*Stenopus hispidus*）．これもレンベ海峡で撮影．

この上下の写真の黒っぽいタコについては，第6章の「オクトパスウォッチング」と題した節の最後で触れた．コモンシドニーオクトパス（*Octopus tetricus*）という種で，ネルソン湾で撮影したもの．

上：オーストラリアコウイカ（*Sepia apama*，ジャイアント・カトルフィッシュともいう）．オーストラリア，キャベッジ・ツリー・ベイで撮影．下：これは第6章のオープニングで暴れ回るタコだ．この写真ではソフトコーラルに強烈なハグをお見舞いしているように見える．

上：大きなカイメンの上で休むサメとゴンベ．ネルソン湾フライポイントで撮影．サメは第4章「マエストロ」に出てきたものと同じ，シロボシホソメテンジクザメ（*Brachaelurus waddi*）という種である．下：タツノオトシゴ属シドニーシーホース（*Hippocampus whitei*）．同じくネルソン湾で撮影．

本ページおよび次ページ：
ジンベエザメ（*Rhincodon typus*）．オーストラリア，ニンガルー・リーフで撮影．

すいだろうか（このたとえはジェーン・シェルドンの言葉を借りた）〔母指対向性とは、親指だけが離れていて、なおかつほかの四指と向かい合わせにできること。霊長類の特徴のひとつ〕。遊泳力と眼、それに顎を得て、魚類は新しい役割を担うようになる。デボン紀の末（約三億六〇〇〇万年前）までに、顎をもつ動物群（顎口類）は多様化し、顎のない魚（無顎類）は衰退していった。無顎類で現在ほそぼそと生き残っているのは、ヌタウナギ類とヤツメウナギ類だけだ。

デボン紀に出現した顎をもつ魚類には、サメも含まれる。ジョン・ロングが『魚類の興隆』*The Rise of Fishes* で述べているように、サメは早い時期に身体のデザインを固め、細部の調整は以降ほとんど行われていない。二〇一八年にオーストラリアでアマチュアの化石採集家が並外れて大きな歯を複数発見したのだが、(4)それは一見してサメの歯とわかる化石で、持ち主――体長九メートルに達し、クジラを捕食していたとされる――が死んでから二五〇〇万年を経ても、まだかなりの鋭さを保っていた。

遊泳力と眼と顎は強力な組み合わせだ。この三つはさらに別の、私には脊椎動物の際立った性質だと思えるひとつの特徴と結びつく。体制と身のこなしから、魚類は特に「一元化・集中化した」動物であると言えるが、そのことは脳にも反映されている。そして、ほかの場合と同じく、ここには驚くような不統一が隠れている――魚類の脳はじつはかなりしっかりと二つに分かれているのだ。もっとも、これまでに見てきた動物の身体にくらべると、真ん中に寄った形、つまり集約型ではある。この脳は身体全体でなされる行為を誘導する。腕やはさみ、触手などをもたない魚類がすることは、だいたい何でも身体全体の行為だが。のちに脊椎動物が自分で動かせる手足や翼を獲得すると、そういった器官も同じような構造の脳の制御を受けるようになった。

私は以前、キングフィッシュが獲物を追うところを見たことがある。浅瀬で数匹のツツイカを眺めていた時だった。イカたちはふらふらと泳ぎ回っており、ゆっくり後ろをついていく私に目を向けたり、体表の模様を変化させて合図を送り合ったりしていた。そこに、いきなり大きなキングフィッシュが現れた。例の鎌のような尾鰭がひるがえる。そして、あっという間に私たちのあいだに勢いよく割り込んできた。手足はなく、イカのような付属肢もない身体が、それこそ全身で突きかかってきたのだった。ツツイカは散り散りになり、吐き出した墨のかたまりが対空砲火の煙のように水中を漂った。

泳ぎ

この章は青海原の章、外洋を迎え入れる章だと思う。本書の執筆中に私がしたスキューバダイビングの大半は、複雑に絡み合った生命の茂みの中に自分の身を置くものだった。しかもそれは這って移動する動物のペースで進められた。ギアをつけた私の動きはのろいが、カニやサンゴも、またタコでさえ、ほとんどの場合は速すぎてついていけないほどではない。ツツイカは例外だ。さて、ここまでの道筋の大部分では、ごく局所的な環境と細かいところまで噛み合った暮らしをしている生物を追いかけてきた。

これを、地球の水面下で果てしない旅を続ける魚類とくらべてみよう。魚類は活動の場として大洋を選んだ動物だ。複数の海を渡るものも多い。ある海で生まれ、餌を求めて別の海に移動し、そして繁殖のために（地球の磁気を感じて）[5] 生まれた海に戻るという生活だ。

私はこの章をキングフィッシュのエピソードで始めた。しかし、脊椎動物の力の領域において、私が見た中でもっとも極端な例といえば、それはジンベエザメの尾鰭だ。ジンベエザメ *Rhincodon typus*――ジンベエザメ科ジンベエザメ属に分類される唯一のサメ――は現存する魚類で最大の種で、クジラ類以外で最大の動物でもある。[6] 体長は少なくとも一二メートル。体色は濃い灰色で、白い斑点と白っぽい灰色の縞がある。そして、大きな垂直の尾鰭で推力を得る。

尾鰭の上半分の三角は二メートル弱の高さがあり、一見すると水中に張られた帆のようだが、〔風を受けて進む〕帆とは違い、この鰭は自分で力を生み出している。巨大な身体にはごつごつした隆起線が尾から頭に向けて走っている。これは飛行機の胴体構造に見られる溶接管にそっくりだ。

ジンベエザメは世界の温熱帯海域を回遊する。交尾の場面は誰も見たことがなく、〔本書の執筆時点では〕すべての個体がガラパゴス諸島付近のある場所で交尾するのではないかと考えられている。[7] もしそうなら、この動物はそこからオーストラリアやメキシコ、フィリピン諸島に移動していることになる。クジラではよく見られるが、ジンベエザメも海面に近いところを遊泳し、プランクトンを摂食する。比較的浅い場所をゆっくりと泳いでいることが多いため、シュノーケルで一緒に泳ぐことができる。私は西オーストラリアのエクスマウスでこれを体験した。

並んで泳ぐのだが、位置的にジンベエザメの上になることもある。あの身体の模様が下から浮かんでくるのを初めて目にした時には、どこかの惑星の地上でホバリングしているような感じがした。泳ぐジンベエザメの上下左右には小型の魚の群れが付き従っている。口の中に入っていることもあるが、飲み込まれる心配はなく、広々とした大聖堂のような場所に納まり、運んでもらっているだけだ。この魚群のせわしさはサメの静かで落ち着いた様子と好対照をなしている。

ジンベエザメはときどき深く潜る。頭部がゆっくりと傾き、深みを増す水に身体が沈んでいく。水深一五〇〇メートルを超えるような場所にも潜ることができる。クジラとは違い、いつ浮上するかは決まっていない。息継ぎが必要な哺乳類ではないからだ。私は何度か水中でクジラと過ごしたことがあるが、そのたびに、相手は私と同じ哺乳類なのだという印象を受けた。ジンベエザメは水中で呼吸する、より深遠な意味で海の生物、海に属する動物なのだ。

よく晴れた日にジンベエザメと泳いでいて、サメが身体を斜めにし、下に向かっていくところを二度見ることになった。すぐに私たちの一〇メートルくらい下に来たが、その姿は上から楽に追うことができた。澄んだ水の中で岩礁の上を泳ぎながら、私はもう一度その優美な動きに目をやった。尾鰭は繰り返し緩やかに揺れ、身体を前に進めていく。

これは、キングフィッシュと同じく、筋肉の勝利、骨格を筋肉で覆った脊椎動物のデザインの功績だ。サメ類は硬い骨格をもたず、内骨格は硬骨よりも軽く弾力性のある軟骨で構成されている。ただし、硬い骨をつくれないわけではなく、硬骨からできている部分もある。硬骨の割合が大きい脊椎動物への移行は、骨をつくる遺伝子が複製され、硬骨が幅広い役割を担えるようになった結果だったのかもしれない[8]。私たちがふつうに見かける魚の大半は、硬い骨からなる骨格をもっている。

エクスマウスでは、ジンベエザメが現れた場所からそう遠くないところに、オグロメジロザメのクリーニングステーションがあった。小さな魚たちが待ち構えていて、大型の魚（この場合はサメ）の「お客さん」が入ってきてはクリーニングのサービスを受けている場所のことだ。小さな魚（掃除魚）はお客の体表や口の中にいる寄生虫を食べる。寄生虫の掃除のみならず、お客の身体をちょっとちぎり取ることもかなりよくある。お客のほうは、度を超さなければしたいようにさせておく。そこにいたサメたちは、掃除が終わる頃になると身体を小刻みに動かしているようだった。おそらく掃除魚にかじられたときの反応だったのだろう。

そのクリーニングステーションは、ドーム状に大きく盛り上がったサンゴの上に位置していた。メジロザメはいずれもさっとやってくるのだが、その動きを生んでいるようなものは見当たらない。ほとんどわからないほどのわずかな動作で水中を移動しているようだった。それはジンベエザメの動き、高さ二メートルの自走式の帆がリズミカルに揺れる様子とはまったく違っていた。

水の存在

魚類は初期の段階から優れた眼をもっていた。古くからの化学的感覚も受け継いでいた。魚類の進化はさらに――これもまた早く無顎類の時代から――感覚に関してかなり特徴的な発明をもたらした。それは「側線系」だ。

側線は圧覚、大ざっぱに言えば触覚の一種による刺激を感受する。[9] この仕組みを構成する主な要素は、「感丘」といって、毛の生えた細胞がいくつか束になり、柔らかいドーム状の突起に包まれた感覚器だ。感丘は身体のあちこちにあり、周囲の水の動きによる刺激をその下にある神経に伝える。

感丘は、身体の表面に分布するものもあれば、表皮のすぐ下にある液で満たされた細い管に入っているものもある。この管は魚の側面でさまざまな方向に見られるが、たいてい頭から尾にかけて走っており、小さな開口部で周囲の水と接している。管の中にある感丘は、圧力の強弱やわずかな振動を感知できる。身体に当たる水流がこの穴に流れ込み、圧力の差が生じるからだ。

側線系が感知するのは触覚の一種だと述べたが、何かが触れたときの圧力や振動はむしろ音に近い。聴覚とは、身体の一部に伝わる圧力波を検知することだ。私たちヒトの場合、この振動は鼓膜から内耳にある蝸牛の有毛細胞に伝わる。一方、魚の側線系は触覚と聴覚を結びつける。進化の物語としてはおおよそ次のようなところだ。[10] 細胞から生えている毛はとても古くからある構造で、おそらく単細胞の祖先の時代から存在していたと思われる。この毛は、身体を前に進めるという――能動的な――役割のほかに、感知、つまり身体を取り囲む媒質中の接触や振動を感じ取ることにも用いられる場合がある。動物の例では、たとえば第3章で簡単に見たクラゲの重力感知器はこのような働きを担い、身体が傾くと平衡石が動いて毛に当たるのでわかるようになっている。脊椎動物に絞ると、側線管が私たちにあるような耳の原型となったのかもしれないが、動きを検知する有毛細胞が別の経路から耳の中で機能するようになったという可能性もある。

魚類は通常、聴覚に優れている。側線以外にも耳として働く部分をいくつか備えており、魚の種類によっては鰾（ひょう）（浮袋）を耳の補助として使っている〔ここで水中の音を反響させている〕ものもある。鰾とは気体の詰まった袋で、主に浮力を調節する器官だ。

側線系は「遠隔的触覚」と説明されてきた。この受容器は身体のすぐそばで生じた運動はもちろん、遠く離れた場所での動きも感知する。また体表のじつに広い範囲に及んでいることから、強い身体意識を生んでいるはずだ。私たちのような陸上哺乳類は、空気の層に囲まれている分、ほとんどの環境事象から隔てられている。他方、水は振動や運動をとても速く伝えるし、側線管は身体の外の海とつながっている。この結果、魚類は環境の大部分とじかに接触しているような状態にある。泳ぎはじめに耳が水でふさがれるときのことをちょっと考えてみてほしい。ゴボゴボと音がして耳の中の空気が水に置き換えられ、物音が大きく、近く聞こえるようになる。すぐそばのボートのエンジン音は、音として聞こえるだけでなく、身体でも感じられる。側線系はそんなようなもので、それが全身に広がっているわけだ。タコの場合は、すでに見たように、皮膚全体、もしくはかなりの部分にある種の光感受性をもっている。しかしタコの身体をひとつの巨大な眼だと言うのは言いすぎになるだろう――タコがもっている仕組みはまず間違いなく単純すぎる上、像を結ぶことができないからだ。片や、魚の身体は大きく立派で圧力に敏感な耳だと言っても、さして言いすぎではない。

側線感知には、第4章と第5章で検討したような感知と行為が多岐にわたって相互に作用するという特徴がある。魚が動くと周囲の水流が変化し、当の魚はそれを感じる。水中で物体が動いた痕跡は長く残る。たとえ小さな魚でも、通り過ぎると数分後もまだ感知できるような後流が生じる。[11] こういったさまざまな事態を把握するために、魚は自分の動きの影響とそれ以外のものを選り分けなければならない。この仕組みの一部はすぐに処理が終わるようになっており、たとえば側線系の有毛細胞につながる神経には、魚が自分で水流を乱しているときには感覚信号を抑制するものがある。これまでの章でも述べたが、自分の行為が感覚に及ぼす影響は、問題をもたらすだけでなく、周囲の状況を自ら探り、受け身に取り入れる以上のことを知り得るチャンスを提供する。ブラインドケーブ・フィッシュ（ブラインドケーブ・カラシン）という魚は、その名の通りまったくものを見ることができず、側線感知に頼って移動する。[12] 水中で盛んに動くことによって生じた水流を周囲の物体にぶつけ、その結果得た情報をもとに、行く手を遮るように並んだ棒に触れずに通り抜けることもできる。側線をソナー〔音波を利用して水中の物体を探知する装置〕のように使っているわけだ。この魚はなじみのない構造物（ランドマーク）が迫ってくると目に見えて速く泳ぐのだが、これはおそらく側線系により多くの情報を送り込むためと考えられる。

側線系を改造し、もうひとつ別のタイプの感知ができるようになっている魚もある。[13] 特にサメ類で顕著だが、電場を感じ取ることができるのだ。さまざまな種類の魚が能動的・受動的な電気センシングを用いる。能動/受動の違いは、自分で電気インパルスを発生させるか、何らかの理由で生じたインパルスを検出するだけかだ。無顎類の魚とサメは受動的な電気センシングを行い、たとえばサメは砂に身を隠している魚の自然な電気活動を感知して、その位置を探りあてることができる。シュモクザメの変わった形状の頭部にどんな機能があるのかは解明されていないが、電気センシングの性能を高める役割はあるかもしれない。サメの研究者であった故エイダン・マーティンは、金属探知機を操るように頭部を左右に大きく振りながら海底すれすれのところを泳ぐシュモクザメの様子について次のように語っている。[14]「何度か、〝機雷掃海〟中のヒラシュモクザメが急に身をかわし、砂泥に埋もれているアカエイの一匹をくわえ出すのを見たことがあります」

おもしろいことに、魚類の進化においてより最近の時期に拡散した硬骨魚では、一般にこの電気的感覚は失われてしまった。もっとも、ナマズをはじめ、それをのちに再発明した種も知られている。また、能動的な電気センシングを行う硬骨魚もある。自ら電場をつくり出し、その電場の変化から、近くにある物体を検知するわけだ。

エイをはじめとする数種の魚は少なからぬ電圧を発することができ、それを感知のためではなく、敵に対して用いている。何年か前のことだが、私はダイビング中に砂がむき出しになっているように見えた場所に手を置くという間違いを犯してしまった。すぐにゴツン、と衝撃を感じた。自分としては何かにぶつかったせい、かなり強くぶつかられたのだと思った。そこで振り向こうとしたところ、たちまちバシンときた。さっきよりもずっと強い、明らかに電気ショックだ。鋭く正確な放電だが、こちらはたまったものではない。それは砂に埋もれていたゴウシュウシビレエイの仕業で、向こうは私のことを追い払おうとしていたのだった。

側線系由来の精巧な発電機構はさておき、側線系が触覚に似た感覚を受容することは、魚類に見られるさらに別の行動と興味深いつながりがある。それは群泳だ。

じつに神秘的な群泳を展開する魚の種もある。急に方向転換をして、一瞬のうちにそれまで先頭にいた個体があとを追いかけ、後ろに付き従っていた魚が群れの先頭に立つ。これを海中で目の当たりにすると、見ているだけではわからない場の力、あるいは巨大な心があるという疑いがすぐに浮かんでくる。何百匹という魚が一斉に同じ方向を向くので、群れはグループとしての意志決定をその場で下しているように見える。確かにそう見えても、これはすべて個々の魚のきわめて素早い知覚と判断、行為によって起きていることだ。

側線系の遠隔的触覚について知ってみると、その途端に群泳はそれほど不思議ではないように思えてきた。それは側線の仕組みを使えばまさしく魚にできることらしい。私が驚いたのは、群泳における側線系の役割について直接調べた研究がどうも決め手に欠けることだ[15]。群泳はほぼ全面的に視覚によって成立すると論じるものもあり、そう主張されると、海中で起きていることをめぐる私の当惑はまた頭をもたげてくる。側線系が機能しないようにしても、ある程度の大きさの群れで泳ぐことができる種は多いが、その一方で側線系に頼っているように見える種も確かにある。おそらく、もっとも統合された群泳の場合には、そうでないものとは異なる仕組みがあるのだろう。どんな群泳にもマイクロ秒単位の高速の調整が必要なわけではないのだから。

私はこれまで、水中ではずいぶん長い時間を無脊椎動物の観察に費やしてきたが、魚たちと密に接するようになったのは、本書の執筆がきっかけになった部分もある。本章に取りかかってすぐの頃、私はある寒い冬の日にシドニー近郊でダイビングをした。そして、以前からよく見かけていた魚が尋常でないほどたくさんいるところに行き合った[16]。アオヤガラという、きわめて——ほとんど滑稽なほど——細長い魚だ。体長は六〇センチ程度のものが多い。私は四匹のあとをしばらく追いかけた。

アオヤガラの身体は全体の四分の一以上が頭部と吻で、半分程度が本来の身体、残りは尻尾のようなものが伸びている。そして、まず目につかないほど小さな鰭が頭部の近くと身体のずっと後ろのほうに一対ずつある。身体の前方にある鰭はほぼ透明で、六〇センチの身体に対してブックマッチ程度の大きさだ。尾鰭はさらに小さく、中央から銀色の糸が長いアンテナのように出ている。ごく小さな鰭は、どれも水を優しく押し分けて進むために用いられる。アオヤガラは海底を這うように移動する捕食者で、獲物に気づかれないように、見分けづらい上にほとんど水をかき回すこともなさそうな鰭を使ってにじり寄っていく。そして襲いかかるのだ。

水中のアオヤガラはなかなか逃げるのがうまく、見かけたと思ったらもういない。と言っても遠くまで行ってしまうわけではないが。一瞬見失うと、カリグラフィーで書かれた四本の線のように、次々と形を変えつつまた姿を現す。あとからこの魚について調べてみたところ、アンテナのような尾鰭には側線の延長部分が含まれていることがわかった。アンテナに見えたものは、実際に水中のかすかな振動や揺れ、渦に同調したアンテナだったのだ。密度の濃い水の中にしっかりと埋め込まれた巨大な耳のような身体をもつとはどういうことなのかを考えはじめた矢先、レーダー塔のように側線の糸をなびかせている魚に出くわしたというわけだ。

本書の前半で、私はエビとタコの感覚世界について想像をめぐらせた。エビは隣接する空間を硬い突起のある身体で埋める。触角はそんな突起のひとつで、杖のようだがもっと敏感なものが半ダースあまり、四方八方に飛び出している。タコは、一本一本にそれぞれ強烈な感受性を備えた軟らかい腕をもっている。腕が触れたものはすべて味見され、味わったものに対する反応にはその腕から来ている部分もある。そして、今度は魚だ。魚の感覚のパラダイムは、探りを入れたり味見をしてみたりすることではなく、動作の感覚、水の中を通り抜ける対象の知覚であり、聴覚にも近いような広がりのある遠隔的触覚をともなっている。三次元の空間を自由に飛び回り、その影響を全身の耳で受け止めるような運動こそ、魚の本来の流儀（メチエ）なのだ。

ほかの魚という他者

カンブリア紀にいた二センチ程度の小さなかけらから、大きな身体を鎧で固めた姿、そして顎の変化まで、魚類の歴史におけるいくつかの段階を追ってきた。この流れのどこかで、一部の魚は利口になっていく[17]。その変化は、本書のテーマからすれば最初は少々奇妙に思えるようなかたちで起こった。

第4章では、鳥類や哺乳類以外で自己認識力の有無を確かめるある種のミラーテストに合格する動物は、魚類のホンソメワケベラだけであることに言及した。また、実験課題を与えられると、魚類は物体の数を数える。数のカウントはどうやら最後の手段らしく、ほかのヒントが使えるときはそちらを優先するようなのだが、それはイルカやヒトでも同じだ。さらに、魚類は異なるスタイルの音楽――ブルースからクラシックまで――の違いを区別することを覚え、ブルースアーティストが途中で変わったことを推測で

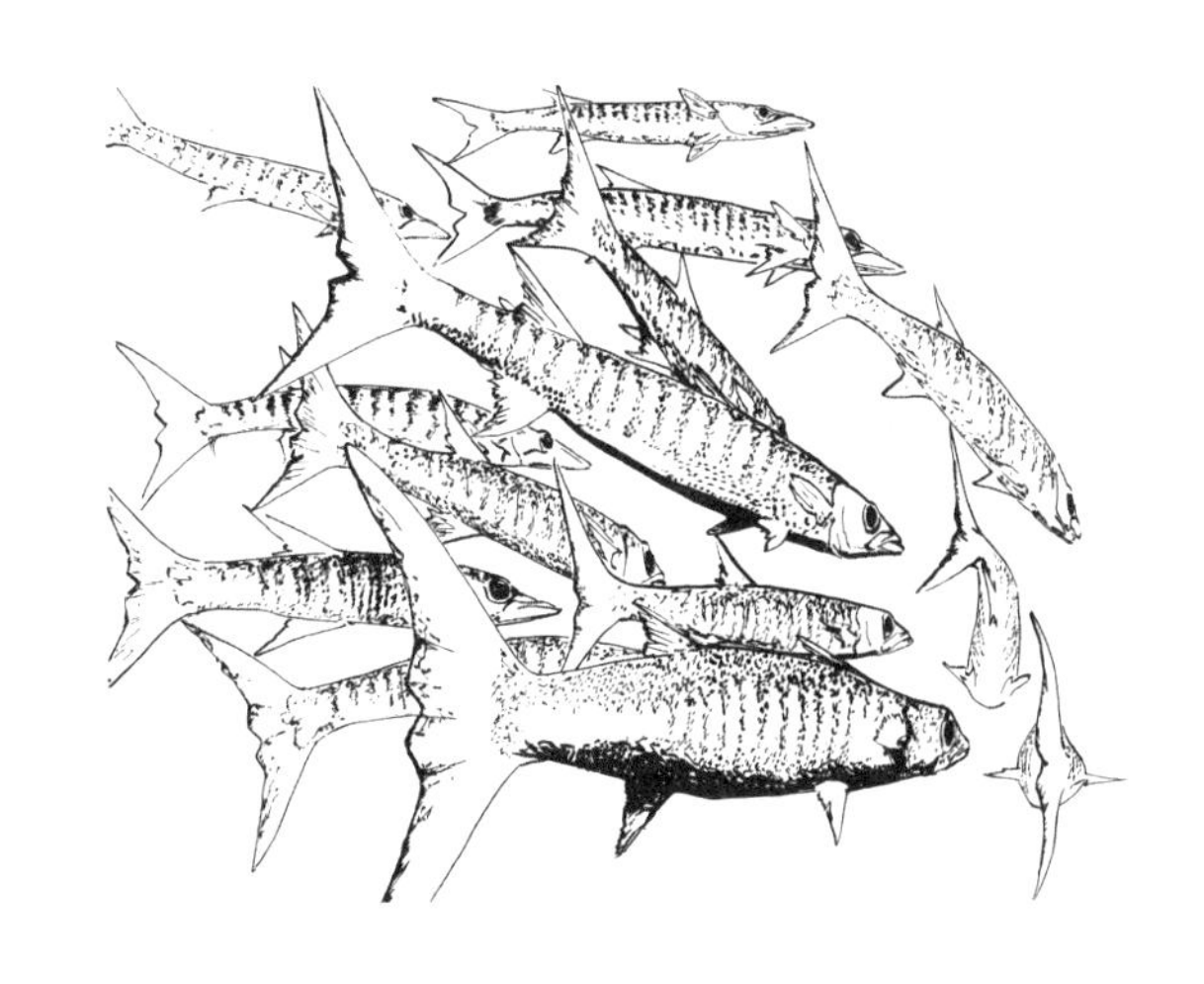

きた。ただし、魚が覚えていたのは特定のアーティストの癖ではなかった。これは相当に抽象的なパターン認識の妙技と言える。魚の内部ではいろいろなことが起きている。

初め意外に思うのは、「できる」ことが本当にわずかしかない身体を動かすことに、これほどまでの複雑性が存在しているという事実だ。心の歴史の一端について私がここまで展開してきた物語は、行為の進化にかなり重きを置いたものだった。魚類には動きがあり、肝心の顎もあるが、それでも、これまでの章で登場したさまざまな動物、特に節足動物と頭足類にくらべると、ものを扱うようなことがあまりできないなど、行動の面で制限がある。

それならば、なぜ魚類（あるいはその一部）はこれほど利口になったのだろうか。この件はまず、正しい問い方で問わねばならない。たとえば「魚はなぜ利口になる必要があるのか？」は間違った問いになる。これは必要性の問題ではなく、相対的な優位性の問題だからだ。あなたが一匹の魚だったとして、同じ群れの仲間たちより少し利口なら、大きな脳をつくって維持していくコストを負担しても、多少は有利になるのだろうか？　そして利口であることが本当に利益に結びつくのならば、その優位性は何によってもたらされているのだろう？

この答えの鍵となるのは、魚類が一目でわかる以上に群居性の動物であることのように思われる。魚たちは絶えずほかの個体に影響を及ぼし合っている。社会的相互作用は一個の動物にとって複雑な環境をつくり出し、知能の進化における駆動力となるケースもひじょうに多い。この理論は元来、霊長類において社交的な種では特に大きな脳が見られることに関して提唱されたものだが、広く応用が利き、魚類にも当てはまるようだ。[18]

よく知られている魚のほとんどは、少なくとも一生のうちある時期をほかの魚と一緒に過ごす。[19]自分と同じ種を好み、さらに自分と血縁関係のある仲間を好む場合も多い。魚はたいてい個体の識別ができ、なじみどうしで群れをつくることを選ぶ種もある。本書の脱稿を前にした最後のダイビングで、私は小さめの岩棚の下に種類の違う魚が四匹、ところどころ身体を触れ合わせながらかたまって休んでいるところに行き合った。大きなナマズにウツボ、黄緑色の斑点模様があるマダラ、とげとげでゴツゴツした見た目のフサカサゴだった。混んでいるのはそこだけで、空いている場所はほかにたくさんあるように見えたが、四匹にとってはそこがよかったのだろう。私はお呼びではなかったらしく、すぐにマダラが身体を起こし、いらいらしたような様子で私のそばを通り過ぎていった。ほかの野生動物でも、こんなふうに自分とは異なる三種の個体と身を寄せ合ったりするものは多いのだろうか？　ジャン＝ポール・サルトルが記した「地獄とは他人のことだ」という言葉がある（ちなみにサルトルは幻覚剤の注射をきっかけにカニやタコをはじめとする海洋生物に対して極度の恐怖心を抱いていた[20]）が、魚の場合は「天国とはほかの魚のこと」となりそうだ。

魚の賢さは、ほかの生物とのかかわり方にとりわけよく現れる[21]。一例としては模倣がある。動物では、模倣それ自体がかなりまれなことで、選択的模倣——手当たり次第に模倣するのではなく、うまくやっている個体の行動をまねる——となるとさらにまれだ。たとえばトゲウオの中には、餌場の判断にあたってそういったことができる種がある。しかし、魚類に見られる模倣でおそらくもっとも注目すべきは、テッポウウオのものだろう。テッポウウオは口から水を飛ばし、水の外にいる昆虫を撃ち落として捕食する。ふつうはじっと動かない昆虫を狙うが、動く標的に当てることも学習できる。驚いたことに、テッポウウオの群れの一匹が練習によってこの能力を身につけると、その様子を見ていた仲間たちも技を覚え、機会があれば練習していた個体とほぼ変わらない確度で動く標的を仕留められるという。この研究の実施者が述べているように、ここで特に興味深いのは、見学していた魚が「自分の視点を変化させる」らしいことだ。いざ自分でやってみる段になると、仲間が水を発射しているのを見ていた時の角度を再現できていることになる。これは私が知っている動物実験の中でも特に意表を突くものだ。

掃除魚についてはすでに何度か取り上げた。サービスを受けに来るほかの魚の体表につく寄生虫を食べる小型の魚のことだ。掃除魚は一通り掃除が終わると、よく「お客さん」の身体をちょっとかじる。本章の前半では、サメのクリーニングステーションでそんな状況が見られたことに触れた。あまりに大きいひとかじりはサービス規約にない不正行為だが、小さな一口なら大目に見てもらえる。クリーニングステーションでは、お客となる魚が順番待ちをしていたり、少なくとも何匹かが近くを泳ぎ回っていたりすることが多い。ある種の掃除魚は、見物されているときはそれほどでもないが、見られていないとよく盗み食いをする。[22] 掃除魚はどうやら自分の評判が気になるらしい。そして仕事ぶりを見ていたお客のほうも、そんなことをしていた掃除魚は避けるのだという。

魚類におけるこのような社会性は、ほかの魚との関係だけにとどまらない。魚は共同作業に幅広い関心をもち、自分よりもたくさんのことができる動物、あるいは少なくとも自分とは違うことができる動物と一緒に何かすることも多い。魚による複雑な振る舞いには、行為の領域での身体的な困難を具体的に補う目的のものがかなりあるように思われる。

たとえば、海底のそこかしこでエビとハゼの協力を見かける。[23] ハゼは筒状の身体をもつ小型の魚で、よくエビが一匹いる巣穴にハゼがごちゃごちゃと棲み着いていることがある。巣穴はエビがそのアーミーナイフのような付属肢を使って砂地に掘ったもので、ハゼは見張り番として雇われているのだ。ここで、節足動物と脊椎動物という組み合わせは注目に値する。ハゼは巣づくりの役には立たないが、感覚の大発明であるカメラ眼をもっているために、エビにとってハゼとの同居は意味のあることなのだ。

大型魚ハタの仲間でも、同じような趣向の周到な協力関係が紅海やグレートバリアリーフで確認されている。ハタはウツボと協力して獲物を捕まえるのだが、そのときにパートナーとなるウツボに合図を送って呼吸を合わせる[24]。ハタはよく、岩礁の割れ目に隠れる獲物を見つける。しかし、ハタの大きな身体ではそれを捕まえるためにできることはあまりない。タコのような腕もカニのようなはさみも備えていないからだ。それでも、頭部を左右に振ったり身体を揺らしたりすることで、ハタはウツボに合図をし、獲物を引き抜くか、追い出すかしてもらう。この行動を詳しく研究しているアレクサンダー・ヴェイルは、ハタが合図を送るべきウツボを見つけるまで二五分も待っているのを目撃したことがあるという。ヴェイルはまた、ハタが彼をとてもよく覚えていることにも気がついた。ある場所で何度か一匹のハタに餌をやったあと、ヴェイルは三週間そこに行かなかった。それから戻ってみると、そのハタはいつになく近くに寄ってきて、じっと待つそぶりを見せたそうだ。ヴェイルは、ハタが彼のことを食料の供給源だと認めて記憶していたと考えている。なお、ハタが獲物を追うときのパートナーは通常ウツボだが、タコがハタの合図に応えて岩礁に入っていったという報告も数件ある。

魚類の賢さの進化をめぐる物語は、おおよそ次のような流れになるかもしれない。魚類が群居性を示すのは、そうすることにさまざまなメリットがあり、特に捕食者からの攻撃に対して有利になるからだ。複雑な社会環境においては、識別や記憶、戦略に関する能力を伸ばすことにはそれだけの価値がある。これらの能力はさまざまな場面で用いることができ、音楽スタイルの違いなど、生物学的にはほとんど役に立たないことを学習するといった不自然な状況に置かれた場合にも発揮される。また、魚類は異なる種とのあいだに――魚とエビという際立った進化の境界線を越えてさえ――独特の協力関係を築く。魚の側からすると、このような関係が生まれるのは、より協調性のある個体は自分が属する集団で仲間たちよりも優位に立てるからだ〔同じことはエビの側についても言える〕。

こう見てくると、魚類の賢さはある程度まで理解できる。私としては、ここでもうひとつ別の考えを付け加えたい。それは魚類の賢さの原因についてではなく、魚類が最終的に得た賢さの形態と、それによって引き起こされた結果に関することだ。魚の身体は全体としてひとつに統合されていて、タコのように外側に伸びる部分の集合体ではない。これは運動をはじめ、全身の調整が必要な行為をするためにつくられた身体だ。そんな魚類の身体において、神経系は頭部の中央、カメラ眼のあいだに位置している。

進化の中では、ある動物が一定の状況に対応できる特殊な形態になったあと、生活環境が大きく変わってしまうことがよくある。この場合には、以前の状況から受け継いだあり方、ものごととのかかわり方で対応せざるを得ない。それは有利に働くかもしれないし、逆に不利になるかもしれない。生じる事態のありようは独特で、そのときに通れない道もあれば、〔比較的〕通りやすい道もある。脊椎動物の集約型の脳についてはのちにたくさんのことが起こるが、その先鞭をつけたのが魚類だったのだ。

リズムと場

一九二〇年代初めのドイツで、テレパシーの存在を信じる〔神経科学者の〕ハンス・ベルガーは、その仕組みを解明しようと決意していた[25]。

ベルガーがテレパシーを信じるようになったのは、陸軍に勤務中の一八九二年に起こったある事件がきっかけだ。彼は馬から投げ落とされ、後続の大砲の車輪にひかれそうになったところを間一髪で助かったのだが、その夜に父親からの電報が届く。それはベルガーの姉が弟の身に何か恐ろしいことが起こった気がすると言うので、無事を確認するために打たれたものだった。これは一種のテレパシーによる交信である――ベルガーはそう確信した。大砲の車輪が迫ってくる中で感じた強い恐怖が、何らかの方法ではるか遠くにいる姉に伝わったのだ。この説明のつかない精神と肉体（心と物質）の関係を究明することが、彼の研究の情熱となった。ベルガーはイェーナ大学で立派な役職〔精神科教授・のち学長〕に就いており、通常の仕事も続けたが、テレパシーの研究については多くの作業をひとりで進め、誰かに話すこともまずなかった。ベルガーの若い同僚で何度か被験者にもなったラファエル・ギンツベルクは、のちにベルガーを決まりきった生活を送ることにこだわる人物だったと評している。[26]「彼（ベルガー）の生活は、毎日まったく同じことの繰り返しだった。毎年毎年同じ内容の講義をしていた。静的とはあんな人のことを言うのだ」。もっとも私に言わせれば、「静的」は必ずしも当たらない。十年一日の講義を続けているなら、「周期的」のほうがふさわしい表現ではないだろうか。

ベルガーは、エネルギーの運動とその転化を調べることを通して、心と脳との結びつきを理解しようとした。彼はいろいろな方法を試したが、最終的には生理学者リチャード・ケートンが脳の電気現象を記録していたことを知り、自分でも検流計を用いて脳表面の電気活動を測定しはじめた。外傷を負うなどして頭蓋骨に欠損がある人の脳でじかに測定を行うこともあれば、健常者の頭皮上で記録を取ることもあった。やがて、ベルガーは驚くべき事実に気がつく。脳の電気活動を示す整然とした波は、脳から少し離れた場所でも検出できるのだ。目立つ波形は二種類あり、ひとつは被験者が眼を閉じているときに見られる、ゆっくりで大きな波、もうひとつは眼を開けているときの速くて小さな波だった。ベルガーは最初のものを「α波」、二番目を「β波」と命名した。脳波記録（ＥＥＧ）の始まりだが、これはベルガーが初めて行ったことではない。[27]歴史をひもとけば、よくあるようにほぼ忘れられた先駆者がいる。だがヒトの脳波を記録したのはベルガーが最初であり、彼はこの「脳を映す鏡」に“Elektrenkephalogramm”という名前をつけたのだった。

ベルガーが見たものの真相、すなわち現在私たちが理解している真実はテレパシーではないわけだが、それでもかなり奇妙なことだ。このあたりは今日でさえ数々の謎に包まれている。基本的には次のようなところだろう。

生体内の電荷とその役割については第2章で検討した。イオンとは電荷を帯びた原子または小さな分子のことで、これには陽イオンと陰イオンがあった。イオンの行き来は細胞膜を横切って絶えず行われている輸送（トラフィック）（物質交換）の一部であり、この移動は生物が電荷を飼いならす上での中核をなしている。ニューロン（神経細胞）は、イオンチャネルの開閉によって活動電位（急激な連鎖反応）を発生させる。一個のニューロンから別のニューロンへの興奮の伝達は、（通常は）ニューロンの接合部にあるわずかな隙間に化学物質を放出させ、次のニューロンに興奮性あるいは抑制性の電位変化を起こすことで達成される。標準的なまとめ方をすれば、脳の活動はこれらの事象が相互に結びついた大きなネットワークだと言える。

しかし、電荷は別の役割も担っている。たとえば、ゆっくりとした、時にはリズミカルな流れに乗ってニューロンの膜の内外を行き来するイオンがある。この流れは、先に述べた活動電位、つまり「スパイク」の一部をなす急激な流れとは別に存在するものだ。緩やかなテンポの移動はその都度細胞全体の電荷に影響を及ぼすので、実際のところ活動電位もこの影響を受けている。こういったゆっくりとした流れは、ニューロン間の作用として生じるものもあれば、「内在性」、すなわち自発的に発生するものもある。電気的に呼吸をしていると言うと近いかもしれない。それはバックグラウンドで行われている活動であって、スパイクによるドラマはこの上で展開される。

さて、ここからズームアウトして、ある程度離れたところからこの活動の存在を探りあてようとしていると想像してほしい。電気現象が盛んに起きていると、その結果は周囲の空間にいくらか広がる傾向がある。これは、自然界で力（作用）を生み出す電荷の役割に備わった二元的な性質によるものだ。[28]

電気活動には、ここまで扱ってきた電流や化学反応に見られる局所的な側面に加えて、もうひとつの側面がある。この二つめの側面は「場」にかかわり、目には見えないが空間に及んでいる。場とは、空間的に広がったある種のパターンが、その空間の範囲に存在するものに影響を与えている状態を指す。電場はそのような場の一種で、電荷の分布によって電気力が働く空間のことだ。何らかの物体の内部で電荷の移動が起きていると、そのまわりには変化する場が生じる。場の力はその物体に近いほど強く、離れるにしたがって弱くなる。たとえば脳の中ではそのようなことが起きている。すでに述べたように、脳の中にあるニューロンは、ごく弱いが連続的な電気活動をしている。ここで、その活動から発生する音をすべて足し合わせた状態で聞くことができるとして、頭蓋骨の表面付近からそれを聞いたと想像してみよう。パチパチとかブーンとか、でたらめな音が聞こえると思うだろうか。そうではない。その音ははっきりとしたリズムをもっている。しかもリズムはひとつだけでなく、テレパシーを追究するハンス・ベルガーが発見したように、いくつか種類があるのだ。

脳のニューロンはある種の電気的呼吸をしている、と先ほど述べた。さらに言うと、これらニューロンの中には一緒に呼吸しているものがあることがわかっている。全部ではなく、大半でもないが、一定程度――全体をよく聞いて雑然とした活動の音を取り除けば、十分にリズムが識別できるくらいの数――はそうしている。波の上に波が重なり合うため、リズムは複雑で聞き取りにくいものの、そこにあることは確かだ。私たちがこれを聞くことができるのは、局所的な電気現象によって場が発生し、膜を越えてイオンが行き来するたびにその場が変化するからだ（「聞く」という聴覚の比喩をどうしても使いたくなるのだが、実際のところ、このリズムはふつうスクリーンまたは紙の上の図として視覚的に表示される）。ＥＥＧのパターンは、活動電位［スパイク］ではなく主にこちらのゆっくりした変化による。[29] ただし、この二つは互いに影響を及ぼし合っている。ベルガーが区別した波形はα波とβ波の二つだったが、その後より速いγ波や、睡眠時に見られるさらにゆったりとした波など、いくつかの波形が発見、追加されている。

これらのリズミカルな波形は信号のようなものに見える。細胞間でやり取りされる局所的な信号であること以外に、全体によって何かが伝播されているようだ。それは誰に宛てられているのだろう？　何のためのメッセージだろうか？

まず考えつくのが、すべては意味のない副産物である――興味深い巡り合わせで、機械のざわめきがたまたま音楽のように聞こえるのではという可能性だ。神経科学者たちはしばらくこれに近い立場をとりがちだった。しかし、リズムを生み出すにはさまざまなことが起きなければならない。しかもこのリズムは多くの動物に見いだされ、それには私たちからかなり離れた種もある。無脊椎動物に人間と同じような脳波計（ＥＥＧ、たくさんの電極を頭蓋骨全体に網の目状に配置する方法）は使えない。だが脳に電極を刺入し、その付近の細胞――ＥＥＧで記録されるような何百万個の単位ではないにしても、何百個あるいは何千個の細胞――の活動の様子を聞くことはできる（この方法を「局所フィールド電位」記録、ＬＦＰと呼ぶ）。ショウジョウバエやザリガニ、タコをはじめ、たくさんの動物でこのような測定を行ったところ、リズムの存在が確認され、ヒトで見られるような複数のバリエーションが区別できる場合も多かった。[30] ある種のリズムは睡眠と関係があり、また別のリズムは注意集中時に現れる、といったようなこともわかった。タコのリズムのパターンは特にヒトのものに近い。似た形のリズムがこれほど多様な動物の脳で見られることからすると、この事象全体が無意味な偶然だとは信じがたい。

二つめの可能性としては、ここで見られる二つの側面のうち、一方は生物学的に重要で、もう一方は重要でないということが考えられる。その場合、重要なのは細胞の同期活動、すなわち細胞が「同時に」そろって何かをすることだ。結果的により大きな空間に広がる電場が生じたり、電場に波のような変化が起こったりすることは、この細胞レベルの活動の副産物にすぎず、脳の中で独立した役割はもっていないとみなす。

この見方に対しても、ひとつめの可能性で述べた点と同じような理由で、初めから疑いを投げかけることができそうだ。ＥＥＧで波形が出るためには、細胞の活動が同じタイミングで同期されているだけでなく、これらの細胞が空間に一定の形で配列されている必要がある。もしＥＥＧの波形に関係のある細胞がすべて空間に散乱し、ばらばらの方向を向いているならば、たとえリズミカルな反応をしていたとしても、ＥＥＧで波形は見られない。細胞が場に及ぼす作用が相殺されてしまうからだ。

となると、どうやら場とそのパターンも「偶然ではなく、もともと」存在しており、それぞれにすべき仕事があるらしい。とはいえ、適切なタイプの空間構成はほかの理由から生じる可能性もある。それは脳が大きくなるにつれて自然に発生するのかもしれない。ニューロンを縦に整列させることは、情報処理の点からも役に立つ。あるいは、脳は結果として場を生じさせるような構成をもつようになるが場は何もしない、ということもあり得る。この二つめの見方でも、細胞間の同期は脳の働きに影響を及ぼすとされる。ただ、空間に及ぶ大きな電場に影響力はないとするわけだ。

しかし、活動の同期が脳の仕組みの重要な一部であるという考え方はますます有力なものとなっている。[31]

脳は活動のリズムを生み出し、それを使う器官であるようだ。このリズムはいくつものスケールで存在し、ひとつのリズムはまた別のリズムに埋め込まれている。ロドルフォ・リナスやジェルジ・ブザーキら、多くの神経科学の研究者にとって、このような脳のとらえ方は哲学的（あるいはやや哲学的）な側面をもっている。なぜなら、脳は本来自発的に活動しているとの説を裏づけることになるからだ。脳は動作に移るきっかけとして感覚情報の入力を必要としない。それどころか、感覚情報の役割は脳が自ら生み出した活動を調節することであるという。この立場は、心は受け身の存在にすぎず、心の様式（パターン）はどこかから受け継ぐ必要があるとする、受動型の「経験論的」説明とは明らかに異なる立場とみなされている。

こういったリズムをめぐる考え方は、脳とは何かということに関する私たちの全体像（ゲシュタルト）を確実に変えるが、話はそれで終わりではない。三つめの可能性では、いっそう議論を呼びそうだが、場そのものに生物学的な役割を認める。ベルガーが見ていた現象は脳の働きの一部であって、単なる副産物ではなかった、と考えるのだ。私は神経科学者ではないけれども、この見方を最有力視している。しばらくのあいだは論争が続くと思うが、いまのところ形勢は次のようなところだ。

この物語における新しい段階は、異常な状況下で研究を続けた科学者によるひとつの発見から始まる。フランスの神経生理学者アンジェリーク・アルヴァニタキは、名前からわかるようにギリシャ系で、一九〇一年にエジプトのカイロに生まれた女性だ[32]。アルヴァニタキは一九三〇年代後半から一九四〇年代にかけて、フランスのトゥーロン近郊にあった臨海研究所で軟体動物の神経系の研究を行った。第二次世界大戦初期にフランスが枢軸国に降伏して以来、トゥーロンが位置する南仏東部はイタリア軍の占領下にあり、研究環境は厳しかった。なお、アルヴァニタキは、その業績がいささか過小に評価されてきたように思われる科学者のひとりだ。それは女性であったせいか、時勢の主流から外れているように見えたせいか、あるいはその両方かもしれない（トランスポゾンを発見したバーバラ・マクリントックや、細胞内共生説を唱えたリン・マーギュリスを思い出されたい[33]。当時の神経研究の中心軸はシナプスで、ネットワーク中に存在する二つのニューロンの接合部の構造と、そこにある間隙で信号が伝達される仕組みに主眼が置かれていた。アルヴァニタキは一九四二年に発表されたもっとも重要な論文の冒頭で、シナプスを一切形成していないニューロンでも相互に影響を与え合うことができると述べ、これを実験的に示した[34]。今日、このような作用は、アルヴァニタキが提唱した用語に基づき、ニューロンの「エファプティック・カップリング」（非シナプス性結合）と呼ばれている。

アルヴァニタキの発見はベルガーの脳波と直接の関係はなく、エファプティック・カップリングの研究は当初二つのニューロン間の局所的な相互作用に焦点が絞られていた。ところが最近、じつは両者に関係があることが明らかになっている。脳の全体によって生み出される場のリズミカルなパターンは、個々の細胞の活動に影響を及ぼすことがあるのだ[35]。特に「スパイク」を含めたニューロンの活動のタイミングは場の影響を受けるのだが、それは脳が細胞の活動を同期するひとつの方法であるらしい。このような作用は、外科的に切り離され、実験用シャーレに並べて置かれた脳の切片標本のあいだを伝わった。クリストフ・コッホとコスタス・アナスタシウが指摘するように、これは「神経素子（ニューロン）の活動から生じた電場が、もともとその電場を生じさせた神経素子の活動を変化させる」という新しい種類のフィードバック機構である[36]。私はこの節の前のほうで、細胞境界を越えるイオンの流れは電気的な呼吸に似たところがあると述べた。また、あるリズムで一緒に呼吸している細胞があるとも述べた。ここではこう記そう。一個一個の細胞は、細胞の集団がそろってしている――コーラス全体の――呼吸を電気的に感じ取ることができる。

この作用は物理的に説明のつかないものではない。コロンビア出身の神経生物学者で、脳のリズミカルなパターン解明の中心的存在であったロドルフォ・リナスが採用した類推を使えば理解できるだろう。三〇年ほど前の著書で、リナスは自然におけるリズムというテーマをセミの鳴き声の話で始めている。[37] おびただしい数のセミが一斉に鳴くと、繰り返し強弱に変化する特徴的なリズムが自然に生まれる。わかりやすいたとえ話だが、そこでリナスが用いた枠組みに基づけば、セミとニューロンには明らかな違いがある。ニューロンが「聞く」ことができるのは自分とつながっている隣接するニューロンだけなのに対して、セミは一帯の仲間の声を同時に聞けることだ。リナスの論考では、近くにあるニューロンどうしの関係が脳のリズムを確立する手段であるとされていた。場の作用については先に説明したが、リナスの著書刊行以降の新しい研究では、ニューロンは意外にも全体の活動を聞く「ことができる」場合があることが明らかになっている。個別のニューロンが総合的な電場の影響を受けるという意味だ。脳の活動はリナスが考えていた以上にセミの鳴き声に似ているらしい。

本章に取り組んでいた夏の夕暮れ、私は森に散歩に出かけた。オーストラリアでは、セミが多い年と少ない年とがある。その年は多い年だった。一四一四のセミが出す音は「ジィージィー」だ。こう文字で表してもある程度リズムがわかるが、セミはリズム以外に音量をだんだんと上げては下げることを繰り返す。まず一五秒ほどかけてピークまでもっていき、続いて少し速く、およそ一二秒で静かになる。そしてちょっと間をおくとまた鳴きはじめ、その音はだんだんと大きくなっていく。三〇秒強にわたるこのパターンはなかなか安定していた。

私はセミとその近縁種が鳴く理由について少し調べてみた。[38] いくつかの可能性があり、おそらくさまざまなケースがあるのだろうが、協調的な現象だという説明と競争的な現象だという説明の両方が見つかった。ここではひとつの仮説を紹介する。セミの個体は、交尾相手にアピールするために、それぞれできるだけ大きな音で、できるだけ目立つように鳴いているとする。すると、一匹が少し鳴けば、ほかのセミがそれよりも大きな音で鳴くようになるという状況が生じる。こうして一匹一匹が出す音量は次第に大きくなっていく。やがて疲労が現れはじめ、最初に鳴きだしたセミが脱落し、ほかのセミたちも鳴き止む。そして静寂が訪れるが、そこでまた一匹が鳴きだし、再びだんだんと盛り上がる。仮にこの通りだとしよう。その場合、一匹一匹のセミの鳴き声は、近隣の仲間たちだけでなく、同じリズムで鳴いている集団全体の音量の影響も受けている。セミの個体はコーラスに参加し、なおかつその集団としての歌声に反応しているということだ。このパターンは指揮者によって調整されたものではないが、結果は整ったリズムになる。

先に述べたように、最近の実験では脳の活動によって生じた場が脳の働きそれ自体に影響を及ぼすことが示唆されている。個々のニューロンは、ニューロンの活動が大量に組み合わさって生じた場の音を「聞いて」いる、あるいは少なくともその場の影響を受けているわけだ。これは取るに足らないこと、ほとんどの時間における脳の機能にとっては重要性に欠ける、末梢的な現象かもしれない。私がこれだけ議論しているという事実は、私自身、小さなことではないのではないかと思っていることを示しているのだが、やはり些末なことという可能性も捨てきれない。ではここで、こういった考え方が本書で探究している問いにどう関係しているかを見ていこう。

まず、リズムと同期という一組の問題があり、そして場そのものの問題がある。リズミカルな活動と同期は重要なものだという点では大方の意見の一致をみているが、場については議論が多い。すでに述べたように、この種のリズムは幅広い動物に存在し、魚からハエ、タコ、さらに扁形動物でも確認されている。これらの動物の共通祖先が生息していたのはエディアカラ紀だが、その動物は神経系にこんなリズムをもっていたのだろうか。それとも、似たようなリズムが異なる進化の系統で別々に始まったのだろうか。ひょっとすると、ニューロン自体の基本的な特徴から、同じようなペースのリズムが何度も繰り返してスタートしているのかもしれない。いずれにしても、ニューロンの発明は、自分以外の細胞とつながるための突起をもち、刺激に対して敏感な細胞の原点となったばかりでなく、振動器の始まりでもあり、たくさんの動物がそのリズムを何らかのかたちで利用してきたと言うことができる。

歴史について考えをめぐらすと、ずっと昔の科学実験、しかも偶然得られた結果までが意味をもってくる。クリスティアーン・ホイヘンスは一七世紀オランダの大科学者で、数々のすばらしい業績を残したが、振り子時計の発明もそのひとつだ(39)。ホイヘンスは一六六五年に、二つの振り子時計に何らかの物理的なつながりがあり、なおかつもともとの揺れの周期がほぼ同じであれば、振り子のチクタクというリズムがいつの間にかそろうことに気づいた。彼がその年ロンドン王立学会に送った手紙では、二つの振り子のあいだには「奇妙な共感(シンパシー)」が働くと記されている。神経科学者ヴォルフ・ジンガーが指摘するように、これは脳に振動器が複数あるならば、それを自然に同期させるのは難しくないかもしれないということを示している。いったん同期がとれれば、その振動器のリズムに何らかの役割——おそらくはコード・記号体系としての機能——が与えられることもあり得る。なお、脳内のシナプス接合には、進化の中でこういったばらばらのリズムをひとつにまとめるシンクロナイザーやメトロノームとしてデザインされたように思われるものもある。さらに、エファプティックな影響に関する最近の研究に照らしてみると、同期ができ、また細胞が空間中に適切に整列しているなら、それらの細胞が生み出す電場は独自の作用を及ぼすようになるかもしれないと付け加えることもできる。この電場は脳の活動を束ねる上でさらなる一助となり、脳がひとつの全体として振る舞えるようにする。

私たちがここまで来る端緒を開いたハンス・ベルガーに少し戻れば、このルートによるテレパシーの研究が不首尾に終わるべくして終わった理由のひとつは、彼が調べていた電気的効果には伝導媒体が必要で、空気は電気の伝導媒体としてはあまりよくないからだ。対照的に水は電気をもっとよく伝える。ある意味では、魚類ならばベルガー流の電気的テレパシーをかなりたやすく発揮できることになる。そこで障害となるのは主に信号強度の問題だ。一匹の魚が生み出す波は、信号として伝わるだけの十分な強度があれば、たぶん適切なタイプのものとして別の魚のニューロンに影響を及ぼすことができるのだろう。だが、この影響は途中であまりにも速く弱まってしまうし、「受信側」の魚のほかの活動によって打ち消されている部分もあると思われる。魚によっては、自ら発生させた強い電場を介してコミュニケーションを図るものもあるが、魚類はいずれにしても遠隔的触覚を使って相当にうまくやっていける。

さて、こういったことは、感性と経験に関する問いにとってどんな重要性をもつだろうか。脳がものごとを処理するやり方の細目のひとつにすぎないのか、そ

れともより大きな、心と身体をめぐる問題にかかわってくるものなのだろうか。

問題を突如一変させるように思える要素は、場だ。心の物質的基盤に関して、場はまったく異なる候補を示しているような気がする。意識経験がどのように脳に存在し得るのかが理解しづらいのは、おそらく私たちがそこで起こっていることの一面しか見ていなかったせいもあるのだろう。この考えには大いに真実が含まれていると思うが、ここで押し寄せてくる衝動には、抗うべき誘惑もある。

場は確かに、意識の謎を解く助けとしてふさわしいもののように見受けられる――目には見えない熱を発する温かい場所が脳の中心にあって、そこからもやもやと頭の中にエネルギーが広がっている、というような具合だ。このぼんやりしたエネルギーは、頭蓋骨の中でこれまでに存在が確認されているほかのものにくらべ、より経験に近い形をしている。しかし場も、何か特殊なものであるだけでは現下の問題を解決できない。しかるべきことを実際にする必要がある。

私たちがこんな場というものを考えるときに思い浮かべてしまいがちなイメージは、実体化されたロスコ体験というか、ぼやけたクオリアのようなものだろう。まさにこの事実こそ、用心すべきことだ。第5章では、唯物論者が暗く静かな機械から魔法を使って色や音を呼び出す方法を見つけろと言われたときの誤った展開について分析したが、私たちはいまそれに近い状況に陥りつつある。第5章の誤りは、意識経験はある種の生体システムに属する一人称の視点であって、システムの働きを通してつくり出される何か、見るべきところを知ってさえいれば外側から見えるかもしれない何かではない、と留意することで一部解決されたのだった。とはいえ、あの誤ったとらえ方を完全に放棄することは難しいし、脳内に目には見えない場があるのだとすれば、色や音をつくり出すためのよりよい材料を与えられたような状況になるわけで、同じとらえ方でまた一から試してみようかという気にもなる。興味をそそるのは確かだが、それでもあのとらえ方は間違っている。

しかしながら、私はこういった神経科学的発見を通して、経験を説明するという課題は確実に違ったものになると考えている。リズムが重要であることは疑いないし、場もおそらくそうなのだろう。第一に、これらを前提にすれば、脳とはどんなものであるかについて私たちが抱いているイメージが変わる。

これをはっきりさせる方法は、差異を徹底して際立たせることだ。脳をひとつの電気信号ネットワークととらえる見方は古くからあり、今日でも広く受け入れられている。たとえば、脳はかつて自動電話交換局になぞらえられたことがあった。じつは、この比喩は電話交換局それ自体とほとんど同じくらい古い[40]。イギリスの科学者カール・ピアソンがこの表現を用いたのは一九〇〇年と早いが、当時の電話網はまだ自動化されておらず、それは人間の交換手が回線を接続している様子からの想像だった。自動で回線をつなぎ換える交換ネットワークが想定されるようになったのはそのあとのことだ。神経科学者はよく、脳内のニューロンからニューロンへの局所的なシグナル伝達経路がすっかり解明されれば、私たちは脳の仕組みを完全に理解することができると主張する（ハーバードの神経科学者が二〇一〇年頃にそう断言しているのを聞いた覚えがある）。このシグナル伝達ネットワークのイメージは、脳を研究する大勢の人々にとってほぼ動かせないことのように思われてきた一方、意識経験を説明することとはどうも相容れないものという印象を与えがちだった。しかし、私にわかる限りでは、こういった脳の見方は変わりつつある。

私が本章で説明してきた研究は、まるで違った様相を描き出す[41]。脳は生体内の一器官であり、自発的な電気活動を行っている。リズミカルで、同期されていることも多いこの活動は、感覚によって調節されている。神経系を構成するニューロン以外の細胞、たとえばアストロサイト（星状膠細胞）などは、微妙ながら重要な役割を担っている。ニューロン間のシグナル伝達が相当に多いことは間違いないが、かといってそれがすべてではないわけだ。このような脳のとらえ方は従来のものにくらべて科学的な裏づけがあり、しかも経験の基盤として理解しやすい。経験の物理的基盤は電話交換局のようなシグナル伝達ネットワークにすぎないという考えに抵抗があるとしたら、そういうあなたはたぶん正しい。あなたという人はそんなようなものではない。

神経系と脳に関するこれらの考え方は、心身問題のパズルを解く重要な手がかりである。私の見るところ、これは心的なものと物理的なもののあいだにある明らかな「ギャップ」を埋めるのに役立つこととして、本書に登場する要素の二つめになる。ちなみにひとつめの要素は第5章に出てきた。動物の自己や、それと世界とのかかわり方の特徴である主観性について説明した章だったが、そこで私は、視点、自己と他者、主観性、行為者性といった言葉を使った。そして、本章で扱う二つめの手がかりとは、動物においては行為者性の進化によって神経系が形づくられてきたという見方のことだ。この見方は、私が脳の「大規模動的特性」と呼ぶものの重要性を提起する。それにはリズムと同期のパターンをはじめ、（異論は多いが）場自体の作用、またおそらくその他の関連した活動が含まれる。これらのパターンには、包括的な――全体としての脳の特徴と言える――ものもあれば、より局所的なものもある（それでも何千個という細胞を結束させることなのだが）。主観的経験がどのように誕生するのか、そしてそれがどうやって物理世界に存在できるのかの説明には、これらの点も関係してくる。ここで、経験あるいは意識が物理的な意味でひとつの場であるとする立場はとらない[42]。経験や意識は活動のパターンであって、場はほかのたくさんのものと一緒になってその成立に貢献している。進化は主体として世界とかかわる動物を生み出した。そしてまた、そのような活動の媒体となるという、驚くべき能力を備えた生物学的器官をも生み出したのだ。

この器官は、またしてもヒトあるいは哺乳類の脳に限定されない。さまざまな動物にこういった特徴が備わっている。脳のデザインが異なる多くの動物の体内で同じようなリズムのパターンが見られるというのは、注目すべきことだ。この事実は私にちょっとしたゲシュタルトシフトをもたらした。数十年前に、脳で生じる独特の高周波のパターン（γ波）は意識と特別なつながりがあるとする説が複数の科学者と哲学者によって提起された。[43] 最初にこれを唱えたのはフランシス・クリック（DNAのらせん構造発見で有名）とクリストフ・コッホだ。私はこの説について、自分たち——ヒトの経験——の場合には確かに大切かもしれないが、全般的な問題の多くを解決する助けになるようなことではないだろうと考えていた。ところが、この種のリズムは私たちのような脳に特有のものではなく、じつは動物界の至るところに存在していた（ちなみに、このテーマを誰よりも突き詰めてきた研究者といえばブルーノ・ヴァン・スウィンデレンだろう。たとえば彼はラルフ・グリーンスパンとともに、対象に注意が向いているときには独特の波形が現れることを発見した。[44] あるいは「注意のような何か」だろうか……彼らが調べたのはハエの脳だ）。そこから私は、ヒトに限らず動物全般における脳の活動とはどんなものか、つまり経験の物理的側面とは何であるのかについて、このような研究が私たちの見方を根本的に変えようとしていると実感したのだった。

こういった特徴は重要だ。ではどう重要なのか。経験（感性、意識……）の総合的な説明において、いま検討している二つの要素——主体としての世界とのかかわりと、脳の大規模動的特性——が受け持つ範囲はどう分かれているのだろう？　このあたりを詳しく話そうとすると、未解決の科学的問題についてはあれこれと臆測せざるを得ない。だが、ここでは理解の一助としておおまかな全体像を示すことにしよう。

知覚と思考における大規模な動的パターンの役割、中でもリズムの役割を強調する人は、このパターンのことを数々の処理のプロセスをひとつにまとめるもの、脳が遭遇するもろもろの様相を組み合わせてひとつのイメージやシーンをつくり出すことを可能にするものと考えがちだ。この統合は主観的経験にさまざまな影響をもたらす。ある瞬間の経験には、視覚でとらえられる場景だけでなく、気分や「そこにいる」という感覚のほか、多くのことが含まれるだろう。あるいは、広範囲に及ぶ動的パターンが実行しているのは、異なる種類の情報の集約だけではないのかもしれない。これらすべての事象から、総体としてのひとつの経験をつくる特有のやり方において、何らかの役割を引き受けていることも考えられる。そしておそらく、もっとほかの方法でも、私たちの身体の中で経験に独特の質感を与えることにかかわっているのだろう。

これは微妙な問題に絡んでいる（じつはこの点についても私自身、確信からはほど遠い）。視覚あるいは聴覚が経験され（得）るのはなぜかという話の途中で、ものを見たり聞いたりしているときに脳が何をしているかを想像すると、困惑することがある。私たちがその際に思い浮かべるのは、ニューロンが発火してほかのニューロンに影響を与え、続いてその〝ほかの〟ニューロンが発火し……という状況だからだ。しかしここで、このプロセスのイメージを、本章に登場した大勢の神経生物学者が望ましいと考えるようなものに切り替えてみるとどうだろう。(45) 脳は例の大規模ながら統合されたパターンを含め、あらゆる活動に取りかかり、私たちが見聞きする光景や音はその活動を「変調」——転換、攪乱——する。このことが何かであるように感じられるというのは、それでもまだ意外、あるいは不可解な謎だろうか。

私が述べている二つの要素について、次に検討すべきことは、当然ながら「あなた自身、あるいはほかの動物が、そのいずれか一方しかもっていない場合」だ。特に、第5章で説明した感知と行為に近いものを備えていながら、本章で述べてきた脳の動的特性を一切欠いているとしたらどうなるだろう？

この種の思考実験は自縄自縛に陥りかねない。私たちは、見かけは人間にそっくりで、人間と同じ行動ができるが、まったく異なる物理的なプロセスを内包するコピーは想定可能だと思い込まされている。しかしながら、ある人間またはほかの動物にここで論じている大規模動的特性が備わっていなければ、それを備えている何らかの存在と同じような方法でものを知覚したり、行為をしたりすることはないだろう。けれども、第5章で論じた主観性の特徴——感知、行動、視点——についての議論は、ある意味でかなり概略的なものだったと言える。じつは、脳の大規模動的特性が異なる生物でも、ある種の主観性、私たちとは違うバージョンの主観性をもつことができるらしい。このことは次の事実から示唆される。主観性の概略的な特徴を確認し、それを生じさせるために神経系が何をしなければならないかを考えてみると、ニューロンはどうやらシグナル伝達経路や中継器のような働きしかしていないときでも、これら主観性にかかわる特徴のすべてを発生させることができるようなのだ。少なくとも基本的なところは、本章で述べた独特の動的特性がなくても実現可能らしい。そうであれば、ネーゲルの表現を借りてこう問うことができる。この種のシステム〔主観性の特徴は備えているが、人間にあるような脳の大規模動的特性はもたないシステムとして存在する生物〕であるとはそのようなものであると感じられるような何か、は存在するのだろうか？　そんなシステムは経験をもつことができるのだろうか？

　なるほど、このシステムが知覚し、行動するとき、その中では「何か」が起こっている。主観性の概念的特徴を備えたシステムなら、どんなものであれその内部ではたくさんのことが起きている。そういった事象は「経験的」なものだろうか？　これは次にすべき質問に思えるが、それで何を聞いているのだろう？　そのシステムが、私たち〔人間〕の中で起きることの弱いバージョンを経験しているかを尋ねているのかもしれない。そうであれば、答えはおそらくノーだ。結局のところ、いま検討中のシナリオでは、私たちとそのようなシステムとのあいだには大きな生物学的差異があると想定している。ゆえに、そんなふうに問うても事態は打開されない——求められているのは、人間のケースにあまり縛られない質問だ。

では、その生物に視点はあるか、多少なりともそのように思えるかといったことを尋ねるとしよう。この場合の答えはイエス――つい先ほどそのシステムには第5章で検討した主観性の概略的特徴が備わっていると述べたのと同じ意味の「イエス」だ。

この二つの問いの中間に位置する問い方は可能だろうか。ここで私の頭に浮かぶのは、実在感（プレゼンスの感覚）についての質問だ。もっとも、その感じはどんな類の経験にも必要というわけではない。多くの人は続いてクオリアについて尋ねたがるだろう。すなわち、私たちが想像している生物はクオリアをもっているだろうか、だ。仮にこのクオリアが色面のようなもの――クオリアについて質問する場合に人々が通常考えているもの――でなければならないとしたら、私たちはまたもやこの比較を自分たちのケースに近づけすぎている。そして、「そうであることがそのようなものであるような何か」が存在するかどうかを尋ねるとすれば、私たちは振り出しに戻ったことになる。私たちがいま使っている言葉は、ここできわめて重大な質問をするのにはどうも十分でないようだ。しかし、より適切な用語を考え出せば問題が解決するとも思えない。私たちはいま、あらゆる不確実性が錯綜する藪の中にいる。

藪の中とはいえ、前には進んでいる。先に、主体として世界とかかわるが、私たちの脳に見られる大規模動的特性を欠く生物であるとはどのようなことかという問いを示した。では、この逆の場合はどうだろうか。適当な大規模動的特性を備えていながら、主体として世界とかかわることはない生物では？　これはある意味不可能だ。というのも、ここで述べている動的特性は、これまでの章で議論した機能を実際に使っていく方法の一部をなしているからだ。そういった機能を一切使わない生物を想像するとすれば、その生物には大規模な動的特性も備わっていないだろう。[46] あるものが単にリズムと電磁場に満ちた物理的なシステム――たとえば自動車のエンジン――であるときに、それが思考や経験をもっていると考える理由はまったくない。そんなものが経験をもつと想定するのは、電気的特性を何かしら心的なものとして扱うという誤りに再び陥ることだ。電気的特性それ自体は心的なものではない。同様に、意識をもつ心とは、その活動が並外れて密に束ねられている、あるいは活発に活動できるように結びつけられているだけのシステムではない[47]。そんなアプローチに魅力があることは否定しないが、考え方の筋道としては間違っていると思う。

もっとも、ここで検討している複数の要素どうしの正確な関係ははっきりしないし、可能性はいくらもある。本章で何度か登場した神経科学者ロドルフォ・リナスは、この領域で独自の提案をしている[48]。リナスによれば、意識そのものは夢のような状態であり、それは脳の活動におけるリズムやループ、共振によって生み出される。ただし通常の意識は、その状態に感覚がどれだけ割り込み、調節を行うことが許されているかという点で、夢を見ることとは異なっているという。これは脳の大規模動的特性に大きな比重を置き、主体と世界とのかかわりをあまり重視しない考え方だ。リナスとまったく対照的なのは、同じく神経科学者であるビョルン・メルケルの立場で、私が述べたひとつめの要素についての見解は彼の影響を受けている。メルケルは、脳で見られるリズムの一部、たとえばクリックやコッホらが論じている四〇ヘルツのリズムなどは、少なくとも「認知的」側面――思考や知覚、世界の理解――においてその重要性がひどく過大評価されていると主張してきた。メルケルはむしろ、これらのリズムは脳の活動をバックグラウンドで維持する上で重要なものではないかと考えている[49]。つまり、スムーズに活動を進め、発作などの暴走が不意に生じることを防いでいるというわけだ。脳の大規模動的特性は、異なる動物、異なる進化の段階によってさまざまな役割を担っているかもしれない。「利口さ」の次元で大したことはしていなくても、ものごとの感じ方には影響を及ぼしているのではないだろうか。

再び西オーストラリア州、ジンベエザメが生息する熱帯の青海原でダイビングをしたときのことだ。私はサンゴ礁に沿って深い割れ目がたくさん走っている場所に案内された。そこでは緑がかった銀色に光る小さな魚がものすごい速さで泳いでいた。何千とも知れない無数の小魚が続々と隙間を通り抜けていく。何か目的があってそうしているように見えたが、全体としての動きはなく、好き勝手に何度も行ったり来たりしている。高速の溶岩流とも言えそうながら、流れの方向は何度も変わっていた。地元の人はこの魚を「グラスフィッシュ」と呼ぶ。遠くから眺めると、確かに緑色を帯びた銀の光沢はガラスのようだ。だがすぐ近くからは、さまざまな動きが見て取れた。

そこに、何十匹、ひょっとすると何百匹という大きな魚が襲いかかっていた。メタリックシルバーのシマアジや小型のオニカマスなどだ。大きな魚たちの体形が優位なことは歴然としていたが、同時にその弱みもはっきりとわかった。大きな魚はグラスフィッシュの群れに突っ込んでいく。ただし、突進すればその小魚の群れはばらばらになる。それは即座に起こるか、あるいは大きな身体が流れに届きそうになった瞬間に起こるので、獲物を狙っていた魚は何もない空間に放り込まれるのだった。大きな魚はときどき身体全体を横向きにして、流れに激しく――バシッ――打ちつける。思うにあれは小さな魚の何匹かを気絶させようとしていたのだろう。攻撃者が接近してくると、流れの中の魚たちはまるで群れ全体がひとつの物体であって、そのまわりに水が流れているかのように、一斉に揺れ動くのだった。

シマアジその他のミサイルのような魚たちには、ハクテンハタも数匹ついてきていた。身体全体に斑点があり、下顎が前に突き出て気難しそうな顔つきの魚だ。ハタにはシマアジのような敏捷性はないので、不満げな様子で辺りを泳ぎ回っていた。とはいえ、群れを追いかけていた魚たちに多少なりとも成果があったのかどうかは見極めづらかった。小魚の流れは黒っぽい一面のサンゴのあいだを行きつ戻りつしていたからだ。

そこで見られたのは、魚としてのじつにさまざまなあり方だ。スピードとパワー、遠隔的触覚による身体の感受性、そしてそれによって可能になる群泳。世界の大海原の片隅で、生と死のアクロバットが展開されていた。

8 陸上の生活

温室

ダイビングの終わりに水面から頭を出した途端、太陽が、ぎらぎらする日光が照りつけてくる。ゆっくりと身体を引き上げ、防波堤の階段を上りはじめると、三つのことがはっきりと感じられる。重力——器材が突然ばかに重くなる。蒸発——身体からしたたる水滴が黒っぽい岩に落ち、瞬く間に消えていく。それから、眼に入る強烈な日差し。

生命と心は水中で始まり、私たちの身体を構成するすべての細胞には海が宿っている。しかし、陸への移動はそれ自体がきわめて重要な節目だ。陸上での行動は勝手が違う。水中では簡単だったことが難しくなり、難しかったが楽にできるようになることもある。陸地は、言うなれば植物で飾り立てられた温室だ。太陽はほぼすべての生物にとって基本的なエネルギー源だが、陸上植物、とりわけ被子植物は海中のどんな生物にも勝る光合成速度をもち、陸上の生態系はエネルギーの流れがひじょうに速いという特徴がある。浜に上がってきたときの、太陽がエネルギーを「ぶつけてくる」というあの感じは錯覚ではない。陸地はエネルギッシュな期待に満ちている。そこで生き延びることができれば、さまざまな可能性が開けるのだ。

リーダー復活

日光の中に這い出ていった最初の動物は節足動物である。[1] 先陣を切ったのは今日私たちにもっともなじみのある昆虫ではなく、クモやヤスデの近縁種だったらしい。節足動物はカンブリア紀には動物たちのリーダー的存在だったようだが、ここに来て復活を果たしたことになる。

陸地の環境は厳しいけれども、節足動物はそこで役立つ特徴を備えていた。[2] 階段を上がるやいなや始まる蒸発に対して、節足動物の外骨格は水分を体内に閉じ込めるシールドとなることができる。陸上では運動がしづらくなるが、節足動物は脚に恵まれていた。歩脚や触角など、ありとあらゆる付属器官は節足動物を支え、陸上生活で有利な立場に〝立たせ〟たのだった。

クモやヤスデの仲間がこのプロセスを始めたといっても、それは発端にすぎなかった。節足動物はかれこれ七度、ひょっとするともっと多い回数にわたって陸上に移動した。[3] 現在「汎甲殻類」と呼ばれている節足動物の分類群は、第4章で取り上げた身近な甲殻類をはじめ、さまざまな種をひとつにまとめたものだ。汎甲殻類の構成種だけでも何度か別々のタイミングで陸に上がっており、そんな出撃隊のひとつ（時期については諸説ある）から昆虫が生まれ、新天地で桁外れの多様化を遂げた。今日知られている動物種全体のかなりの割合が、このひとつのグループ、すなわち昆虫に属している。

昆虫はほとんどの種が陸上で生活し、その歴史の大半は陸上植物との共進化が占める。昆虫と植物という二つの大きなグループの関係を特徴づけるのは、さまざまな形の協調と対立だ。私たちはなぜか植物を古くからあるものと思いがちだが、じつは本書で取り上げてきたたくさんの動物にくらべれば、それほど古いわけではない。陸上植物は緑藻（海藻に似た多様な生物の一部）から生じ、独自に多細胞化した。おそらく、カンブリア紀が終わって間もない頃に、そのような新しいタイプの藻類が陸上に進出しはじめ、およそ三億五〇〇〇万年前の石炭紀までには、緑色で丈夫な構造をもつ植物が見られるようになったと考えられている。この段階で発達した植物としては、シダやソテツ、針葉樹（球果植物）があり、その後恐竜が繁栄する時期には被子植物が出現した。

陸上植物の中でも、被子植物は海洋生物をはるかにしのぐ効果と効率で太陽のエネルギーを利用している。(4) 昆虫は、このエネルギーの流れに〝乗る〟だけではなく、陸上植物がその特色を進化させていくプロセスにしっかりと組み込まれていった。昆虫は植物を食べるが、同時に花粉の媒介者ともなり、被子植物が生きていけるようにしたのだった。

このように過酷ながら豊かな環境における昆虫の生活は、一風変わった生存様式を生み出した。海生の節足動物は身体の内外に精巧な工夫を施している。一方で陸生の節足動物は、ユニークな身体をもっていないわけではないが、むしろライフサイクルの面で大胆なイノベーションの可能性を探ってきた。たとえば極小サイズで寄生性のダニの場合、卵は母親の体内で孵化し、多数のメスと一匹のオスが生まれる。オスはそのまま自分の姉妹と交尾するのだが、母親が死ぬとメスはその身体を食い破り、妊娠した状態で外に出てくる。またカイガラムシでは、メスは陸地にいるのに固着性でまったく動かない形態のようながら、オスには翅があって飛ぶことができる（しかし何も食べず、羽化して数日で死んでしまう）。ほかにもあるが、こういった型破りのスタイルは、高い繁殖力を実現し、なおかつ一時しか手に入らない食物源を最大限利用するための方法だ。昆虫の生活は、おびただしい数の「ほぼ即死」と切り離せない。

昆虫の多くは驚異的なミニチュア化に成功しているが、複雑な行動と認知の面でも離れ業をやってのける。ハチは特に優れた例だ。学習能力に関して言うと、ハチは動物の中ではじつに珍しいやり方で抽象的な関係を理解できる。その妙技には相当に込み入ったものもあり、簡潔に説明するのは難しい。[5] 二〇一九年のある研究では、Y字路に送り込まれたミツバチに対して、入り口のディスプレイに青色のサンプルが（たとえば）三つ表示されていれば、次の部屋でサンプルの数がひとつ多い（この場合は四つ）表示を選び、入り口のサンプルが黄色ならひとつ少ない（二つ）表示を選ぶようにする訓練を施した。ミツバチはこのルールをかなりうまく学習できたという。

前章では魚類の例を見たが、ハチはほかの個体の行動を模倣することで学習ができる。さらに、マルハナバチは、ある空間的配置が好ましいことを匂いによって学習すると、それを手がかりとして、視覚的に提示された情報から同じ配置を選ぶことができる。ハナバチは草食で高度に組織化された社会で生活しているが、こういった例から、昆虫たち（往々にしてハナバチよりは無秩序な一生を送っている）にはどんなことができそうかがわかる。

ハチの行動でもっとも印象的で美しいものといえば、物理的な造巣活動だろう。[6] これはたいへん古い実験でも示されている。一八一四年頃、［スイスの博物学者］フランソワ・ユーベルはミツバチの巣づくりについての観察を行った。ハチはミツロウ［働きバチの腹部にある分泌腺から分泌される蠟で、ミツバチの巣の材料］が付着する表面でハニカム構造をつくり、ガラスの土台は作業がしづらいために敬遠する（ユーベルは、ハチの巣箱に入れた観察用のガラス板に巣がつくられないことに気がついた）。ガラスにぶつかりそうになると、ハチの巣はそこから変わった形になるのだ。ユーベルによるある実験では、ハチが壁に向かって巣作りを始めたあと、まだ一定程度離れている時点でその壁にガラス板を取り付けた。するとハチは進む向きを変え、優美なカーブを描いて巣の構造が木の面に接するようにしたという。

ハチは時にタコと比較されることがある。無脊椎動物の認知能力コンテストといったところだろうか。ハチの脳はタコにくらべるとずっと小さい――一立方ミリメートル――が、そこには大いなる複雑性が詰め込まれている。もっとも、コンテストという言い方にはあまり意味がない。ハチとタコは生活はもちろん身体の構造が異なっているし、行動に関する問題や課題に直面したときの反応もまったく違う。ハチは論理抽象化と精巧な構造構築の王者（より正確を期すなら「女」王者）だ。ハチの生活は各個体に特定の役割が与えられ、すばらしく統制がとれている。あるハチの研究者が教えてくれたのだが、ハチの行動についてこれほどたくさんのことが知られている理由のひとつは、ハチは実験者がしてほしいことをきっちりする、学術誌の編集者が望みそうな具合に同じ行動を何度となく繰り返すからだそうだ。そうしながら新しいオプションを探し出すこともできる（と別のハチ研究者が言い添えた）のは、ハチの利口さの一端なのだという。[7] 実際、ハチはタスク指向性がかなり高いが、これはハチミツを確保しコロニーを維持するという生活様式を考えれば納得できるだろう。タコはまるで違うタイプの生き物だ。数年前、ヨナス・リヒターと共同研究者らは、タコを問題箱に入れて二つの行為を順番に行う（押して、そのあと引く）ことを学習させた。[8] これができるようになったタコもいた――実験は成功だった――が、成功した行動は膨大な量のランダムな腕の動きの中に組み込まれていた。すったもんだする中で、順番通りの行為がうまくなったということだ。この課題の論理的側面とハチが使いこなせる能力とがどのように関連するのかはよくわからないけれども、ハチとタコはそれぞれにまったく異なる方法で作業の手順を習得したとは言える。つまり、ハチは脳での計算、タコの場合は辺りを探る巧みな操作によって、その場を切り抜けているのだ。

ハチの行動は、動物の基準からすればノイズや混乱が比較的少ない。一方でタコの行動はノイズと混乱を除けばほとんど何も残らないが、そんな状態であってもタコはどこかでものごとを片づけている。タコの行動様式はテッド・ヒューズの詩「ウォドウォー」Wodwoを思い起こさせる。ウォドウォーとは、自分の存在と行為を理解しようとしている架空の動物の名前だ。ヒューズはこの詩の後半、私には陸上に棲むタコのように思える生き物の内面を描写する。それはまわりに注意を向けてはいるが、どこか錯乱した探究者の姿だ（「……わたしを留めつける糸はなく、どこにでも行ける。自由を与えられたと見える。ここで、わたしはでは何だ?……」）。

感覚・痛み・情動

昆虫は、陸上に限らず、地球上でもっとも数が多い動物だ。経験の進化の物語において、昆虫はどのような位置を占めているだろうか。

昆虫の意識というのは難しい問題で、同時にかなり悩ましい問題でもある。[9] 昆虫の中で「何か」が感じられている、何にしろ経験的なものが存在すると考えることは、多くの人にとっては相当なゲシュタルトシフトにつながるだろう。そこで害虫駆除による殺戮や、昆虫の通常の生活の中で無数の命が奪われていることを考えると、動揺を覚えるかもしれない。ここは、「意識（を有する）」という言葉にも問題があるように思えてくる段階だ。人々はふつうこのテーマを「昆虫に意識はあるか?」という切り口で検討する。しかし、本書で私たちが問いたいのは、少なくとももとっかかりとしては、何らかの〈感じられた経験〉が——おそらく最小限（ミニマル）の形で——生じているのかどうか、にすぎない。

本書の前半では、エビやヤドカリなどの甲殻類について考察した。甲殻類の中にはおそらく経験をもつものがいるはずだ。昆虫は甲殻類と同じ系統樹の枝から出た、つまり甲殻類と共通の祖先から派生し、主に陸上の生活に適するように進化したグループだ。デザイン的にも両者はかなり似ている。もっとも、そんな関係があるからといって問題が解決するわけではない。昆虫は独自の道を歩んできたからだ。

多くの昆虫は感知の感覚 sense の面ですばらしい能力を備えている。[10] 優れた視覚をもっているし、飛ぶこともできる。飛ぶというのは、行為と感覚のあいだでとりわけ複雑な、視点に通じる種類のフィードバックをともなう行動だ。ここで、経験のもうひとつの側面に目を向けてみよう。痛みや快感といった感情の感覚 feeling についてだ。哲学者は視覚にこだわるが、最近の哲学にどっぷりと浸かっていない人が動物の経験の基本形について考えるとき、まず思い浮かべるのは痛みと快感ではないだろうか。昆虫は、こちらの面ではどうなっているのだろう?

その様相はまったく異なる。三〇年以上前のことになるが、オーストラリア・クイーンズランド大学のクレイグ・アイゼマンらのグループは、昆虫は痛みを感じないと論じた。[11] 既知の昆虫はすべて、自分の身体のダメージを――相当に深刻なものであっても――一切気にしないように見えるというのがその理由だった。昆虫では負傷した部位を保護するような振る舞いは決して見られない。どこかを損傷しても、すべきことを（できるだけ）それまで通り続けるだけだ。初めこそ手足をばたつかせたりするかもしれないが、その後はやりかけていたことを再開する。

この意見に対するひとつの応答は、ゲシュタルトを元のように切り替えて、昆虫はそもそも経験〔をもつ存在〕の領域外にあると結論することだ。しかし、それは早計というものだろう。経験が複数の形に分かれている可能性もある。私はこれを「感覚的」経験と「評価的」経験と呼ぶことにしたい（感覚的意識／評価的意識と呼ばれることもある）。

感覚的経験は、知覚と視点のほか、周囲のできごとを感じ取ることにかかわる。また評価的経験は、痛みや快感・不快感、何らかのできごとについて善し悪しの区別をつけることに関連している。いずれも、当の動物にとってどのように「感じられる／思われる」かをともなうものと説明できる。ある状況は感覚的な側面（寒くなってきた……）だけでなく、評価的な側面（……から、これはどうもまずい）でも特定の感じを与えることがあるという意味だ。私たち人間の経験には両方の要素が含まれているし、ほかのさまざまな動物でも十中八九そうだろう。だが、ひょっとするとこの二つがばらばらになる場合もあるかもしれない。どちらか片方だけというケースはないだろうか？　本書ではこれまでのところ、ほとんどの文脈で感覚的側面と評価的側面をひとまとめに扱ってきた。しかし、ここからはもっと詳しく見ていくべきだろう。

経験について感覚的な側面と評価的な側面が明確に区別できるという考えは、この分野における哲学のパズルに影響を及ぼす。[12] 先の章では、物理的な存在としての生物を想定するが、その生物の主観的経験は「スイッチがオフ」になっているとする思考実験を取り上げた。この思考実験は平易で無理がないので、それこそが唯物論にどこかおかしな点があることの表れだと考える人もいる。本当にそのようなことが示されているかはともかく、経験の感覚的側面と評価的側面の違いを踏まえると、新しい疑問が生まれてくる。経験のいずれか一方の側をオフにし、もう一方をそのままにしておくことはできるものだろうか？評価的側面をオフにすることは簡単そうに見える。その場合、動物は単調（フラット）な、ロボットのように起伏のない性質をもつことになるのだろう。しかしじつは、それすらはっきりと見定められるものではない。単調であること自体が評価の表れかもしれないからだ。それでも、感覚経験をもつ生物において、評価が「欠如」している可能性を想像することはできると思う。逆の想定〔評価的経験をもつ生物が、感覚的経験を欠いている想定〕は、そう簡単にはいかないのでは？　私たちが昆虫その他の動物について、意識はもっていないが複雑なことをやってのけると想定するとき、本当に感覚的側面もブランクの状態だと想定しているのだろうか？　映画で複雑なロボットを見ると、私たちは被害妄想的に評価的側面の単調さを想像して不安

を覚えることがあるが、そのくせ私たちが想像するそれらのロボットは往々にして明確な視点を備え、豊かな感覚経験をもっているものだ。

私たちが感覚的経験と評価的経験を想像するときのこういった違いは、さらなる哲学上の帰結を示しているようにも見えるかもしれない。もしかして、この問題の本当の難しさは評価的側面、すなわち「物理的なシステムがどのように痛みや快・不快を感じることができるのか」という点にあって、感覚的側面は大した問題ではないのだろうか。そしてたぶん、バクテリアやカイメンが周囲の環境を確かに感知していることからすると、これらの生物は感覚的経験をもっているはずだ――ある状況はこれこれのように感じられるという感覚はある――が、それはその状況の善し悪しを感じられることを示すものではないのだろう。……と、このように話が運ぶなら問題全体が根本的に変わるのだろうが、しかし私が思うに、それは間違いだ。カメラや電話、サーモスタットは特定の状態を「感知」できるが、だからといって何らかの経験をもっているということにはならない。一方、生物の経験の感覚的側面は、評価的側面同様、確かに心身問題の謎を提起している。

感覚的／評価的という経験の区別を念頭に、昆虫その他の生物を詳しく見ていこう。第4章では痛みについての概念をいくつか紹介した。侵害受容とは、ダメージの検出と、それに対する反応行動が起ることだった。動物一般に広く見られるが、単なる反射と解釈される場合もある。このため、〔侵害受容であると判断するには〕反射以上のマーカー、感覚に結びついていそうな反応を探ることになる。[13] 手がかりになりそうな反応としては、①損傷部の保護や手当てをしようとする、②鎮痛性物質を求める、③特定の行動や状況を避けることを学習する、④選択した状況におけるトレードオフ、すなわち、動物がある経験のデメリットをほかのコストや利益とはかりにかけていると思えるような行動（第4章でヤドカリによるトレードオフの例を取り上げた）などがある。これらはすべて、痛みあるいはそれに近いものを感じていることを調べる行動テストとみなされる。

こういったテストを考慮して昆虫を見直してみると、昆虫が実際にパスするテストは学習を含むものであることがわかる。中には、過度の高温にさらされるような状況を回避することを学習できる昆虫もいる。だがそれでも、昆虫が傷の手当てや手入れをしている様子は観察されていない。つまり、昆虫は痛みを感じないという例の古い論文の主張はまだ有効なのだ。すでに触れたように、甲殻類では手当てと言えそうな行動が見られるし、タコもそんなことをする。（アイゼマンと同じくクイーンズランド大学所属の）ジュリア・グルーニングらのチームは、ミツバチが身体に軽い傷を負った場合に鎮痛薬を求めるかどうかを調べることにした[14]。この種の試験はニワトリその他の動物では実施されており、痛みを感じていることのかなり有力な根拠となり得る。ミツバチは相当に利口な動物で、クリップではさまれたり、脚を切断されたりした場合にモルヒネを欲しがるかを確認することには価値があると考えられた。実験の結論としては、ハチはモルヒネを欲しがらなかった。報告の行間を読むと、グルーニングらはこの結果にいささか驚いたようだ。

そんな結果を踏まえれば、昆虫は豊かな感覚的経験をもっているが、評価的経験はずっと少ないか、あるいはまったくブランクの状態であるという見方にさらに近づいていく。しかし、これを背景にして、もうひとつ別のタイプの研究を見てみよう。評価的経験に注目するなら、私たちが模索すべきは痛みと快感にとどまらない。「情動」や「気分」など、ほかの候補も検討する必要がある。これらは痛みほど激しく具体的な（あるいはそうなり得る）ものではないが、より長く続く状態であり、〔行為に関する〕あらゆる種類の決定に影響を及ぼす。たとえば恐怖や不安はそういった状態の例だ。もっとポジティブな感情も該当するのだが、主な研究対象となってきたのはネガティブなものだった。これらの状態は、いまでは昆虫その他の無脊椎動物でかなりはっきりと確認されるに至っている。この研究は動物の経験の評価的側面について新しい見方を開いたわけだ。

テキサス大学のテリー・ウォルターズは、「侵害受容感作」と呼ばれる、恐怖に似た状態を長年にわたって研究している。[15]これは、ダメージを受けたあとに感受性が高まり、痛み以外のさまざまな選択や刺激に対する動物の反応が変化することだ。このとき動物はあらゆることに警戒心を抱くようで、慎重な態度は場合によって数時間から数日、あるいは数週間も続くことがある。同じような情動に近いものがうかがえる状態は、メリッサ・ベイトソンらが行ったミツバチの研究でも観察された。[16]この研究では、〔巣を〕揺さぶられたハチには一種の悲観主義が誘発されることがわかった。ミツバチはまず報酬となる（よい）刺激と罰となる（悪い）刺激を覚え、そのあとで両者の中間に位置する曖昧な刺激が与えられる。すると、その刺激を最悪の結果をもたらすものとして悲観的にとらえるような傾向が見られたという。なお、ポジティブな面について述べれば、ハチには陽気で明るい感情をもたせることもできるようだ。ラース・チッカの研究室に所属するクウィン・ソルヴィらは、マルハナバチに予期しない報酬を与えると、ベイトソンの実験で引き起こされた悲観的な気分とは逆の効果を生じることを示した。楽しい気分、機嫌のよさは魚類でも確認されている。

これらはかなり説得力のある研究だ。この実験における動物の反応は反射とはまったく違い、動物がしているあらゆることに統合されている。動物は、言うなれば身体全体でポジティブ（あるいはネガティブ）な状態に入るようだ。評価的経験に関するほかの議論としては、すぐに起きる反応と学習の区別を軸にしたものがある。[17] 刺激の直後に見られる行動は急激な痛みを示すものかもしれないが、反射の可能性もある。一方、学習はもう少し高度な機能の表れと考えられる。ここで述べている情動のような状態は、時間スケールではこの二つのあいだに位置する。痛みのショックよりも長く続くが、学習ほどには持続しないものだ。この中間の時間スケールに注目すると、経験の存在を示す根拠はすこぶる強力だと言える。

さて、ここまでのことをどう理解すべきだろうか。可能性の高いひとつの解釈としては、アイゼマンらの「虫は痛みを感じない」という論文は誤りで、昆虫の痛み、あるいは痛みにかなり近いものは、初めのうちは見えないが実際に存在し、その影響は広範囲に及んでいるということが考えられる。あるいは別の解釈として、昆虫はダメージを受けたときに痛みに類似した経験はもたず、しかしながら気分や情動のようなものを感じている可能性もある。昆虫の一生は短く、生活のパターンも決まっているので、進化はそれにあわせて経験の特徴を一部抑制し、変更したのかもしれない。また、私はここで痛みと情動は別物だと想定しているが、これも疑わしいところがないわけではない。情動に近い状態をハエで調べた最近の論文によると、ハエに見られるのは人間で言えば慢性痛のようなものではないかと述べられている。よく知られている人間の「痛み」の分類を昆虫の生活にそのまま持ち込むべきでないのは確かだ――情動や気分、痛みなどは、これまでに知られていない方法で互いに溶け合っているのではないだろうか。もしかすると、昆虫にとって自分の身体とは車両のようなもの（脚を一本失うのは、タイヤがパンクしたりフロントガラスが壊れたりするようなこと）で、それでも何か問題が発生すると身体全体で違和感を感じ、その〝感じ〟が行為の決定に影響を及ぼすのかもしれない。

何が起きているのか基本的なところだけを理解しようとしても、興味深い観察結果や不可解なヒントには切りがなさそうだ。ジュリア・グルーニングらによるミツバチとモルヒネの研究では、脚にきついクリップをつけられたハチは、モルヒネを摂取しようとはしなかったが、明らかにそのクリップを外そうとする動きを見せたという。「しかしながら一部の個体では、クリップを踏むようにし、おそらくそれを取り外すためだろうが、ほかの脚で押し下げる様子が観察された」。この記述は論文では一瞬で読み飛ばしてしまうが、何だか示唆に富む指摘であるように思われる。私たちの想像力に訴えかけ、ハチの小さな心に思いを馳せさせるからだろう。脚をクリップではさまれることは、ミツバチにとってそれまでに経験したことのない問題だったはずだ。いや、もしかするとそうではなくて、ハチは脚に何かが自然にくっつき、樹脂で固まると、同じことをするのかもしれない。しかし、観察された行動が即興のものならむしろ人間に近いと言えるし、ミツバチという存在の一端が表れていると見ることもできるだろう。

多様性

情動に近い状態は、昆虫にも、そしてここまでのページに何度か迷い込んできたもうひとつのグループ——腹足類——にも見られる。腹足類とは、ナメクジやカタツムリなどが属する分類だ（第3章に登場したガウディの建築物のような裸鰓類の動物、ホクヨウウミウシもここに含まれる）。無脊椎動物における情動や気分の研究は、これらの動物から始まった。

腹足類はタコと同じ軟体動物だが、神経系を構成するニューロンの数は、ハチの百万個、あるいはタコの五億個にくらべれば、数万個と少ない。眼の構造もハチやタコよりずっと単純だ。ただし、腹足類には精巧な味覚や嗅覚の仕組みが備わっている。私は海中で長い距離を進んで接近し合うウミウシを見たことがある。ずいぶんと時間はかかったが、でこぼこの海底と押し寄せる潮流にもかかわらず、それはいずれもきわめてまっすぐな道だった。

すでに見たように、昆虫は優れた感覚と、いまだ説明しがたい評価力をもっている。腹足類ではこの組み合わせが反対になっているのかもしれない。その可能性を説明する一場面を収めたビデオがあるのだが、これは私がダイビングをしている場所でよく潜っているダイバー、スティーヴ・ウィンクワースが撮影したものだ。[18]「ミスガイ」は半ばナメクジ、半ばカタツムリというような見た目で、美しいひだをもち、光を発する軟体部の上に小さくカラフルな殻が乗っている。ビデオでは、岩礁の上を移動していたミスガイが、ワレカラの大群の中に入ってしまう。ワレカラは第4章で出てきたが、鋭い爪をもつごく小さな節足動物で、ふだんはコケムシの群体に隠れて生息している。ただし、ときどきびっしりと群れをなして一面を覆うことがあり、ビデオのミスガイが突っ込んでしまったのも、そんなワレカラたちが腕を振り回し、大挙してつかみかかってくる場所だった。ワレカラにはさみで襲いかかられると、ミスガイはたじろぎ、おびえたように身体を縮めたあとで、ぎこちなく退散しようとした。ミスガイには何が起きているのか見当もつかなかったと思う――そんなことができる眼ではない――が、何が起きているにしろ、それはまずいことだったわけだ。

同じダイビングスポットの浅瀬で、何度かゾウアメフラシを見かけたことがある。いわゆるウミウシの仲間だが、ほかの腹足類と違って格段に大きい。私が見た中で最大のものは体長七〇センチもあった。このアメフラシは、活発な状態のときにとても変わった動き方をする。身体の前半分を下げると同時に後ろ側を上げ、続いて前側を起こして後ろを下げることを繰り返すのだが、これがよりにもよって馬のギャロップを思わせる動きなのだ。「前半分」と言ってもアメフラシの場合は顔の部分なので、そもそもふつうのギャロップではない。背中に小さく羽根のようなものが二つ出ていて、ペガサスの軟体動物版という格好だ。私はアメフラシが単純な神経系をもっていることは知っていたが、目の前を（顔を伏せて）ギャロップで駆けていくところを見ると、何らかの経験をもっていると考えずにはいられなかった。そこで思い出したのはダニエル・デネットの言葉だ。(19) デネットはかつて、私たちが人間から遠い動物を観察するとき、その動物の「行動におけるテンポやリズム」に大きく影響されると指摘したのだった。動物の動きが極端に遅かったり、鈍重だったりする場合、その動物を意識のある存在とみなす考えはなかなか浮かばない。動物が「私たちの」ペースで動きはじめ、人間のスケールの反応性や動作の計画性が見られるようになって、ようやく違ったとらえ方をするようになるということだ。ゾウアメフラシの神経系は、これも水中で見かける無数のごく小さなウミウシの神経系と共通している。ミニサイズのウミウシを見ても、腹足類の立場になったら、などと考えたことはまずなかった。それが、ゾウアメフラシのサイズにスケールを拡大し、のろのろと這う代わりにギャロップでぐんぐんと進ませるだけで、突如としてその動物の中には経験がほぼ間違いなく存在するように思えてくる。あるいは、少なくとも存在すると考えることにあまり無理がないような気がしてくるのだ。

私たちはここで、「主観性の多様性」のイメージをつかみつつある。すなわち、一個の動物の生活様式と外界の状況に適応する、主体としてのあり方が幾通りも存在することだ。ある動物は感覚的な側面で高度に複雑な能力を備えているかもしれない——飛んだり、獲物を追いかけたり、着地したりする——が、目的は単純かつ明確なので次に何をすべきかという問題を処理する必要はほとんどなく、身体にダメージが生じても、それはタイヤのパンク程度のことで、特に不便は感じない。昆虫の場合、成虫の段階は、動物学者アンドリュー・バロンの言葉を借りれば「使い捨ての生殖マシン」とみなされがちだ。昆虫の身体は傷の治りが悪い上、生活の大部分はぎっしり詰まったスケジュールで動いているため、（もう一度バロンの表現を引くと）傷を負った部位を保護あるいは手当てしようとしても何にもならない場合が多い。けがなどものともせずに、ひたすら「頑張り続ける」べきだからだ。このようなとき、鋭い痛みの感覚はほとんど使い道がないというか、昆虫にとってはまず役に立たない。昆虫に備わった数々の特徴が甲殻類の祖先から受け継がれたもので、そこに痛みを感じる能力が含まれていたとすれば、これは陸上における進化の過程でゆっくりと消失していったのかもしれない。

テリー・ウォルターズが述べているように、腹足類では痛みに関連した行動がよりはっきりしているし、私なら、そんな行動とセットになっている感覚もはっきりしていると付け加えるところだ（ウォルターズは〈感じられた〉こと〔すなわち〈感じられた経験〉〕の側面に言及することに慎重だが）。腹足類は敏感ながら傷の治りはよい軟らかな身体をもち、寿命は一～二年というものが多い。腹足類の動物が何かのきっかけでダメージを負ったとすると、さらにけがをすることを防ぎ、傷を癒やすために身体を休めて状況の立て直しを図るのは理にかなっている。海生の甲殻類では数年どころではなく数十年に及ぶ寿命をもつものもあり、多くの昆虫に見られるような生活スケジュールにおけるジャストインタイムの組織化は一切されていない。その意味では、甲殻類では痛みを感じることもいっそう理にかなっている。

主観性にはタイプによって大きな違いがあるという考えを受け入れると、興味深いケースは昆虫と腹足類に限らないことがわかる。サメやエイは、ほかの魚類にはある侵害受容器が存在しないらしく、痛みを感じないことを示唆する行動も確認されている。[20] このグループの魚は、たとえばアカエイの尾棘（びきょく）〔文字通り尾についているトゲのことで、毒をもつ〕にも驚くほど無頓着だ。哲学者のマイケル・タイが指摘したように、サメはこの点では昆虫に近いのかもしれない。これまた昆虫と同じだが、実際サメでは強化による学習をはじめ、感覚と評価に関連する行動も見られる。第7章ではクリーニングステーションにやって来るメジロザメについて触れたが、このサメたちは小さな掃除魚に噛まれると明らかに身体を震わせる——気がついていないわけではなさそうなのだ。なお、オーストラリア・マッコーリー大学に所属し、サメ関係のことで私が意見を仰ぐクルム・ブラウンは、サメは痛みを感じないという説をまったく信じていない。

マスのような硬骨魚の場合、痛みだけでなく快感も感じていることを示すエビデンスが多数ある。クリーニングステーションでは、自分の鰭を使ってお客の魚に一種のマッサージを施す掃除魚がいる。マッサージで寄生虫は取り除けないし、ほかに何か明らかな効果があるわけでもないのだが。マルタ・ソアレスらが行った（二重の意味で）おもしろい実験では、クリーニングステーションに似せた人工装置の中で、動くモデルからマッサージを含めた〝クリーニング〟のサービスを受けた魚は、マッサージを受けなかった魚にくらべてストレスホルモンの濃度が低くなることがわかっている。[21]

本章では、神経系がごく小さいために、経験をもつ主体の候補にはなり得ないと考えたくなるような動物にも遭遇した。私の議論はいっそう単純な動物たちの中に分け入る方向に進んでいるようだ。あるところでとにかく一線を引く必要が出てくるのだろうか？　私としては「明らかにまだその段階ではない」と答えておこう。この点、私はカニをはじめとする甲殻類のケースの影響を受けている。経験に関する限り、多くの人は甲殻類がそこに「仲間入りしてくる」など考えられないと思っていた。だが、私たちは甲殻類の能力を見くびっていたのだ。もしかすると、腹足類その他、多くの動物についても同じような過小評価をしているかもしれない。腹足類はよく実験動物として使われる。それは構造が単純で扱いやすく、さらに言えば研究倫理審査委員会の注意を引くようなこともあまりないからだ。しかし、この状況への困惑を口にする研究者も現れている。ロビン・クルックとテリー・ウォルターズが軟体動物に関するある文献レビューで指摘しているが、軟体動物と人間のあいだに相応の共通点があると考えられるからこそ、この動物を用いた実験に時間とお金が費やされているわけだ。[22] ところが、痛みその他の感覚について似たところがあればあるほど、そういった実験を行おうとするのは考えものということになる。クルックとウォルターズはそろって尊敬されている主流の研究者で、門外漢ではないし、学界や関係業界に批判的な立場をとっている人物でもない。そんな二人が、配慮や管理の必要性と麻酔薬の使用、そして実験に使用する動物数の削減を呼びかけたのだ。四〇年前にウミウシに関してこんなことを言ったとしても、たぶんばかばかしいと思われたに違いない。

エルウッドがヤドカリで行った実験と同じように、軟体動物の痛みや苦痛に関するこれまでの実験も、動物自身の立場からすればかなりの上首尾に終わったと言えるのではないだろうか。こういった実験がなければ、人々はほとんど何も考えずに大量の軟体動物を虐待し続けていたかもしれないのだ。今日、これらの動物における〈感じられた経験〉は少なくとも検討の材料になっているし、従来のやり方を変えようとする動きもある。だから、私はエルウッドの研究はやってよかったと思う。必要なヤドカリの数も少なくてすんだし、それほど手ひどい扱いでもなかった。同じ理由で、私は軟体動物の研究が行われていることも慎重に歓迎したい（ただし、こちらの実験は動物にとってのダメージがより大きくなりがちだが）。軟体動物を使った研究は主に人間の痛みを理解することを目的に実施されているという側面もあり、その分事情は異なる。もちろん、クルックやウォルターズと同じく私も、実験にあたって軟体動物にもっと配慮がなされるようになってほしいと思っている。

昆虫やカタツムリなどに感性の痕跡を認めたあとでも、次の問いはあり得る。[23]「それはすごいが、これはできる？」——新しい条件を設定し、それまでにクリアしたことを割り引くわけだ。質問を重ねるのは何らおかしなことではないが、私たちの理解がどれだけの道のりを歩んできたかを忘れずにいることは重要だ。たいていの人は、まずハチやハエをたとえば空飛ぶ小型ロボットに見立てたり、ナメクジを不定形で実体をもたない存在だとみなしたりするところから始めるのではないだろうか。これを踏まえると、そんな動物たちが、わずかながら情動に似たものをもっているというのは驚くべきことだ。じつは、それが私たちの現在地なのだ。相当遠くまで来たということになる。だからといって、一八〇度の方向転換をして、昆虫やナメクジは私たちと変わらないのだから、私たちと同じように扱われるべきと決めようというわけではない。私たちは主観性の多様性という考え方を真摯に受け止める必要があるし、この多様性ゆえに実際的、倫理的な面でもさまざまに異なる扱いがあり得るのかもしれないということだ。

植物の生態

植物は本章の背景として重要な部分を占めてきた。ここで植物を日の当たるところに出し、本来の姿を見てみることにしよう。

生物の命と身体を支えるエネルギーはほぼすべて太陽に由来するが、それは光合成の過程で日光が利用されることに始まる。海中における光合成は、その過程を発明したバクテリアのほか、そのバクテリアを体内に取り込んだ微生物や藻類、さらにその生物を捕獲し共生するさまざまな生物で見られる。やがて、緑藻の一部がおそらくオルドビス紀に淡水生活から陸上へと進出し、コケ植物やシダ類、巨木に発展していった(24)。

植物と動物は細胞としての基本構造は同じだが、植物には光合成を可能にするバクテリアの名残がある。細胞レベルで共通点が多いとはいえ、植物は独自の進化の道を歩んできた。それは静止と生長に特徴づけられる。水と空気と日光を浴びながら、太陽のエネルギーを得るために上に伸び、同時に地中の水分を吸収するために下にも伸びていくことだ。

まったく違うやり方はなかっただろうか？　日光と水を求めてのろのろと動くことができる生物になった可能性は？　そのような生活には、異なったルートで接近できるかもしれない。いくつかの生物は、動物としての出発点からそちらの方向にある程度進んできた。藻類と協力したり、その一部を無断で借用したりして光合成をする動物は多い。大半は固着性だが（サンゴなど）、中には移動できるものもある。たとえば第3章で取り上げたウミウシの仲間の一部がそうだ。これらの動物はすべて海生で、太陽光はメインのエネルギー源ではなく、補助的な位置づけらしい。一方、植物から出発して動物に向かう道をたどった生物はない。私が知っている中でいちばん近いのはボルボックス（和名オオヒゲマワリ）だ。ボルボックスは淡水に生息する緑藻の仲間で、種によっては球状の群体を形成し、極小サイズの宇宙船のように光に向かって泳ぐことができる。移動と光合成を組み合わせた生活様式は多細胞生物では珍しい。移動がしづらい陸上で光合成をする道をいったん歩みはじめると、一か所にとどまって光を集める塔を建てるほうがメリットが大きいようだ。

植物細胞は感知と応答の手段を備えており、活動電位をもつことさえある。しかし、植物にはふつうの意味で神経系と呼べそうなものはない。植物の生活はペースがゆっくりで物理的な制約も多いわけだが、そんな中でも動きを活用する側面は確かにある。水の輸送量を変化させて各部の硬さを調節し、（私たちの目に見えるように）動かすことができるものも存在する。もっともよく知られているのはハエトリグサだろう。葉を閉じて昆虫を捕食する食虫植物の仲間だ。ただ、こういったケースはめったにないし、植物の味方をする人と植物の行動について意見を交わしてみると、彼らは必ず植物の「生長」も行為のひとつだ、時間はかかるが正真正銘の行為だ、とあなたを説得にかかるだろう。化学物質をつくることも行為に数えられるという。それが植物の流儀なのだ。

植物に詳しい人に「いちばん利口な植物は何か」と尋ねると、決まって返ってくる答えは「つる性植物」〔茎がつるとなって地面を這ったり、ほかのものに巻きついたりして生息する植物の総称〕だろう[25]。植物の場合、多くの〝行為〟は地面の下、根が周囲を探る動きの中で起こっている。ダーウィンはこれを見抜いていた[26]。彼は、日光を浴びている地上の部分ではなく、地下に隠れた根にこそ植物の「脳」と言えるものがあるのかもしれないと述べている。つる性植物で地表に露出している器官は、ほかの植物にくらべてずっと多くの判断を下さなければならないので、よく実験の対象になったり、びっくりするような低速度ビデオが撮影されたりするのは偶然ではない。植物の進化において、つる性植物は後発の存在だ。ほぼ全部が被子植物（代謝効率が高く、恐竜の時代に分化して針葉樹の仲間に取って代わったグループ）か裸子植物で、多くの場所に生育する。つる性植物は、植物として特に鋭い感覚をもっているように見える。まるで自分の細胞に潜んでいた活力、おとなしい祖先の体内にしばらく隠れていた能力を再発見しているようだ。

植物の内部では、化学的シグナル伝達も盛んに行われている。私が驚いた例をひとつ紹介しよう[27]。二〇一八年の研究によれば、シロイヌナズナという植物学の「モデル生物」として有名な小型の雑草は、イモムシが葉をかじったり、あるいは実験者が葉を裂いたりすると、周囲の葉に向けて素早くシグナルを送り、化学的防御の準備を促すことがわかった。このシグナルはある種の連鎖反応を介して送られるのだが、それは動物の体内で見られるプロセスと著しく共通している。シグナル物質として広く機能するグルタミン酸が一個の細胞から放出され、ほかの細胞のイオンチャネルに作用する。こうして、一枚の葉にダメージが加えられてから数分のうちに、少し離れたところにある無傷の葉が防御態勢を整えられるのだという。

さて、経験について展開しつつあるストーリーの枠組みに、植物はどう位置づけられるだろうか。動物で検討したことを参考にすると、いまのところ検討すべきテーマは二つある。ひとつは、生命活動から視点をもつ「自己」を形成すること、そしてもうひとつは、この自己の基盤となる、統合された神経系の活動があることだ。もしこれら二つが重要だとすれば、植物には重要なものがほとんどないということになる。感知と応答はでき、シグナルを使ったやりとりも多いが、それでは単純な形で〈感じられた経験〉をもつにもおそらく十分ではないのだろう。

ここには、植物とはどんなものであるかということも関係している。第4章では「モジュール体」という、基本単位が何度も繰り返された部分と一部独立した部分からなる生物について説明し、ヒトをはじめ、より統合された（「単一体」と呼ばれる）体制の生物と比較した。モジュールのデザインは、植物や菌類、そしていくつかの動物が歩んだ道だ。モジュール体の生物では個体の独立性が低く、一個の個体というよりも、むしろある程度までひとつの集団や群体と言える状態になっている。

植物については、このことは少なくとも一八世紀後半、ドイツの詩人であり自然科学者でもあったゲーテや、チャールズ・ダーウィンの祖父エラズマス・ダーウィンが生きた時代には認められていた。[28] オークなどの木の場合、一区切りの枝に葉が一枚と芽がひとつついたモジュールがいわば基本単位となり、それがたくさん集まって一本の木ができている。この見方は、枝を切り落としてもまた新しく生えてくることから容易に説明できるし、実際にはより広く植物全般の仕組みとしても当てはまる。ただし根は――おもしろいことに――地上部の構成のようなモジュールにはなっていない。

植物はある意味で、個体というよりも集合体（群落）のように機能する。ひとつのコミュニティの中ではシグナル伝達や調整が行われている。そこで「あなた」と「わたし」は密に連絡を取り合っているかもしれないが、まだ別々の存在だ。社会的相互作用によって「わたし」たちの主観性が合体することはない。特殊なケースでは、結びつきが密になるあまり二つの行為者間のコミュニケーションが溶け合い、新しい統一体の中での連携（インタラクション）が生まれるかもしれない[29]。それでも、シグナル伝達が存在するだけでは自己の融合は起きない。

植物は「ある意味」集合体のようだ、という言い方をしたのは、ほかのモジュール体の生物、たとえばサンゴにくらべると、植物は基本単位の境界が曖昧だからだ。しかし、ここ何章かで追ってきた動物に見られる「自己」のようなものは、植物にはあまりない。主観性とは自己として世界にかかわることであり、ものごとを「自分にとって」ある特定の形で見えるようにすることだ。植物の場合、あなた〔you〕のような「個としての自分」は少ない。植物は言ってみれば「彼ら〔they〕」、枝や若芽の集まりとしての「彼ら」であって、それが互いにシグナルを送り合っている。とはいえ、これも状況を単純化している。じつのところ植物は、ある部分は集合体で、ある部分は個体になっているからだ。

庭仕事で、草を刈ったり抜いたりするとき、茎を切ることは生命の集合体から一個の単位（ユニット）を引き離しているとみなすことができるが、その草全体を一個の生物だと考えて、そこから一部分を切り出しているとみなすこともできる。植物を扱う上で、このゲシュタルトの切り替えがあるのは当然だと思う。植物は動物のような形でひとつにまとまっていないけれども、私たちが生物全体について考えるときのモデルはふつう動物だ。生物学者ジャック・シュルツはかつて、植物は「とても動きの遅い動物」にすぎないと言ったが、私はこのような見方には賛成しかねる[30]。ただし、別個の生物でつくられる群体にくらべれば、〔一本の木、一本の草としての〕植物の結びつきは強い。動物に並ぶ独自の道で、植物は異なるタイプの構造を進化させてきた。植物には「自己」が少ないため、植物の経験を考える際の障害は神経系を欠いていることにとどまらず、植物という存在のしかたからくる違いにもある。植物では、行為者性の一部は細胞のレベルに、ある部分は茎（軸）やモジュールに、また別の部分は物理的な木全体に存在し、さらに場合によってはクローン（一個の種子から生じ、互いに根でつながった個体で形成される群落）のレベルにも存在することがある。

植物は神経系をもたないので、神経系が生み出す大規模な電気的パターンも見られない。なお、植物はさまざまな電気活動を行っており、新しい活動の形態が着々と発見されていることから、ここは多少慎重になるべきだろう。植物電気生理学の分野で今後さらに意外な事実が明らかになる可能性もある。[31] しかしながら、植物の中で電気的な「何か」が見つかっただけでは、経験をもっていることが示されたとは言えない。私たちの体内では、脳の電気的なパターンが統合されてひとつの活動状態をつくり出し、それは私たちが感知する事象によって修正されたり攪乱されたりする。植物に感情が備わっていることを示すには、植物中の電気現象について、そのような形の新発見がなされるべきということになるだろう。

植物が経験をもつという考え方はどこかとても人を引きつけるところがあり、わずかな形跡が見られただけでたちまち騒ぎになる。大きく、動かず、静かに立っている木が「経験する主体」であって、私たちがその周囲を走り回っているあいだに独自のペースでもろもろの処理を進めているというイメージは、何とも想像力をかき立てるものだ。じつは、私はカリフォルニアのセコイア林の中にしばらく住んでいたことがある。一九世紀にサンフランシスコの家々の建材を得るために伐採された地域だったので、近所に生えていたセコイアの木はだいたいどれも樹齢一〇〇年程度だった。そんな中で一度も切られていない数本はまさに孤高の巨木といったふうで、樹齢は何千年と言われていた。その前に立つと、私自身、動物のようなあり方で統合された個体を見ているのではないと理解はしていても、これらの存在が何世紀にもわたる時間に立ち会ってきたと思うとほとんど圧倒されそうになった。先に紹介したシロイヌナズナの実験では、ダメージに関して葉から葉への警告がなされることが発見された。このダメージの感知とシグナル伝達は、動物の基準からすれば単純なものだが、たいていの人はこんなことが起こっているなど思ってもみなかっただろう。新しい植物観につながる扉はこうして開かれた。とはいえ、〈感じられた経験〉について知りたければ、植物が周囲の事象を感知し、応答していることを示すだけでは不十分だ。それなら単細胞生物もやっている。だが植物は無数の細胞からなり、さまざまな化学物質を調製することもできるわけで、その内部ではバクテリアや原生動物よりも多くの感知と応答が行われている可能性もある。それに、「ほかより多いこと」は生物学では大きな違いを生むことができる。適切な「多さ」である必要はあるが。

　植物のような生物における感知とシグナル伝達の研究が進むにつれて、その体内で起きていることを説明するために、「ミニマル・コグニション」[32]（最小限の認知）という用語が導入された。ミニマル・コグニションとは、感知や応答をはじめ、おそらくは現在と過去とを結びつけて何をすべきかを割り出すこと（植物とバクテリアはこれができる）など、その生物の生命維持に不可欠な活動に対する情報の重要性を反映するような形で行われるすべてのことのまとまり、能力のセットのことだ。現在、菌類や植物、単細胞生物を含め、あらゆる細胞生物はこのいくらかができると考えられている。ミニマル・コグニションが生命そのものにとって絶対に必要な輸送（トラフィック）の往復運動と密接に結びついていることがわかる。

　ミニマル・コグニションの考えは空虚なものではない。どんなことにでも当てはまるわけではないからだ。たとえば、植物の根が水に対して示す反応を、小さじ一杯の塩と水による反応とくらべてみよう。根は伸びてゆく方向を変え、塩は溶ける。いずれも変化——いわば「応答」——と言える。しかし、植物の反応は物理的な必然としてただ起きること以上のものだ。それは植物の生命維持に不可欠な活動、存続と繁殖において水が担っている役割に応じて生じる変化でもある。植物の中にはホルモンや遺伝子が絡む経路が構築されており、水を検知するとこのような特殊な作用が起こるようになっている。一方で、塩にミニマル・コグニションの関与はない。

考えようによっては、ミニマル・コグニションをもつものは何であれ「視点」を有している。そうだとすると、ミニマル・コグニションは一種のミニマルな感性、ミニマルな経験を意味するのだろうか。認知と経験は対をなしていて、認知がごく単純な形になっていけば経験も一緒にいつかは消えてしまうということか？　この見方の魅力は理解できるが、あまりにシンプルすぎるように思う。ミニマル・コグニションには自己の存在があまりないところで出現できるタイプのものもあり、その場合は真の主観性が生まれるような適切な仕組みがない。植物は感覚的情報を利用し、事象に合わせた応答ができる生物であるかもしれないが、〈感じられた経験〉は一切もっていない。

この境界領域のケース、つまり最小限度の、きわめてわずかな経験らしきものをもつ生物については、想像することすら難しい。もっとも私と同じような見方をすれば、そういったケースがあるに違いないということになる。誰かがその境界に棲んでいる。問題は、そこに誰がいるのかだ。植物の可能性もあるが、私はそうではないと思う。それは、植物がしていることが動物にくらべて単純だからではなく、植物は違った道を歩んでいるからだ。

植物は、複雑な細胞に本来備わっている能力を活用するもうひとつの選択肢だと言える。このやり方はある程度の感受性や利口さにつながるが、〈感じられた経験〉は得られない。なお、この経験の不在という点は、とりわけ植物に関して驚くような発見が相次いでいることもあり、確信はまったくない。昆虫についてはこう述べた。「私たちの理解がどれだけの道のりを歩んできたか――そんな動物たちが、わずかながら情動に似たものをもっているというのは驚くべきことだ」。植物ではまだそんなところまで行っていないが、それでも多少は進んでいる。

9 鰭、脚、翼

多難の時代

この旅のどこか、おそらく三億八〇〇〇万年前あたりと思われるが、新たな動物の系統群が陸に上がった。それは脊椎動物、私たちヒトが属するグループだ。

節足動物の場合、完全な陸上生活に向かって進んだグループは複数あった。脊椎動物では話が違う[1]。簡単な説明によれば、脊椎動物はたった一度だけそんな行動に出て、それが重大な一歩となったということだ。「肉鰭類」と呼ばれる古いグループから数種の魚が出現し、多くの陸上脊椎動物に進化していった。より詳しく述べると、移動は一度だけではなく複数回にわたり、大半は中途半端な結果——境界領域への進出——に終わっていた。その中で一度、奥地の攻略に成功した回があったというわけだ。現代まで続く哺乳類と鳥類を含む陸生生物の放散は、怖い物知らずの魚たちから始まったのだった。

この変化は、脊椎動物にとって生やさしいことではなかった。脚が何本もあり、身体の外側を覆う硬い構造をもつ節足動物なら、進むべき道はかなりわかりやすい。それにくらべると、鰭つきの水中ミサイルは陸上に進出してもまず成功しそうにない部類の生物に思われる。

実際、陸に上がった脊椎動物は次から次へと障害にぶつかった。[2] たとえば重力を受けながら動くことはそのひとつだ。食物の摂取はいろんな点で難しかっただろうが、そこでは嚥下という思わぬ問題も浮上した。魚は餌を捕らえると、そのまま水と一緒に吸い込んで胃まで送る。しかし、この方法は獲物と水の密度がほぼ同じでないと使えない。陸上では、吸い込む動作をしても空気がたくさん入ってくるだけで、餌は入ってこない。顎の発明の限界だった。食物を引き込むことがいかに難しいかは、アフリカンイールキャットという種（ナマズの仲間）では陸上で仕留めた餌を水中に戻って飲み込むという方法がよく使われることからもわかる。

脊椎動物が陸上で生涯生活することを可能にした変化でもっとも際立っているのは、身体の形が変わったことだ。それは「四肢」をもつ身体への進化だった。この身体は魚が海から浜辺に這い上がろうとする中で生まれた、と私たちは当然のように想像するが、じつはそうではない。それは水中で誕生した──植物が生い茂った流れの中を這ったりよじ登ったりして動き回るための身体だったのだ。また、肺も明らかに陸上生活に必要なもののように思えるが、一部の魚には肺のような袋（鰾）がすでにあり、長らく浮力の調節に、時には呼吸にも用いられてきた。〔進化生物学者の〕ジェニファー・クラックによれば、多くの魚は陸に上がる前の時点ですでに肺をもっていたということだ。なお、この節の記述は二〇一二年に刊行された彼女の著作『陸上に上がった動物たち』*Gaining Ground* の第二版に頼るところが多い。

初期の肉鰭類はもっぱら浅海に生息していたようだ。現代まで生き残っている種は、（私たちを別にすれば）ハイギョ類数種とシーラカンスだけだ。現生のハイギョ（肺魚）はほとんどが浅水域に生息しているが、シーラカンスは深海に戻ったと考えられている。潜水艦から撮影されたビデオでは、シーラカンスの群れが洞穴で休息を取っているところが映っており、かなり社会性をもった動物であるらしいことがうかがえる。再びジェニファー・クラックによると、シーラカンスの個体にはそれぞれ違ったパターンの斑点があり、お互いを識別していることを示唆するような形で群れが固定されているという。

陸上で生活する脊椎動物にとってもうひとつの難関は、卵が〔乾燥した陸地に〕適していないことだった。[3] すべての陸上脊椎動物はしばらく水陸両生の生活をしていたが、ある一群では胚が卵の中で「ミニチュアの海」に浮かんでいられるように進化し（「有羊膜類」と総称される）、水（辺）とのさまざまな結びつきが弱まった。その後間もなく、進化の枝がもうひとつ生じる。その時点では――この分岐に限らず、どれもがそうだが――些細なできごとだ。初期の有羊膜類はこうして二つの系統に分かれ、脊椎動物の二本の枝が伸び広がっていった。初めは単弓類と呼ばれるグループのほうが大きく、多様な種が出現して繁栄した。[4] しかし、単弓類は全生物の大半が死滅したとされる大量絶滅によってひどく衰退する。そして、それまではあまり目立たずにいたもうひとつの脊椎動物のグループ、竜弓類が取って代わった。これは恐竜などを含むグループだ。

そうなのだ――恐竜が死に絶え、哺乳類への道を開いたとされる有名な大量絶滅よりも前に、陸の動物の世界を揺るがし、種の構成を大きく変える大量絶滅が起きていた。約二億五二〇〇万年前のこの絶滅に先立つ時期は、系統的に、また見た目からも哺乳類に近い動物がかなりの優勢を誇っていた。植物食種と肉食種が入り交じり、サイズも多様で、大型のクマほどになるものもあった。この大量絶滅はいくつかの要因――火山活動、隕石の衝突――が重なり、気候が一変した結果だと考えられている。陸生動物の三分の二以上が姿を消し、海ではもっと多くの生物が絶滅した。荒廃の中で当時は地味な存在だったグループが急速に多様化し、恐竜が出現したというわけだ。

知られているうちで最初の恐竜の身体は体勢が垂直で、ものをつかむことができる前肢をもっていた。

この特徴は哺乳類を含む動物群にも見られるが、それは恐竜とは別に獲得されたものだ。陸上生活の初期、脊椎動物は腹ばいに近い状態——四肢が横に張り出し、身体は水平という、現代のサンショウウオやワニのような姿勢——で世界に対峙していた。最終的に四脚か二脚かの違いはあるにしても、歩行のためにはまず身体全体を引き上げて、脚で支えられるようになる必要がある。恐竜は最初からこのような体勢をもっていたらしい。しかも、最初期の恐竜はすでに二本の後肢で体重を支え、前肢と頭部を自由に動かし、ものに触れたりすることもできた。

一度天下を取って以来、恐竜にはじつにさまざまなサイズと見た目の種が生まれて繁栄したが、ティラノサウルス・レックスに代表される絶頂期に突如絶滅する。約六六〇〇万年前のことだ。この大量絶滅は、巨大隕石が地球に衝突して気候が大きく変わったことが引き金になったとされている。

恐竜の繁栄に道を開いた絶滅では、哺乳類の近縁にあたる大型の動物は絶えた一方、小型の種には生き延びたものもあった。その次に起こった大絶滅では、サイズを問わずほぼすべての恐竜が一掃された。哺乳類自体は恐竜時代の前半、三畳紀に出現しており、恐竜の全盛期を通してずっと小型のまま——せいぜいアナグマ程度——で、いくつかの種は絶滅を免れた。恐竜の中で唯一生き残ったのは、本来は別の目的のために発達した翼と羽毛を飛行の手段につくり替えていた系統群だった。恐竜の命脈をつないだ一本の枝とは、鳥類のことだ。

こうして、もっとも最近の大量絶滅の惨状を切り抜けた哺乳類は、多種多様な生活様式をもつようになった。この時代の初期哺乳類で、恐竜の絶滅からわずか数百万年後という化石が知られている種としては、トレホニア・ウィルソニ *Torrejonia wilsoni*〔プレシアダピス類〕がある。これは樹上生活をする小型の動物で、長い腕と脚をもち、木をよじ登ったりするような恒温動物に特有の敏捷性や、瞬目（まばたき）をする能力を備えていた。つまり、原始的な霊長類だったと考えられている〔プレシアダピス類は最古の霊長類とされてきたが、このグループは真の霊長類ではないとする説もある〕。

これより前の章では、水中を漂いながら、行為の進化の節目を象徴する海生生物たちの身体の変遷を追った。刺胞動物は新しいスケールの運動を可能にする筋肉の構造を示している。節足動物は鋭い感覚に導かれ、それまでになかった種類の運動性と操作性を発達させたが、その動作にはいわば制限、あるいは固定性をともなう。これに対して、タコの身体は行動の面でこの上なく「オープン」と言える。タコは、かつてどんなタコもしたことがないやり方で、難なくものを扱うことができる。タコが属する頭足類は大きな神経系をもつようにもなったが、デザインとしては分散型だ。一方、脊椎動物の神経系はより集約されているものの、魚だった時代にできた「行為」の種類はあまり多くなかった。その後、海における進化を通じて、ものをうまく扱う能力、身体を使った行為の自由性、中枢が支配する賢さが生まれたが、これらをすべて備えて一度に進化した海生動物はいなかった。この組み合わせは陸生の脊椎動物に至ってようやく見られるようになるもので、とりわけ三畳紀以降には三つの特徴がついに結びついたことがはっきりする。こういった結合は、系統樹の二本の大枝――初期の恐竜と哺乳類――で別々に出現した。そして恐竜の生き残りである鳥類で再び変化を遂げ、さらに私たちのような霊長類においては特殊な形で実を結んだのだ。

私たちの枝

第3章で、私たちとタコ（かつ私たちとハチやチョウ）との共通の祖先を垣間見ようと、六億年くらい前に海中に生息していた扁形動物に似た生物について想像をめぐらせた。私たちと鳥類の共通祖先はもっとわかりやすく、四本の脚と優れた眼をもち、陸上で生活する動物だ。ずんぐりとした体形のトカゲと考えてかまわないだろう。これは三億年ちょっと前に沼地を這うように動き回っていた。すでに見たように、単弓類（私たちの側）と竜弓類（恐竜の側）への分岐がこのあと起こり、両グループは大量絶滅に続く混沌とした時期を交互にうまく切り抜けて繁栄したのだった。進化の面では、いくつかの変化が同時に独立して進行し、新たな類似性の獲得につながったこともあるが、大きく異なったままの点もあった。これも先に触れたが、直立して動かしやすい身体は両方の系統で生じたものだ。もうひとつ、別々に獲得された重要な特徴としては「内温性」がある。

内温性とは、大ざっぱに言うと、自分の体内のプロセスを用いて体温を一定に保っている恒温動物であるということで、この場合の体温はふつう外界の温度よりも高い。恒温性は大量のエネルギーを必要とし、コストのかかる仕組みだが、かなりの利点もある。幅広い環境で活動し続けることが可能になり、筋肉のスタミナが確保されるからだ。私たちは第2章で生命の維持に不可欠な嵐とも呼べる現象に翻弄されたが、その反応は温度に左右され、通常は環境条件から決まる温度よりも高温で最適状態となる。内温性を獲得することで、身体と脳はより多くの酸素を消費する、高エネルギーのシステムになるわけだ。

本格的な内温性は哺乳類と鳥類で別々に進化した。(5) もっとも、内温性に関連する特徴はひとつだけではなく、じつはかなり幅広い。哺乳類と鳥類では、代謝のプロセスを絶えず調節することでほぼ一定の体温が維持されている。ほかの動物では、周囲の気温よりもほんの少し体温を高く保つことができたり、あるいは身体の一部のみ温かくしたりできる種も多い。震えやあえぎ、暖かい（涼しい）場所を探すといった行動は、体内で発生する熱の調節と同時に起こることもある。内温性への最初の一歩としては、哺乳類や恐竜のずっと前に昆虫が踏み出していたものもあるかもしれない。実際、現生の昆虫は体温の調節のためにいろいろな工夫を凝らしている。たとえばハチやハエは、素早く翅を動かして身体の中心部の温度を上げ、その熱の一部を頭部と脳に押し上げる。また、ケンブリッジ大学のサイモン・ローリンの研究室が行った綿密な観察では、ハエの眼の温度が上がると、何らかの動きに対してより鋭敏に、きめ細かく反応できるようになることが示された。[6] 寒いところではぼんやりとしか見えない事象も、ハエの身体が温まれば鮮明に見えるということだ。

海中では、恒温動物は珍しい。[7] 今日この特性をもつ種は、条鰭(じょうき)類のうちマグロやメカジキを含む一群と、サメの二分類に見られる（たとえばホホジロザメがそうだ）。条鰭類は異なるタイプの体温調節機構を何度かにわたって進化させたらしい。マグロは全身の体温を上げるが、メカジキが温めるのは眼と脳だけだ。

メカジキの温度調節効果はハエのものと似ていて、眼の温度が高いと動きに対する解像度が上がるという。〔身体が〕活動する温度は心の認知的、情報処理的な側面と重大な関係がある。それならば、この温度は脳で見られる細胞間の相互作用とともに、それよりもとらえにくいが包括的な動的特性に影響を及ぼすことで、経験においても重要な意味をもっているはずだ。

はるか昔、肉食性の海生爬虫類（魚竜その他）には内温性のものがいたかもしれない。[8]

しかし魚類の大半、それにすべての海生無脊椎動物（タコを含む）は、体温を高く保つことができない。水は空気よりも熱を伝えやすい、つまり身体から熱を奪いやすいので、体温調節は陸上のほうが簡単だ。水中では、水をたっぷり含んだ私たちの身体と水という媒質の連続性がかえって邪魔になり、体温を逃がさないようにするのは骨が折れる。その反面、空気中では液体のシステムを体内に抱えていることはメリットになる。陸上の環境は一般に温度自体がより変わりやすく、それが問題となる場合もあるが、体温の維持はしやすいのだ。

恐竜の体温については盛んに議論されている。[9] 鳥類は恒温動物だが、だからといって初期の恐竜に恒温動物が多かったということにはならない。鳥類は、特にはなはだしく高エネルギーの生活形態を進化させた。獲物を骨ごと噛み砕くなど、活動的な生活を送っていた恐竜には恒温性を必要としたものがいたはずだと論じた研究者もいるが、恐竜の内温性はどのくらい昔から、どの程度広く共有されていたのかという点でのコンセンサスはほとんどないようだ。そして、すでに述べたように、恒温性はイエスかノーかで片づく話ではない。

ここで「恐竜の経験はどんなものだったか？」「恐竜であるとはどのようなことだったか？」と問いを発するとすれば、もっとも優れたモデルは鳥類になるだろう。鳥類は結局のところ恐竜で**ある**し、中生代に絶滅した恐竜の姿も、数十年前にくらべるとはるかに鳥に近いものに改められている。絶滅した代表的な恐竜の経験は、大きくておとなしい鳥の経験に似ているのかもしれない。

鳥類とのつながりから、なじみのある経験のイメージに近づいてきた。進化の木で私たちと関係が深い、狭い部分に迫っているわけだが、それでも驚くようなことがある。そのひとつは第6章のテーマであった神経系の統合、とりわけ左右の脳の統合にかかわっている。

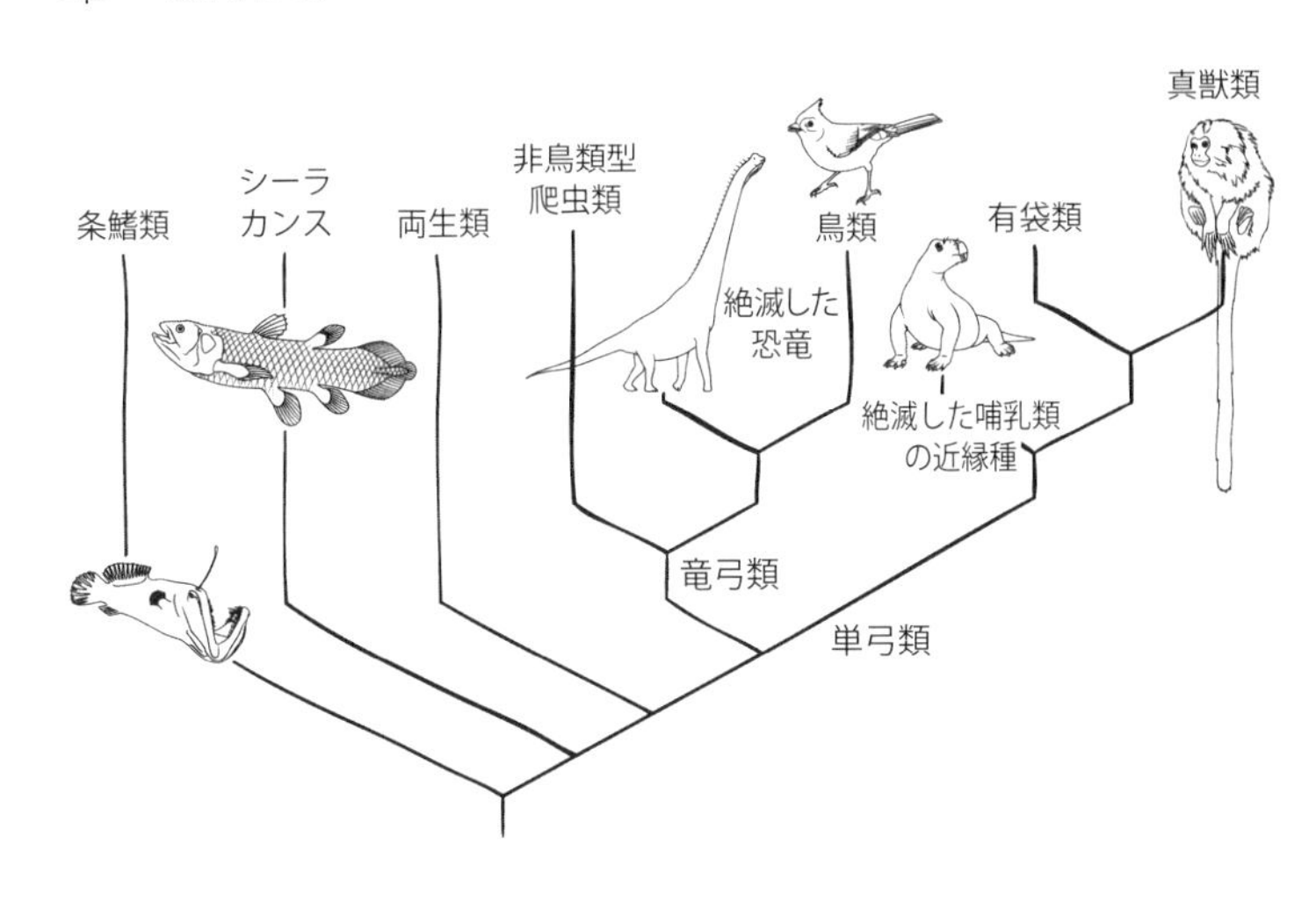

先に説明したように、脊椎動物は左右相称、つまり左半分と右半分が対称をなす、古くからのデザインを踏襲した身体をもつ動物だ。脊椎動物の身体の部位は左右で対になっているものが多く、それは脳の大部分についても当てはまる。なお、左脳と右脳のあいだでは、私たちが考えるほど常に情報が共有されているわけではない。

脊椎動物を検討するところまで来たので、現在の状況を確認するために「生命の木」の最後の部分を示そう。

シーラカンスは、現生の魚類では私たちに少し近い種である。シーラカンスの左側の条鰭類にはたくさんの魚が含まれるが、代表例として深海に生息するアンコウを挙げた。アンコウの左（図の外）にはヒトデやタコ、カニなどが並んでいる。シーラカンスの右隣はカエルなどの両生類、そして前節で取り上げた二本の大枝――竜弓類と単弓類――が位置する。

これらの脊椎動物は、いずれも最初に魚類で発達した脳のデザインを受け継いだ。その脳は頭部に集中するが、多くの動物で脳の左右の連絡は限られている。また、左脳と右脳は情報をいくぶん異なる「スタイル」で処理しており、専門分野も違うらしい（このことは第6章で簡単に述べた）[10]。左脳は食物の識別を得意とし、右脳では社会関係や脅威に対応するという傾向はさまざまな動物に見られる。研究者によっては、用心深くもっと普遍的な違いを提唱することもある。すなわち、左脳はものを類別することがうまく、右脳は関係性を処理しているらしいというものだ。たとえば、ジョルジオ・ヴァロルティガラとルカ・トマシは、孵化直後のヒヨコに一時的に眼帯をつけ、脳の左右いずれかの側（あるいは眼帯なしで脳の両側）で課題の処理をさせた[11]。ヒヨコはまず、眼帯をつけない状態で餌場の位置を学習する。この場所は、目印に加えて空間中の位置関係からも区別できるようになっている。次に、ヒヨコの一方の眼を眼帯で覆い、同じ空間に戻す。ただし、このときには目印の位置が変わっており、学習した手がかりとまったく同じ条件ではない。すると、左眼（つまり右脳）が使えたヒヨコは目印を無視して空間の位置関係から餌場を探したが、右眼（左脳）が使えたヒヨコは逆で、目印が新たに置かれた場所に向かったという。

なお、驚いたことに、眼帯をつけていないヒヨコも目印を無視した。この場合は右脳が優位に働いたようだ。左脳が適切な情報をもっていたとしても、右脳が機能しない状態にならなければ、処理には割り込めないということになる。

ヒキガエルは眼が頭部の側面ではなく前面にあり、優れた両眼視野を確保できるにもかかわらず、左右の視野でかなり変わった行動の偏りを示す。獲物がヒキガエルの視野の外から左視野、つまり大半の情報が右脳に伝えられる側に入ってきても、ふつうはその獲物が右視野（左脳にかかわる側）に移動するまで襲いかかろうとしない。先にも述べたように、左脳は食物の識別に特化した側だ。餌ではなくライバルのヒキガエルが視野に入るときは、おおよそ逆のことが当てはまる〔左視野（右脳）に入ってきたときに反応が起こる〕。

　左右の脳がそれぞれ独自の役割をもっていて、食物や競争その他に格別な関心を示すというのは、さほど驚くことではないように思われる。印象的なのは、この分業が左右間の連絡に制限がある状態で成り立っていることだ。実際、とりわけトカゲや魚の研究者らは、こういった動物をあからさまにヒトの「分離脳」のケースと比較して論じてきた[12]。これらの動物の左脳と右脳はある程度連絡しているとはいえ、そのつながりはかなり弱く、ヒトの脳梁の情報スーパーハイウェイのような連絡とは似ても似つかない。左右の脳が特定の行動に専門化し、なおかつ相互の連絡が絶たれているという状態は、明らかにたいへんな犠牲をともなう仕組みに見える。自分の左側にある餌には手を出さず、右側から迫り来る脅威には気づかないことになるからだ。しかし、この犠牲は払う価値があるのだろう。機能の振り分けによって処理効率は大幅に向上する——餌が右視野に入ってくる限り、その識別は格段にうまくいくかもしれないということだ。

　視覚は（例のごとく）この分野でもっともよく研究されている感覚だが、読者はひょっとして第7章で登場したブラインドケーブ・フィッシュを覚えているだろうか？〔眼を失っているものの〕側線の感覚を使って泳ぎ回る魚だった。〔洞穴の中という〕複雑な環境で「遠隔的触覚」を頼りに障害物を避けながら生活している。すでに述べたように、脊椎動物の左脳はwhat（なに）の問題に特別な関心があるようだ。新しいものを検分するときに右眼（視交叉に注意）を使う動物も多い。ブラインドケーブ・フィッシュも同じ傾向をもっている[13]。泳いで移動する課題で新しい構造物（ランドマーク）に出くわすと、身体の右側を側線ごとそちらに向けるのだが、それに慣れてくると、この傾向は薄らぐ。魚の場合、側線の「側性化」（132ページ参照）

が起きているわけだ。

ここでちょっと脊椎動物から離れて、タコの観察から私が得た仮説についても触れたい。オクトポリスで一匹のタコが別のタコに威嚇され、その場から逃げようとすると、遁走を始めたタコの身体には薄い色のまだら模様が出てきやすい。だが、たまに半身だけ色が薄くなり、残り半分はそのままのことがある。[14]これに関してひとつ考えられるのは、タコの全体が何らかの理由で半身だけの模様を意図的につくり出している可能性だ。あるいは、この模様は身体の片側だけで制御されているものかもしれない。おそらく、どちらかの眼で強敵がやって来るのを認め、その眼のある側の脳が身体の同じ側に模様が現れるようにしているのだろう（タコは、ヒトのように視神経が脳で交差していない）。もしそうだとすれば、タコはまたしても、その神経系をめぐる隠れた真相を身体で示したことになる。

脊椎動物のうち、魚類、両生類、爬虫類の脳は左右の連結が弱い。鳥類ではまだ多少の分離が見て取れ、分離と連結とが混在しているケースと言える。実験によれば、鳥が何かを選び取るというような課題を片方の眼だけを使って学習したのち、反対側の眼しか使えない状態に置かれると、同じ課題をクリアできないことがあるという。[15]そして、哺乳類に至って、ようやく脳梁――左右の脳を連結する束で、分離脳の手術で切断される部分――の進化が見られる。ただし「哺乳類」とは言いながら、ここまで来ても哺乳類全体に共通する傾向ではない。私は以前、カンガルーなどの有袋類やカモノハシなどの単孔類には脳梁がないと知ってびっくりした。[16]これらの動物の場合、左右の脳の情報連絡には別のつながりが重要な役割を果たしているらしい。いずれもオーストラリアに生息する哺乳類で、原始的な形態を残していると考えられている。脳梁をもっているのは「真獣類」（かつては「有胎盤類」と呼ばれた）に属する哺乳類に限られる。

こうして生命の木の枝を押し分けつつ進んできて私が驚かされたのは、統合が不完全なデザインが、たくさんの動物でふつうの生活の一部になっていることだ。魚やトカゲなどの極端な例をヒトの分離脳と比較する研究者がいると先に述べた。その際には、すでに見たように、分離脳の患者はひとつの身体に二つの心をもつようになったと想定されている場合が多い。魚やトカゲにも、心が二つ備わっている可能性があるのだろうか？

ここでの状況は、私が第6章で慎重に採用した見方をある程度は裏づけるものかもしれない。ひとつの心は、いちど身体の外に出て体内に折り返すループ状の経路や、身体の動きに左右される経路など、特殊な方法で各部がつながった状態になる場合がある。このときの脊椎動物は統一体として行動し、自分がすべきことを片づけていく一貫した行為者だ。自己として対象を知覚し、行動する――これまでの章で見てきた行動に関する発見や報告を思い出してほしい。たとえばテッポウウオは、口から水を発射して飛んでいる昆虫に命中させることを学習できるが、仲間がそうしているのを見てこの能力を身につけることもできるのだった。これはテッポウウオが全身全体で発揮するなかなか優れた才能で、巧妙に獲得されたものだ。こんな動物たちの個々の身体に、ひとつではなく一対の心が隠されているという考えは、無数の脊椎動物が統合されたやり方で世界に対処していることと両立しないように思われる。

その反面、ここで挙げている事実にはどう解釈してもかなりおかしなものもある。魚類の場合、世界の右側は分類された対象で占められている一方、左側には対象の解像度は低いが豊かな関係性のネットワークがあり、社会関係をより多く「担って」いるようだ。先にヒヨコの研究を紹介したジョルジオ・ヴァロルティガラは、何十年もこのような脳の左右差というテーマに取り組んできた[17]。彼はこの差を左右の脳による世界のとらえ方の違いだと考えている。

こういった脳の左右をめぐる問いは、脳の大規模動的特性がかかわる第7章のテーマにもつながる。私が初めて分離脳に言及した第6章では、脳のリズムと場についてはまだじっくり検討しなかったが、それらの存在はほのめかされていた。分離脳の手術（脳梁離断術）は、てんかんの発作による異常放電が脳全体に広がることを防ぎ、重度の発作を抑制する目的で行われる。発作は一種の大規模動的プロセスだ。脳梁離断術は効果が高い手術で、左右の脳の連絡を断つと脳の大規模動的活動の統合度が低くなることが示されていると言える。しかも、この効果は発作の抑制を越えたところにまで及ぶ。たとえば睡眠中に記録されるゆっくりした脳波（徐波）は、分離脳の患者では左右の同期が悪くなるという。

つまり、左脳と右脳の連結が弱い動物では、大規模動的パターンがあまり統合されていないわけだ。このような分離があるからといって動的パターンが消えることはないが、それは違うものになるだろう。この違いは、経験にとって大きな重要性をもっていると思われる。分離脳であっても、行動や身体の統一性を活用する間接的な経路に結びつくことで、何らかのかたちの一個の全体として機能するのかもしれないが、この種のつながりはすべてを結びつけるわけではない。その動物が全体として一貫した振る舞いをし、見たものに反応し行動していても、連結が弱い脳における経験は違ったものになるはずだ。どの程度の違いが出るかは、第5章で検討した自己に関連する概略的な特性と、第7章で見た脳の動的特性がそれぞれ担う役割の問題に依存するだろう。[18] ところで、分離脳に近い脳をもつ魚類や爬虫類の動物は、人間の場合に［分離脳の］実験環境で起こっているらしいように、特殊な状況に置かれると心が二つに分かれたりしないのだろうかと思うのは当然だ。だがおそらく、これら人間以外の動物の左右の脳の活動は、ずっと大きな人間の脳半球で起きていることとはまったく異なっていて、二つの主体が存在する状況をもたらすのはどうやっても無理なのかもしれない。これらの動物の脳では、上部の分離した部分が脳全体に占める割合も、ヒトの大脳皮質の割合にくらべると小さくなっている。

これらの問題の多くについてはまた別の本に譲るので、ここでこれ以上深入りするつもりはない。その本では、特にヒトをこれほどユニークな動物にしている要素——接続が密でエネルギーを大量に消費する大きな脳と、言語や技術、社会生活——の重なりについて考察することになるだろう。では、この節の締めくくりとして、陸と海を結ぶもうひとつの進化の道筋について見ていきたい。

イルカは海に戻った哺乳類で、マッコウクジラなどとともに「ハクジラ」類を構成する。イルカやクジラにつながる系統は、恐竜の時代である約九〇〇〇万年前に霊長類に至る系統から分岐した。イルカの祖先は約四九〇〇万年前に海に戻ったようだが、陸で暮らしていたその祖先はカバの近縁種と考えられている。なお、現生のクジラ類を構成するもうひとつのグループである「ヒゲクジラ」類は、約三四〇〇万年前にハクジラから分かれた分類群だ。

イルカは、水中で器用にバブルリング（たばこの煙の輪っかに似た空気の輪）をつくり、それで遊ぶことがある。ダイアナ・ライスがこの行動を撮影したビデオはすばらしいが、同時に痛ましい印象も受ける。輪はきれいな形で、イルカたちは近くを泳いだり、追いかけたり、かなりいろんなことをする。しかし、その行動を見ていると、魚類について感じたあの思いが湧き上がってくる——身体さえ許せば、もっとたくさんのことができるのに。イルカは、鳥類と同じように、特殊な運動性のために操作性の大部分を手放した。もしイルカに手があったなら、どんなことができただろうか。

イルカの脳は絶対的にも相対的にもきわめて大きい[19]。このように脳が大きくなったのは、イルカが海に戻る前ではなく、水生生活に移行してからのことだ。意外にも、イルカの脳が巨大化した原因はそれほど調べられておらず、霊長類の脳にくらべれば研究はわずかしかない。脳は二度にわたって肥大したと考えられている。一度目はエコーロケーション（反響定位）——短い音を連続して発し、その反響から周囲の状況を知覚すること――の進化と関係があるかもしれない。しかし一般的には、イルカは「社会的知性」仮説を証明しているように思われる。イルカの社会生活はひじょうに複雑で、個体間の協力関係も相当にややこしい。

イルカは真獣類で、左右の大脳半球をつなぐ脳梁をもっているが、この脳梁はじつはイルカの脳の大きさから想像するよりも小ぶりだ。[20] イルカは脳を半分ずつ交互に眠らせることができる（第6章で指摘したように、イルカは自分で天然のWADAテストをしている）。イルカは、海に戻って脳が巨大化したタイミングで、哺乳類の脳に見られる統合への傾向を弱めたか、方針を転換したケースのようだ。これは睡眠がとても重要であるためではないだろうか。脳梁が縮小して大規模動的パターンが左右の脳で別々に振る舞えるようになった結果、イルカは水中で呼吸がしづらい状況でも眠れるようになったのだ。

野生のイルカはたまに、人間と驚くほど間近で触れ合うことがある。数年前、私はシドニー近郊のキャベッジ・ツリー・ベイ（前著『タコの心身問題』の主な舞台となった海洋保護区）によくやって来る一頭のイルカとそんな体験をした。このイルカはメスで、沿岸一帯で有名な存在だ（と現在形で記すが、私が知る限りここ二～三年は目撃されていない）。彼女はしばらく前にポッド（群れ）からはぐれて以来、単独行動を取っており、自分のふつうでない生き方をさほど気にしている様子はなかった。その日は大勢の人が――多くはそのイルカを見るために――海に入っていた。私たちは距離をとって泳いだが、彼女のほうから近づいてきた。中でも赤毛の青年が気に入ったらしい。彼が潜ると、イルカの彼女はたちまち突進してきて、自分の顔を彼の顔に近づけるのだ。何度もそうする上に、あまりにも接近するので、まるで彼にキスをしようとしているようだった。彼女がなぜ彼を特別扱いしたのか、理由はわからない。[21] 水中での身のこなしに特定の動物を引きつけるものをもっている人はいるらしい――穏やかさだろうか、何かもっとはっきりしたもののように思えるが。オクトポリスを発見したマット・ローレンスでも同じようなことがあった。マットの何かが、タコを遊びたい気持ちにさせるらしく、実際彼のまわりにはよくタコが集まってくる。赤毛の青年と独り身のイルカも似たような状況だったのだろう。

陸と海の役割

海に入り、水面から身体を沈めていくと、たちまちいくつかの変化に遭遇する――目に入る色、身体にかかる水の圧力。ただし、水の上層（その深さは条件次第でまちまちだが）では、まだ生物が直接太陽のエネルギーを浴びながら生活できる。

植物プランクトン〔光合成を行うプランクトン〕やさまざまな海藻、そして藻類と共生するサンゴは、太陽の光が届くこの浅い水層を利用している。ここより深い層でも光は入るので、ものを見ることはできるが、光合成に必要なだけのエネルギーは得られず、したがって栄養源は生体に頼ることになる。オーストラリア南東部のジャーヴィス湾で深く落ち込む岩礁に沿ってダイビングをした時には、いちばん上の層を抜けると薄暗くなり、この推移をはっきりと体感した。すぐ横は岩壁で、水から粒子を漉し取って栄養にする固着性の動物が貼りついている。それほど深くまで潜っていたわけではなかったが、そこは間違いなく別世界だった。

どんなダイバーでも、太陽光が一切届かない深海ははるか下方だ。私と同じくタコの研究者であるブレット・グラッセは、何年ものあいだ、無人探査機が水深二五〇〇フィート（七六二メートル）で撮影したビデオの真っ暗な画像を見つめてきた。画面ではいつも雪が降っている。薄い灰色の粒子が漂い、深みへと消えていくのだ。この雪（マリンスノー）は上層から沈降する有機物で、プランクトンの殻をはじめ、ほかの生物の脱皮片や廃棄物、死骸などからなる。

ブレットが待ち構えている動物はコウモリダコ vampire squid といい、酸素がきわめて少ない海域でスローな生活をしている。この層で生き延びられる生物はそもそもあまりおらず、〝吸血鬼〟は過酷な環境に身を置いて安全を確保しているわけだ。コウモリダコは糸のように長い触手を伸ばし、マリンスノーの粒子を集めて食べる。ブレットが見ているビデオに生物はほとんど映っていない。彼が確認したコウモリダコは、四年間で七～八匹といったところだ。

陸地は地球の表面積の三分の一を占めるが、少なくとも多細胞生物について言うと、そのおよそ八五パーセントは陸生の種である[22]（バクテリアなどの状況はよくわかっていない）。地上の生物の多様性が水生生物のそれを上回るようになったのは、本書の時間軸では比較的最近、ここ一億年のことだ。しかし、そうなって以降はバランスの悪さが目立つようになっている。

生物は初期の段階を海で過ごしたが、いったん陸上に〝入植〟すると、それまでとは違った進化が起きた――ここでそんな印象が生まれるのは当然だ。カリフォルニア大学デービス校の著名な生物学者へーラット・フェルメイは、このテーマで一連の論文を発表している。フェルメイは特に軟体動物を研究しているが、進化と人間社会の営みとを積極的に比較して論争の的となるなど、ユニークな立場をとっている。彼は進化を経済競争や軍拡競争、侵入や侵略といった用語でとらえる。私自身は生物学の巨大な時間軸でものを書くことについてはアマチュアで、こういったできごとを人間の争いに基づく言葉で説明するのにはためらうところがあったし、とりわけ〝侵略〟や〝植民地化〟の比喩が使われがちな、陸への進出をテーマとする章ではその気持ちが強かった。対照的にフェルメイはこの比喩を押し通す。強烈だが害のない表現だと思って使っているのではなく、これらのことには類似性があり、同じ原則が作用していると考えているからだ。

フェルメイにはもうひとつ非凡な点がある。彼は三歳で視力を〔完全に〕失った。彼の専門知識、軟体動物の殻に関する優れた研究は、すべて視覚の助けを借りずに培われたものだ。

経済学の思考法を応用し、フェルメイは陸上では海にくらべてクリエイティブな進化が見られると主張する。陸は多くの「高性能なイノベーション」をもたらしたが、これは起こるべくして起こったことだという。その理由のひとつには、陸におけるエネルギーの流れの速さによる絶対的な生産性がある。もうひとつの理由としては動物の行為の自由性を挙げ、「密度と粘度が高い媒質である水の中にくらべ、空気中では活動に制約が少ない」と述べている。

二〇一七年に発表した論文では進化のイノベーションがまとめられ、彼はそれが（海、陸、海陸の両方のうち）どこで生じたかを区別しながらこの説を擁護する。[23] 比較の出発点は動物が陸に上がったオルドビス紀で、そこから現代までを見通している。フェルメイのストーリーは、生物は海中の暮らしやすい領域で揺籃期を過ごしたが、生物の進化は陸上生活にともなう難題を克服したあとに本格的に始まったというものだ。

フェルメイと私の立場の相違には、視点の問題も絡んでいる。彼は最低限の要素がそろい、基礎が当然のように整っている段階から話を始めるが、本書が扱うのはその基礎の部分なのだ。ただし、彼の海と陸との比較には、私に言わせれば海生生物の特殊性に対して必ずしも〝フェア〟でないものがいくつかある。たとえば、彼は進化のイノベーションのひとつとして飛行を挙げる。すなわち、空中を移動することだ。フェルメイによれば、飛行は海と陸の両方で発明されたが、その時期は陸のほうが早かった。しかしながら、彼のリストにはないあらゆる種類の海生動物は、ある意味ですでに飛んでいた。陸上の場合、飛行は地表面から逃れ、完全に3Dのモードで身体を動かす唯一の方法だ（穴を掘って隠れたり、高いところに上ったりする動きにもそう解釈できるものがあるが）。一方海中では、遊泳や漂泳はもともと3Dの動きと言える。魚が出現する前から、クラゲは飛んでいたわけだ。

フェルメイが指摘するほかの例のうち、恒温性などは海と陸の比較として妥当だと思われる。もっとも、陸上にくらべると海中の条件はより強く「イノベーションを制約する」（フェルメイの言葉）という結論には賛成しかねる。別の見方をすれば、海と陸はどちらも創造性が発揮される場であって、イノベーションは歴史年代の順序で進んできたと考えられる。

影響力の大きい、そして当然ながら早期のイノベーションの数々は海中で起こった。それは動物としての進化のみならず、動物の身体や感覚、脚や鰭、神経系と脳の進化だった。海はこの展開の自然な背景をなしていた。動物の生活様式が固まれば、陸に移動し温室のフローを利用することが可能になる。そして、さらなるイノベーションが必要になった。哺乳類と鳥類の身体、厳密な体温調節、新しい社会の仕組み、環境をつくり変える能力などはこうして生まれた。いま読者が目で追っている言葉が駆けめぐる神経と脳があるのは、そしてまた、動物の身体、さらには経験そのものがあるのは、海でのステージのおかげだ。しかし、陸に上がったことで新たな扉が開いたのだった。

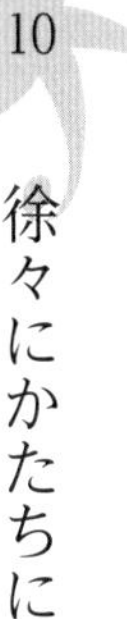

10 徐々にかたちに

真夜中に目覚めたとき、自分がどこにいるか認識できない。最初は自分が誰かということすらわからないのだ。私のうちにあるのはただ存在しているという、もしかしたら動物がもっとも深い部分でその震えを感じているかも知れない、単純きわまる感覚だけである。私に比べたら、大昔、洞窟で暮らしていた人びとのほうがまだ何かを保有していただろう。そのとき、記憶――と言って、いまいる場所の記憶ではなく、かつて暮らしたことのある場所やいたかもしれない場所の記憶――が、ひとりでは脱出できない虚無から私を引き上げるために訪れる天の救いのように私の内に立ち返ってくる。一瞬のうちに私は何世紀にも及ぶ文明の歴史を飛び越える。石油ランプや折り襟になったシャツがぼんやりと見え、それで私という存在を形づくるあらゆる特徴が少しずつ元のかたちを取り戻してゆくことになるのだ。[1]

――マルセル・プルースト『失われた時を求めて』
〔高遠弘美訳　光文社〕

一九九三年

クジラの歌声を水中で初めて聞いた時のことを覚えている。グレートバリアリーフにあるウィットサンデー諸島に集まってくるザトウクジラだった。二五年以上も前のことだ。一緒に潜っていた人の顔も覚えている。歌が始まった時に振り向いた彼女の目は、大きく見開かれていた。

その歌声はかなり遠くから聞こえてくるようだった。間違いなくはっきりと聞き取れ、ときどきボリュームが上がったりもする。だが、どこかずいぶん離れたところから届く音に思えた。歌はテンポが速く、周波数はせわしく変動していた。ダイビング中ほぼずっと聞こえていたように思うが、確かではない。

サンゴ礁のその辺りは、いまやかつての美しさは見る影もなく、消滅しつつある。しかし、話の要点はそこではない。ここで述べたいのは記憶についてだ。これは特殊な記憶だと言える。「エピソード記憶」とは個人が経験したことの記憶で、できごとの内容（ウィットサンデーに行って、クジラの歌を聞いた）だけでなく、経験したように感じられる、あるいは少なくとも経験に近い側面をもつ何ごとかが、視聴覚その他にかかわる感覚的なイメージと一緒に記憶されているという特徴がある。〝特定の重要なできごとを覚えていること〟がそのようなものであるような何か、があるわけだ。もうずいぶん昔のことだが、私はあの日の感じやリズムを少し思い出せる。エピソード記憶は人間の経験の重要な一部であり、より大きなテーマに通じる道でもある。

ここではないどこか

記憶は、心と認知における基本的な側面だ。記憶に関するひとつの考え方としては、コンピューターのメモリのように断片的な情報をあとで使うために蓄えておくところだというものがある。本書では、ここまで主に学習との関連で記憶に言及してきた。学習においては必然的に何らかの形で情報を保持しておくことが求められる。神経系に記録を残すわけだ。

心理学では記憶を四つあるいは五つに大別する。このうち意味記憶とは事実に関する記憶で、「パリはフランスにある」といったものを指す。手続き記憶は技能を保持させるもので、たとえば自転車に乗れることが該当する。そして、エピソード記憶は個人が経験したできごとの記憶だ。この三種類の記憶は長期にわたって存続できる。さらに、作業記憶（ワーキングメモリー）と呼ばれる記憶もある。これは、ある考えやイメージの処理を行うときにその情報を一時的に保存しておく仕組みのことだ。

エピソード記憶には、ふつう重要な特徴が二つあると考えられている。それは、一般的なものではなく特定のできごとに関する記憶であること、そして経験あるいは追体験される記憶であることだ。さまざまな状況で人間の記憶がいかに当てにならないかを説明する学術文献は多く、時には不安を覚えるほどなのだが、中でもエピソード記憶はとりわけ〝捏造〟されやすいらしい。

カナダの心理学者エンデル・タルヴィングは「エピソード記憶」の概念を提唱し、一九七〇～八〇年代にかけてこれらの記憶の定義を整理した。[2] 彼の患者の一人ケント・コクランは、重篤な健忘症によりエピソード記憶を失っていたほかに、もうひとつ別の問題を抱えていた。将来のできごとを想像できなかったのだ。この二つの問題が同時に見られる症例の報告はいくつかあるが、コクランはその中で最初の患者だ。イギリス人の古楽演奏家クライブ・ウェアリングは、一九八五年に感染症が原因で健忘を生じた。[3] 意味記憶と手続き記憶はほぼそのままながら、エピソード記憶は大部分損なわれてしまい、さらに痛ましいことに、ほとんどずっと「自分はたったいま目覚めたばかり」だと感じている。ウェアリングの場合も、過去の記憶を思い出せないだけでなく、あらかじめ未来を想像することができなかった。

二〇〇七年頃、このような結びつきについて新しいデータを示し、ひとつの理論（あるいは理論の集合）を提起する一群の論文が相次いで発表された。[4] 新たなデータは脳機能イメージングを用いて得られたもので、エピソード記憶にかかわる脳の領域が未来について考えているときにも活発に働くことが明らかになった。論文によって表現はまちまちだが、そこで述べられた理論は、「心のタイムトラベル」(メンタルタイムトラベル)を可能にする単一の能力が、未来を見渡すことと過去を振り返ることの両方にかかわっているとするものだ。ひるがえって考えてみれば、この関係を表すヒントはじつは身近にあり、それに気づけばよいだけだった。私たちは、あえて努力しなくても、自分が一度も経験したことがない視覚的視点から(過去の)できごとを「思い出す」ことができる。あるエピソード記憶の中で自分自身を外から見られるということだ。

この時期に出てきたエピソード記憶をめぐる新しい考え方には、こういったタイプの記憶が何の役に立つのかを説明するものもあった。たとえば、機能的な観点から、記憶それ自体をバックグラウンドに位置づける説もそのひとつだ。この説では、私たちが心のタイムトラベルで行う重要かつ有用なこととは、起こり得る状況をシミュレーションして計画に反映することであると解釈した。このときに想定される状況はすでに起こったことである必要はなく、単なる可能性、もしかしたら明日起こるかもしれないことでかまわない。エピソード記憶では過去を振り返るが、それはこんなふうに未来を予見する能力の副産物なのだという(この見方の別のバージョンは「エピソード的未来思考」あるいは「構築的エピソードシミュレーション仮説」として知られている)。

この説を信じるべき理由は何だろうか。ひとつには、エピソード記憶がじつに信用ならないということがある。その役割が単なる記録であることだとすれば、もっと正確なものであってもよいはずだ。エピソード記憶は不確かであると同時に鮮明な記憶だが、その組み合わせからも、未来に起こり得るできごとを探る能力の副産物であることがうかがえる。未来方向の思考力によって、ない過去をあるようにつくり上げる力がもたらされるわけだ。

この見方に関する説明には、計画という前向きの仕事と記憶という後ろ向きの活動とを対比させようとするあまり、大げさな表現になってしまったものもあると思われる。意味記憶も将来の行為についての選択を助けるのでなければ役に立たないはずだが、そちらは過去に学習した事実の記録であることと何ら矛盾しない。また、意味記憶も不正確になっている場合がよくある、にもかかわらず意味記憶の主要な役割は、過去の痕跡を保持して明日の行為に影響を及ぼすことだ——こう見ると、ひょっとするとエピソード記憶もそう変わらないのかもしれない。最近あった複雑なできごと（たとえばパーティーのにぎわい）のエピソード記憶を考えてみよう。あなたはこの記憶を思い出すことができるし、さらに——間違いはあるだろうが——その時には特に明確に気づいていなかったようなできごとを掘り起こしてみることもできる（〝あの二人は確かにずいぶん長いこと話し込んでいたな〟）。

事実を覚えておくことが、エピソード記憶と意味記憶に共通するたったひとつの機能とは限らない。これらの記憶の別の役割は、いずれも正確さに欠けるという面を含めて、私たちの人格、自分の姿を維持するための物語（ナラティブ）をかたちづくることだ。この可能性はエピソード記憶の不確かさに関する初期の研究で示唆されている。いまでもうなずける主張だが、計画にあたって未来を探るという説明とは少々異なっているように思える。

こういったさまざまな研究結果を別の方法で解釈すると、エピソード記憶や想像力その他、私たちがもっているいくつかの能力は、すべて前後あるいは横方向（すなわち「いま・ここ」ではないどこか）に向けて行える「オフライン処理」の一般的な性能だとみなすことができる。この「オフライン処理」の「ライン」とは、感知から行為に流れる通常のフローを指す。私たちが自分で見たものに直接反応したり、少なくとも即行動を起こしたりせずに、とり得る行動の可能性を組み合わせ、ただ想像の中でもてあそんでいるとき、私たちはそのラインを「切り離し／オフにし」ている。この研究分野の一角を担う心理学者のドナ・ローズ・アディスは、これに近い見方をとるようになっている。[5]

このようなオフラインの能力のセット、つまり実際に置かれている環境から自分を切り離せることは、人間の心の重要な一部分をなしている。この能力の獲得は、いわば追加的な「心」――自由奔放に振る舞い、独創的で、「いま・ここ」に縛りつけられていない心――の出現を意味する。オフラインでモデル化することは助けになる。すべきことを考え出す上で実用的な意義をもつツールだし、人間の経験にある〈経験という感じ〉の大部分もこのモデル化によって与えられている。

オフライン処理はひとつで多方面に関与するスキルであるという考え方は、夢の場合にまで拡張されている。夢というものが何世紀にもわたって信仰や宗教の枠組みで扱われてきたのは無理からぬことだが、神経生物学をベースとした最初の詳細な夢の理論（私はここにフロイトは含めない）は、一九七〇～八〇年代にハーバード大学の精神医学者アラン・ホブソンとロバート・マッカーリーによって打ち立てられた。[6]彼らは、夢とは脳幹（脳の奥のほうにある起源の古い脳）の内部から切れ切れの信号が発せられ、大脳皮質がそれを何とかつなぎ合わせようとして生じるものだと述べていた。その後、フランシス・クリックとグレイム・ミッチソンは、夢はジャンクであるという仮説を提唱した。[7]コンピューターに慣れた人にはよくわかる表現だっただろう。夢を見るのは不要になった情報やまとまりのない情報を消去するためで、ジャンクファイルを〝ごみ箱〟にドラッグして脳の動きが悪くなるのを防いでいるというわけだ。こうした背景に照らして、最近の夢の理論には、夢の働きと考えられることをとてもバランスよく説明しているように思われるものがある。[8]この見方では、夢を一種のモデル化と位置づける。過去の経験を断片的に再生して記憶を固定するとともに、可能性を入れ替え、組み換えることだ。夢を見ることは、白昼夢、うとうとしながら何かすること、エピソード記憶そのものなど、ほかのオフラインの活動が継続している状態として扱われる。

そのような探索やシナリオ構築の手段としては、夢は明らかにかなり癖のある種類のものだ。おそらく夢を見ることは複数の要素が混ざり合った結果で、そこにはホブソンとマッカーリーの考え方——未整理の乱雑な活動が脳の下部から大脳皮質へと伝えられ、大脳皮質がそれを理解しようとしている——も入っているのだろう。その活動には、有益なノイズの注入役となって目的指向の側面を補完する働きさえも認められるかもしれない。それが脳の状態を刺激するものであることは間違いないだろう。

こういった考え方はすべて、人間の認知には、本人が経験した（あるいは経験したように感じられる）一群のオフラインのプロセス——それは境界が曖昧な、何かであるように感じられる内的なできごとであって、たぶん夢を見ることにもつながっている——が含まれるというイメージに通じる。この現象と、私がこれまで語ってきた心身問題をめぐるストーリーとは、どのような関係にあるのだろうか。

ここまでの章では、経験を主に自己を世界に埋め込むこと、「リアルタイム」で処理すること——「いま・ここ」のかかわり——として説明してきた。哲学の領域ではマルティン・ハイデガーの時代からあり、アンディ・クラークが影響力の大きい自著のタイトルに使った暗示的な言い回しを借りれば、これまでの話はほぼ「いまそこにあること」being there についてだった[9]。そしてここで、〈感じられた経験〉が切り離される。「いまそこにあること」だったものが「いまどこかにあること」being elsewhere になるのだ。

経験のこの側面はおそらく人間に限定されているわけではなく、多くの動物にあるものかもしれない。夢はひとつの手がかりになる。睡眠自体は動物にきわめて広く見られ、かなり古くからあると考えられる[10]。その機能については謎が多いが、単に身体を休める以上の意味をもっていることは確実だ。タコと同じく頭足類の一種で、タコよりもさらに複雑な体色をもつコウイカを対象に行われた驚くべき研究が二つある。[11]ひとつめの研究では、コウイカが人間のREM（急速眼球運動）睡眠とひじょうによく似た状態になることがわかった。人間の場合、大きく緩やかな脳波を特徴とする「徐波」睡眠と、脳が活発に活動していることを示すREM睡眠とが交互に出現し、夢を見るのはREM睡眠中が多いとされている。また二つめの研究によると、進化上の大きな隔たりにもかかわらず、コウイカにも人間のような睡眠フェーズの交代が見られたという。REM睡眠に似た状態にあるコウイカは、腕をひきつらせたり、眼球を動かしたりし、体表には珍しい色のパターンが現れた。コウイカの体色はタコと同じように脳が制御しており、ほんの一瞬で全身のパターンを切り替えることができる。つまり、この色には刻々と変化するコウイカの脳の活動がそのまま反映されているわけだ。これらの脳のプロセスが——人間が夢を経験するように——経験されているにしろ、いないにしろ、コウイカの皮膚はまさにそういったプロセスの存在をうかがわせる窓だと言えるだろう。

頭足類、中でもコウイカとタコでは、ほかにもこれといった役割がわからない不規則な体色の変化や模様が見られる。それは、眠っているような状態で休息しているときばかりでなく、じっとしているが明らかに眠っていないときにも起こる。ここで再び頭足類の歴史を振り返ると、この事実はよりいっそう注目に値する。頭足類と人間の共通祖先が生息していたのは六億年ほど前だ。この共通祖先は従来想定されてきたよりも複雑な動物だったとする立場（第6章で検討した見方）でも、頭足類はカサガイに似た刺激の少ない生活を経たのちに、複雑な脳をほぼゼロからつくり上げたと考えている。そうだとすれば、頭足類が人間と同じように睡眠の二つのフェーズを明確に反復する仕組みを発達させ、ましてやそのREM睡眠に近い状態のときは脳のプロセスを体表に色で示していることには、驚くほかはない。

コウイカにおけるこれらのプロセスは、私たち人間のオフラインプロセスがもたらしているようなことを、何かコウイカのためにしているのだろうか。そのあたりはまったくわからない。だが、ラットについてはひじょうに興味深い研究があり、似たような活動が進められているらしいことが示唆されている。ラットの脳でよく研究されている「場所細胞」とは、ラットが経験した物理的環境を脳内に地図のように投影するシステムを構成する細胞のことだ。[12] この細胞は（名前が示すように）ラットがある特定の場所に来たときに発火する。場所細胞が順番に活性化する様子を観察し、ラットが実際には動いていない状態で頭の中に思い描いている経路を空間的に追跡することもできる。しばらく前に報告されたことだが、ラットは睡眠中に以前通った経路を再生 replay しているそうだ。それだけではない。ラットはリプレイのみならず、「プリプレイ」pre-play もする。これは、まだ通ったことはないが、以前餌を見つけたことのある場所に行き着ける経路の探索を指す。ラットはゴールまでの新しいルートを脳内で想像することができ、そうしていることは、場所細胞が次々と発火するパターンに表れる。しかも、覚醒するとたいていあらかじめ脳内でリハーサルをしておいたルートに沿って進むという。

目に見えないオフライン処理に関心がある人間からすれば、ラットに場所細胞のシステムが存在することは、コウイカの体表が〝心の窓〟として機能していることと同じくらい願ってもないことだ。ラットも私たちが夢を経験するような形でリプレイとプリプレイを経験しているのだろうか？　それとも、これは静かに問題を解決する内的プロセスにすぎず、たとえば朝起きると前の晩のやっかいな問題に対する解決策が浮かんでいるが、どうやって思いついたのかさっぱりわからないという体験（本書を執筆中、一〇回以上はあった）に近いものなのだろうか？　経験に関するこんな疑問にはとても答えにくい。夢がいかにも簡単に忘れられてしまうことを考えれば、私たち自身の脳で夜間にどんなプロセスが経験されているのかを知るだけでも難しいからだ。それに、ラットのオフラインナビゲーションに関する研究は、REM睡眠ではなく徐波睡眠についてのものが多い（コウイカほど意外ではないが、REM睡眠はラットでも見られる）。ただし、役に立ちそうなヒントは少なくともひとつある。それはREM睡眠と徐波睡眠で経路のリプレイを比較してみることだ[13]。徐波睡眠中、ラットは再生された経路をあっという間に通過し、そのスピードは実際に移動する場合よりも約二〇倍速かった。一方REM睡眠中のリプレイは、より自然な速度で行われていた。数分間の生活行動——ある環境で数分間にわたって続く移動——は、眠っている脳の中で一か所ずつ順を追って、実際の場合と同じようなスピードで再生されたのだ。

この結果は決定的なものではないが、動物における経験とオフラインプロセスの有用性とのあいだに、私たちの脳にあるような橋を架けていると言うことはできるだろう。

すべてを考え合わせると、人間以外の動物にも、可能性のオフライン処理ができ、なおかつオフラインの経験をもっているものがいるということになりそうだ。多くの動物はかなりの時間をただじっと座って過ごしている。そのときに動物たちの頭の中がまったくからっぽだとは思えないし、「いま・ここ」の場面について、いつも同じで単調なスライドを経験しているというのも疑わしい。動物の脳には自走式の動的パターンが存在し、その中ではもっとたくさんのことが起きている。私が思うに、多くの動物は相当の時間を〝ここではないどこか〟で過ごしている。人間と人間以外の動物のケースについて考えられる相違は、〝どこか〟の経験の有無ではなく、それをどの程度意図的に制御しているかではないだろうか。人間の認知の特徴で、ほかの動物の内で起こっていることと本当に大きく異なるように思えるのは、自覚的に設定された目標を達成するために課題に注意を向け、一時的な衝動を抑制し、自分のさまざまな能力を結集する機能だ（心理学者はこれを「実行機能」「実行制御」と呼ぶ）。この側面が思考を整理する役割を担うツール（たとえば言語）と一体となっていることによって、私たちはオフラインの行程をただ起こるに任せるのではなく、意図的に誘発し、制御することができる。私たちは計画的に特定の〝どこか〟に旅立てるのだ。ただし、回り道をしたり、ルートを外れたり、夢を見たりすることもあるかもしれない。

徐々に統合される

本書が終わりに近づいてきたところで、いま見えている全体的なイメージを確認しておこう。これまでの基本的な考えは、「心」と「感じられた経験」のストーリーは動物の生態から出現したというものだった。動物の進化は、新しい種類の生命体、感覚と行為を介してそれまでにないやり方で世界とかかわる存在をつくり出した。その進化は主観性と行為者性を生んだ。さらに、潜在的な自己の感覚を含むような形で世界に対処する動物を誕生させた。私自身は、自己の要素こそが問いの答えであって経験のライトをオンにするものだとは考えていない。とはいえ、自己は動物の感知と行為の「かたち」を特徴づけるものとして重要だし、主観性と密接に関連していることは明らかだ。第5章では、ストーリーのこの部分——新しい種類の個、感知と行為の中心としてあること、自己の意識をもつこと——が担う役割について考えをめぐらせた。いまならこんなふうに言うこともできるだろうか。動物における進化では統一のとれた行為に重きが置かれ、ある時点以降、自己として効率的に活動する方法とは、そういったひとつのまとまりとして自己の感覚をもつことだった。この自己の感覚は最初は完全に黙示的あるいは潜在的なものだが、行動がいっそう複雑に進化していくにつれて、一部が表に出てき得る。

こういった解釈に加えて、もうひとつのアイデアがある。進化は動物の身体を感知と行為の中枢に変え、同時にその身体を制御するユニークな特徴を神経系に組み込んでいった。経験の基盤は、ネットワークの中で互いにやりとりをする単なる細胞の集まりではなく、分散するリズムと場、そしておそらくはそれ以上の大規模動的特性を介して、さらなる活動と統合を進める器官である、というものだ。

これらの見解がどのようにうまく嚙み合うのかという疑問は未解決のままだ。世界とかかわり、世界に対して働きかける自己が形成されるというだけのことに、どこまでの比重を認めるか。芽生えつつある自己と他者の感覚にはどんな役割があるか。そして、こうしたことはどの程度まで神経系が自然のエネルギーを組織化する独自の様式に起因しているのか。どれもそれなりに心と物質のあいだ、経験と生活現象のあいだのギャップを一部埋めようとするものだが、私としては第1章で引いたグロタンディークの一節（採用されなかったエピグラフ）が言わんとしていることを真剣に受け止めている。すなわち、問題の周囲に知識が積み上がるにつれて、その問題はゆっくりと形を変えていくという信念だ。

この見方は神経系に縛られている（いわば「神経中心主義」だ）し、それゆえ非動物的な心の存在に対して懐疑的である。神経系がしていることは、なぜほかの何かにはできなかったのだろう？　ひょっとするとできたのかもしれない。それなら、神経系が実際にどんなことをしているかを、あらゆるスケールで見てみよう。まず、ネットワークの中には細胞どうしの作用がある。そして、活動を同期する、ゆっくりとした振動がある。さらに、空間的に広がり、ひるがえってニューロンに影響を及ぼす場がある。脳と経験について考えるとき、人は二つあるイメージのどちらかに偏ってしまいやすい。そのひとつは、脳は細胞間のスイッチと信号だけで構成されている（からともかくそれで十分なはずだ）とみなすこと。もうひとつは、包括的な動的特性の出現を認め、一足飛びに〝意識のクラウド〟、脳によって押し出されるひとかたまりの感覚を想像することだ。ある意味で、前者のイメージは問題をいたずらに難しく感じさせ、後者はむやみに簡単に感じさせている。脳の優れた点は、細胞間のあらゆる局所的な作用（感覚面からの刺激を整理し、調整された行為を生み出すこと）に、大規模な活動パターンも加わっている、その組み合わせの妙にある。これはすべて進化のプロセスによって形づくられたもので、自然がほんの偶然だけからつくり出すものではない。そのまとまりは、行為と制御を可能にするために進化してきたのだ。

もし唯物論が正しいとすれば、細胞の中で渦巻く嵐をはじめ、無数の細胞の活動をつなぎ合わせること、電気的呼吸におけるリズムの攪乱、そしてこれらの大規模な連携は、心をつくる材料である。私たちはこのことに同意しなければならない。つまり、その結果が私たちの心だとみなすのではなく、そういった活動こそが心だと考えるわけだ。ここには想像力の飛躍のようなものも絡んでくる。一元論を思い出してほしい。一元論とは、第1章で説明したように、心と物質とのあいだにある見かけの差異にもかかわらず、世界の基本的な成り立ちは単一の原理によると主張する哲学上の立場だった。ここで想像力を飛躍させると、私たちは「オプション」として物理的世界に付け加えられたものではなく、世界の仕組みのある側面をなしているという考え方に行き着く。私たちは単に物理的世界の営みに拘束されていたり、それによってつくられたりしているのではない。その活動の一部なのだ。

ここまでは、どんなふうなものが主観的経験をもつか、そしてそれはなぜかについての概説だった。次なる疑問は「経験とはそもそも何であるのか」だ。まず基本的なことだが、経験とは、「内的に」感じられるものとして先に挙げた営みを指す。適切な活動を内包するある種のシステムにおける、ものごとの感じられ方、とも言える。経験とは、そのシステムであるとはどのようなことか――それを眺めるのではなく、描写するのでもなく、それとして存在すること。適切な活動のパターンにとって「あなた」であるとはどのようなことか、ということだ。

もう少し詳しく説明すると、次のような状況になる。あなたが適切な種類の一個の生物であって、覚醒している（あるいはその他の条件を満たす状態）ならば、各瞬間における「経験プロファイル」をもっている[14]。これは、その瞬間にものごとを一個の生物全体として感じる、その感じられ方を指す。経験プロファイルは、あなたの中で起きている大小さまざまなことの影響を受ける一方で、その瞬間が過ぎれば変化する。

このプロファイルは、動物によってずいぶん異なったものになるだろう。とはいえ、典型的な人間のそれは、気分やエネルギーのレベル、自分の身体に関する潜在的な感覚などさまざまな要素に加え、感覚的な情景――見たもの、聞いたもの、感じたもの――を含んでいるはずだ。このタイプのプロファイルでは、前景と背景に大きな違いがある。本であったり、音であったり、あるいは外で起きていることでもかまわないが、私たちが何かに注意を向けているとき、その何かは前景に置かれ、ほかのことはだいたい背景に退く。これはすぐに変わるものだ。見えるものや聞こえることに代わって椅子の硬さや送風機からの風に注意を向けることもできるが、それは何かが変わったせいかもしれないし、あなたが自分でそうしようと思っただけかもしれない。そして、こういったこともまた遠のいていく。背景と化しても、これらのことはまだあなたの経験プロファイルの一部であり、エネルギーのレベルや気分などと同じように、あなたの感じ方に何らかの影響を及ぼしている。目立つところにはないが、それでも引き続き一役買っているのだ。

さてここで、私が描く全体像にもうひとつの部分を導入しよう。本書で検討したい最後のピースになる。それは「漸進説」gradualism、進化において心と経験は一気に登場するのではなく、時間をかけてじわじわと現れてくるという考え方だ。

この手の考察は、必然的に人間で見られる豊かで複雑な意識経験から始まる。そしてそれはすぐに、より単純なケースや、そもそもの起源をめぐる疑問につながっていく。経験の拠りどころとなる生物学的な特徴を整理していくと、その多く（もしかするとすべて）は程度の問題であるらしいことがわかる。現生生物に限って言えば、神経系をもつか否かについては——興味深いことに——明快な答えがあるようだ。少なくとも、神経系とは何かということについて標準的な見方をするならば、「ある」か「ない」かにはっきり分かれている。だが、神経系もおそらく徐々に進化したのだろうし、本書で取り上げてきたほかの重要な特徴に関しても、実際のところほとんどすべてにどちらとも決めにくいケースが存在する。

進化における変化にはかなり急速に起こるもの（たとえば突然変異によって、生物のライフサイクルの相対的なタイミングが影響を受ける場合）もあるが、重要な特性はまるごとポンと出てくるわけではない。それはいつとはなしに現れ、どっちつかずの状態から浮上してくるものだ。ここまでの章では、私たち人間の経験を生み出す特徴の一部、あるいはそのほんのひとかけらしかもっていない動物（や動物以外の生物）の例をいろいろと見てきた。刺胞動物、腹足類、原生動物、植物などだが、これらはすべて、経験それ自体の起源が漸進的なものだったということを示している。

ゆっくりとした推移は生物の身体については違和感がないが、ほかの専門の人々の目には、意識あるいは〈感じられた経験〉はそんなものであるはずがないと映ってきたようだ。一個の動物（アリ、クラゲ、ツツイカ）の内部で、ライトの状態はオンかオフのどちらかしかない[15]、つまり「ある」か「ない」かだ、と。じつを言うと、私は最近の議論でこう主張したがる哲学者がとても多いことに衝撃を受けている。経験の存在そのものを、多いか少ないかという程度の問題だとみなすことはできないらしい。彼らは最初こそ、それに近い状況も考えられないわけではないと言う——このときモデルとして望ましいのは、単純な照明スイッチではなく、調光（ディマー）スイッチだ。とはいえディマーでも、オンでわずかに明るいか、あるいは完全にオフの二通りであることは変わらない。これと同じように、動物の内面でライトがいったんオンになれば、その経験の複雑さと豊かさに差異が存在する可能性はあるが、少しだけオンという状態は結局オンなのだ

——彼らはそう私を諭す。

この説明には納得しかねる。私がこれまで述べてきた特徴が経験の基盤であって、その存在に濃淡があるのだとすれば、主観的経験にも濃淡があるはずだ。主観的経験は、ある時期に出現し、以降ただそこにあるようなものではない。もっと正確に言うなら、主観的経験がそこに「あるということ」は程度の問題だ。一部だけがあり、一部を欠いている状態もあり得る。

こんな主張が受け入れがたいと見られるのはなぜだろうか。まず指摘したいのは、私たちは自分が使う言葉にとらわれやすいことだ。「ライトがオンになっている」というのはまったくの比喩にすぎない。意識について話すとき、人はよくこのイメージを放棄することに抵抗するし、いったんわきに置きながら、おもむろに戻ってくることもある。しかし、これは本当に比喩で、しかもある意味ではまずい比喩だ。私は前半の章で脳の暗がりから魔法のように色を生み出すという誤った描写を批判したが、この比喩はそれを連想させる。また「〔○○であるとは〕そのようなことであるような何か」という表現も問題を引き起こす。〝あなたであるとはそのようなことであるような何か〟があるか、それともまったくないか、という話になるからだ。「何かがある」と「何もない」はシャープに分かれている。もっとも、ネーゲルのこの有名な言い回しは課題の出発点、理解する必要があることを示すやり方としては悪くないと思う。だが、私たちはこの表現に縛られるべきでもないだろう。実際、この表現は解決策がどうあるべきかに関して何のヒントも与えていない。それに、心的なものと物理的なもののあいだを一部埋めようとするほかの言い回しには、程度や連続的な変化（グラデーション）を認めるものが少なくともいくつかある。視点はきわめて漸進的に出現し、決定的なものになっていくことができるのだ。

進化について説明する中で、意識はある境界を越えたときに生じるという見方をしてみたくなることがある。動物は徐々に重要な生物学的特徴を獲得していくが、急にいわば「相転移」が起こり、例のライトがオンになるというわけだ。物理的な側面で比較的急激な変化が起こることは確かにあり、そういったものは本書のストーリーの中にも位置づけ得るかもしれない。とはいえ、物理的・生物学的な側面が滑らかで緩やかな変化を遂げているところに、意識が突然上乗せされることはあり得ない。そんな説明は、何らかの脳の活動によって意識が生まれるとする見方に戻ることだ。そうではなく、ここで重要な脳の活動がどんなものかがはっきりすれば、その活動パターンをもっていることはすなわち意識経験をもっていることであると言えるようになる。

漸進説の立場には、睡眠からの覚醒（目覚め）という身近な現象の裏づけもある。目覚めは――少なくともときどきは――本当に徐々に意識を回復しているように思えるプロセスだ。複数の哲学者にこの例を提示してみたところ、目覚めにともなう個人の経験は曖昧で弱いものかもしれないが、それはある明確な時点から「一〇〇パーセント現実の」曖昧で弱い経験になるに違いないという反応が返ってきた[16]。彼らはおそらく、人間の赤ちゃんが最初の意識をもつときについても同じことを言うのだろう。赤ちゃんの場合は事後の記録が難しいものの、目覚めは毎日起こっている身近なできごとであり、漸進説にかなり強力な論拠を与えている。太古の昔からの意識の進化がほかの点で目覚めの現象に似ていると言いたいわけではないが、目覚めの例は黒白をつけにくいケースのモデルを示してくれている。

このあたりについては新しい用語の開発が待たれるが、私が支持するイメージは次のようなものだ。人間には〈感じられた経験〉が現にある。だが、人間の中に存在しているものが少ない動物のケースを、それがより少なくなる方向へ順に見ていくと、主観性は次第にぼやけ、消えてしまう。人間以外の動物については、「それに意識はあるか？」「経験をもっているか？」といった質問にイエスかノーかでは答えられないケースもある。むしろ、動物の中で起こっていることは、より経験的か、あるいはそれほど経験的でないかという量の多少の問題としてとらえられる。

私はこの見方を「漸進説」と呼んでいるが、尺度はひとつではない。たとえば、評価の面がより単純で感知はより複雑な生物がいたとして、それを感知がより単純で評価はより複雑な生物と比較し、前者のほうが全体としてより明確な意識をもっている、とは言えないのだ。おそらく正しい見方は、複数の次元を設定し、それぞれにおいて生じる差を認めることだろう。

本書で生まれた数々の考えをまとめる上で妥当な方法と思われるかどうかはさておき、この見方は最近の哲学と心理学における多くの研究の潮流には抗うものだ。私がここで念頭に置いているのは、先に述べた漸進説に対する抵抗感というより、もっと大きなアプローチの違いだ。

現在の研究は、脳のデータ処理においてきわめて重要な特定の段階、あるいは経路に注目し、意識経験を詳細な情報処理モデルで説明しようとするものが主流だ[17]。この立場では、情報がここからそこに移動するときに、その情報は経験され、そうでないときは経験されないと考える。私たちの脳は大量の情報を処理していて、中には特殊な経路や回路に入ったり、特定のコード化がなされたりしたあとで初めて意識的に経験される情報もある。ひょっとすると経験は、情報が「作業記憶」に回されたとき、もしくは脳内の中心的な「ワークスペース」、あるいは「世界モデル」に取り込まれたときに生じるのかもしれない。そして、脳で常に処理されている情報のうち、意識を生じさせるような形式で処理されるものはごくわずかしかないという。

このアプローチは、意識経験にはかなりの選択性が見られることを示そうとする数々の興味深い実験によって正当化される部分がある。人間の脳がしていることのほとんどは、本人が意識しないところで行われ、この無意識の面には最低限生きていくために必要な基礎活動の多く――知覚をはじめ、行為の誘導、基本的な種類の学習まで――が含まれているらしい。経験に関する限り、私たちはたくさんの基礎活動を「自分では知らないうちに」しているようだ。実験によると、人間は、自分では聞いたとまったく意識されないほどの一瞬だけ耳にした単語を理解できるという。聞いたということはわかっていないが、その単語の意味はほかのことに対する私たちの反応に影響を及ぼす場合がある。同じように、脳にある種の損傷を負った人では、本人は「まったく何も見えていない」と言う〔つまり見えていることを意識できない〕にもかかわらず、周囲の物体が見えているように反応することがある――「盲視」と呼ばれる現象だ。

こうした実験結果には敬意を表するが、私としてはその解釈や位置づけの傾向には同感できない。[18]このアプローチでは、意識経験に含められるのは一度にひとつのことだけだ、などと言われることが往々にしてある。たとえば、先に述べたような多くの実験を自分の研究室で手がけてきたフランスの神経科学者スタニスラス・ドゥアンヌはそう主張する。[19]人間は〔同時に〕ひとつのことしか意識できないが、あることから別のことへとかなり素早くスイッチを切り替えられるという。一連の見方がある中で、これはいささか過激な立場だ。ほかの研究者は、〔同時に〕ひとつ以上のことは存在できるが、いずれにしても脳内にある重要な経路を通ってひとまとめにされるか、例の重要な場所に送られる必要があると考えている――その重要な経路や場所が何なのかは見当もついていないが。

気分やエネルギーのレベルといった要素の役割はすでに強調したが、それを考えると、この「窮屈な経路」による経験のとらえ方はあまりに不思議で、私が私なりに経験の説明として述べてきたこととはまったく違うものについて話しているのではないかと思ってしまうほどだ。もしかすると、ここには二つのことがあるのかもしれない。ひとつは総合的な経験プロファイル、〝目下あなたであるというのはどのようなことか〟についてのすべてだ。もうひとつは、あなたはいまどんなことを意識しているか、すなわち前景にあり、あなたが注意を向けているもののすべてだ。私にとって「意識している・意識をもっている」consciousという言葉と調和するのは前者よりも後者のとらえ方なのだが、それはこの言葉に何らかの対象が絡んでいることが示唆されているからでもある。あなたは意識をもっているか……なるほど、それなら何を意識しているか。一方、「経験プロファイル」の考え方はこれとは異なるはずだ。経験を左右することの多く——「いま現在あなたであるということはどのように感じられるか」に影響を及ぼすことの多く——には、とてもそんな高いレベルの集中はない。

仮に、経験プロファイルがこんなふうに、より幅広く包括的なものだとすれば、脳の中で起きていることのどれくらいがそこに貢献しているのだろうか。私の見方からまず浮かぶ答えは「全部」だ。たとえ、脳で起きていることの大半がそれぞれにしている貢献が微々たるものであったとしても、その全部がかかわっている。なぜなら、ほかの答えでは、二元論——経験は脳の活動のある特定の部分から生み出されるもので、脳が私たちのためにつくり、私たちに捧げている何かだとする考え方——に戻ってしまうように思われるからだ。そうではなくて、私たちの経験こそがその活動なのだから、その活動に関することは多かれ少なかれすべて関係があるはずだ。しかし、状況はそれほど単純ではない。活動パターン（つまり心のすべてではどんな細かなことでも経験にとって重要な意味をもつが、身体の内部、あるいは頭蓋骨で区切られた中で起きていることのすべてがそのパターンの構成要素である必要はないからだ。もっとも、ここから得られるイメージは、主観的経験の「窮屈な経路」によるものとはまだかなり異なっている。ある人の内で起きていることの多くは、たとえばテンポ、あるいは注意や気分にごく小さな違いをもたらす。そして、こういった要素が経験の一部を構成しているというわけだ。

私が対照のために用いている「窮屈な経路」のアプローチには、さまざまな動物が経験をもっているという考えから遠ざかる傾向もうかがえる。その理由としては、これらの見方が――無理からぬことながら――人間のケースに基づく知見から形成されていること、そして人間が考え出す理論とは、私たち人間の脳の特定の部分で処理されるべきことがどう処理されているかについての理論であることが挙げられる。

さらに付け加えると、この見方が提起する次のような論法も、たとえ明示的にでなくても、私に言わせれば、動物の経験の問題に対する人々の考えに影響を及ぼしている。先に触れた複数の実験から、人間が無意識のうちにできる基本的なこと、つまり無意識におけるさまざまな種類の知覚や感覚情報の処理などについては、それなりに長いリストがあるらしいことが暗示されている。もしそうなら、これらの無意識のプロセスをひとつのパッケージにまとめて、完全に無意識の状態でかなりうまく世界を感知し、応答ができる動物をつくることも可能なように思われる。ただし、そのときにこの動物がしているのは、結局のところ私たちが無意識のうちに処理できると知っていることだけだ。ならば、〈その動物であるというような感じ〉は存在しないだろう。そして、この結論は仮説の動物と同じような能力を備えた実在のさまざまな動物に適用できるであろう……とこの推論は続く。

しかしながら、これは納得のいく論法ではないだろう。論拠となっている実験はどれも意識をもつ人間で行われたものだ（本人が自分の内面で起こっていることをすべて意識していたわけではないにしても）。そういった実験事実からわかるのは、意識をもつ人間であれば、驚くほどたくさんのことがバックグラウンドで処理できるということだ。とはいえ、それはすべてが同時にバックグラウンドに入り得ることを示すものではない。目を覚ましているふつうの人間の場合、たとえ多くのことが舞台裏でひそかに行われているとしても、その人であるとはそのようなことであるような「何か」が必ずある。いろいろな動物についても同じかもしれない。動物たちも世界を泳いでいるのだから。

私はすでに、意識と経験に関する最近の研究において、代表的な考え方は人間の事例で得られた知見から形成されていると述べた。人間を対象とした実験がベースである以上、これは当然のことだ。人間は指示に従い、何を見たか、どんな感じがしたかを伝えることができる。このような研究は、私たちの中で経験がどう機能しているかについて確かに多くの示唆を与えてくれるはずだ。しかし、ほかの生物についてはどうだろう？　人間の脳にほぼ対応する構造が人間以外の動物（鳥類、魚類）で発見されたという報告もあり、見識が広がる可能性がもたらされている。だが、私たちは本書に登場した動物を含め、人間から遠い動物たちも相手にせねばならない。そのときに犯しがちな誤りは、（人間で観察される）これが経験の何たるかであり、これが起きていないなら経験をもっているはずがない、と決めつけることだ。もうひとつ別の対処のしかたは、ある生物の脳が人間の脳と異なっている場合、その生物の経験は人間の経験と異なるのであって、欠けているわけではないと考えることだろう。ヤドカリやタコなどにはおそらく何らかの形の経験があるといったん認めると、広い見方――人間以外の動物にあって、なおかつ人間にもある、すべての動物を経験する存在にしているものについての包括的な説明――が必要になる。じつはそれこそ、私が本書で進展させようとしてきたものだ。さらに、私はこの包括的なアプローチによって、人間の経験、すなわち私たち自身のケースに関する手がかりが得られるとも考えている。このアプローチは、例のぼんやりとした、原初の経験を構成する要素に気づかせてくれる。それは心理学の実験で特に明瞭になるような、焦点付けされ、注意力も高い鮮明な認識に付随して、私たちにもある。人間の経験には古いものと新しいものが入り混じっている。

帰結

この考え方の方向性は正しいとしよう。未完成だが、いまのところ間違いではないとする。それならば、目下議論されているほかの問題についてはどうだろう？　このとらえ方からどんな帰結が導かれるだろうか？　ここでは二つのことについて見ていきたい。

私は先の章で、多くの人はたとえばハチやハエを空飛ぶ小型ロボットだとみなし、経験の主体だとは考えていないと述べた。読者の中にはむしろ、「この著者はなぜそんなにロボット〔の経験する能力〕について最初から否定的なんだ？」「どうして素通りなんだ？」と思った方もいるだろうか。今日のロボットはおそらく経験をもつことはできないが、未来のロボットはできるかもしれないではないか。

これと地続きの質問は、さまざまな人工知能（ＡＩ）システムにかかわるものだろう。つまり、ふつうに身体の中に納まっている心ではなく、コンピュータープログラムにおける相互作用（インタラクション）のパターンの中に「実現」された心（マインド）が宿っていると想定するシステムについてだ。なお、私がここで考えているのは、いわゆる「強いＡＩ」――コンピューターのプログラムで、心をもった人がするように振る舞ったり、問題を解決したりすることだけのために構築されるものではなく、それが走っているあいだは心となる〔心である〕ことがその本性であるようなもの――を目指す取り組みだ。さらに言えば、もし心がソフトウェアの相互作用によるパターンの中に存在できるのなら、いつかはそんなソフトウェアの一部（ひょっとすると私たちの心も含む）を「クラウド」にアップロードできるようになると予想される。このシナリオでは物理的なコンピューターが必要ながら、今日のクラウドコンピューティングで情報が移動しているように、心がコンピューターからコンピューターへと移し替えられることがあるかもしれない。私たちの思考や経験は、いまは特定(ローカル)の身体の中にしか存在しないものだが、アップロードされ、マシン間で手軽にやりとりされるようになるかもしれないということだ。

本書の考え方が正しいとすれば、何らかの相互作用をコンピューターに組み込むことによって心をつくり出すことはできない。たとえその相互作用がきわめて複雑で、私たちの脳がしていることにならってモデル化されているとしても、それは不可能だ。程度の差はあるにせよ、本書の立場は多くのAIプロジェクトの背後にある思想と対立する。

これらのAIプロジェクトは、心は相互作用と活動のパターンの内に存在するという考えに基づいて進められている。ふつうの場合このパターンは私たちの脳に見られるが、同じパターンが、この思想によれば、脳以外の物理装置にも存在できる可能性があるという。私がここで擁護している立場も、さまざまな心が活動のパターンの中に存在するということをある意味で認めているけれども、そのパターンの「移植性」は想像されているよりもずっと低い。それは特定の身体、あるいは生物学的な土台に拘束されるのだ。

強いAIに反対する理由としては、こんなことがよく言われる。脳で見られるような相互作用のパターンをこういったコンピューターのプログラムによって「表現」することはできるかもしれないが、それはその相互作用がコンピューターの中に「存在」することと同じではない。単に符号化され、書き込まれているにすぎず、それだけでは不十分だ、と。これは重要な反論なのに、AIの支持者たちはあまりにもいい加減に片づけてしまうことが多い。しかし、私たちの脳がしていることに関連する活動には、コンピューターの中にそれほど無理なく実在させることができそうな種類のものもある。脳はシグナル伝達と切り替えを行うネットワークにすぎないと仮定しよう。ここでニューロンAはニューロンBとCの発火を誘発し、ニューロンCはD、E、Fなどに作用するとする。それ以外のことは起こらない。そうすると、コンピューターの中の何かがAの役割（BとCに影響を及ぼす）を担い、また別の何かがBの役割を引き受け……という状態にできるならば、道具立ては整っていると言える。つまり、脳の活動パターンはマシンの中で単に表現されるのでなく、存在できるのかもしれない。とはいえ、ニューロン――と脳――はそれ以上のことをこなしている。AIプログラムは脳がしていることを表現しているだけで、脳がしていることを実際にしているわけではないという指摘は、脳の大規模動的特性についてはもっと深刻だ。こちらもまた、コンピューターの中に物理的に存在している必要がある。このリズムや波（など）が脳でしていることを記述する数式を導出し、マシンで実行するだけでは不十分だろう。マシンは実体としてこのパターンを内包している必要があるのだ。

人間の心ではなく「ある何らかの」心を目指しているなら、そのパターンは私たちの脳で見られるものとまったく同じでなくてもよく、単に類似のパターンがあればよいのかもしれない。だが、マシンの中でこのようなことを起こすために必要な条件とは何かを考えてみてほしい。たとえば脳のリズムと場を生み出す活動についてはどうだろう。これは膜を通したイオンの移動、いわばごく小さな潮の満ち干で、それが合わさって脳の特定の部位に調整された振動をもたらすものだった。脳の場のことはひとまずおくとしても、脳の動的パターンに匹敵するようなものを備えていながら、それ以外は物理的に脳との類似点がないシステムを実現するというのは、実際かなり難しいだろう。

ここは、私が本書で述べているような唯物論の意味をもう一度考え抜くよいタイミングだ。最初、あなたは自分の頭が意識的な思考でいっぱいであることに気づく。これが脳だけによるもの？　あり得ない！　ほら、灰色のかたまりだ。これで十分なはずがない。ここで誰かが言う。「いやいや、物体としての脳の話ではなくて、脳の中の活動が問題なんです。それは見えないんですが」　あなたは尋ねる。「活動って?」「シグナルとスイッチです。たくさんあって、すごく複雑なんです」この場面であなたに期待されている返事は「なるほど」で、あなたは実際になるほど、そうかと納得するものと考えられている。だが、事態は本当になるほどと思えるようになっているだろうか？　しかしそこで、あなたはその全体を見てみる――例の細胞間の作用、リズムと場、感覚によって調節されている電気活動のパターンも含めて全体を見るわけだ。そうすると、少なくとも私の場合、事態はまったく違って見える。その活動は私であるかもしれない。私の思考や経験、過去の追体験、未来の想像であるかもしれないのだ。そしてそれはもはや信じがたいことではない。

今日のコンピューターに入っているのは、私たちの中で起きていることのほんの一部、いわば論理回路のひとかけらだ。コンピューターは往々にして行為者性と主観性の錯覚をつくり出すように設計されており、実際それをうまくやってしまう。仮に、速くて信頼性の高い論理プロセッサと大容量のメモリを搭載し、必要な動力が供給される安定したユニットに格納された装置から始めるとしよう。それはどんなふうにプログラムされたとしても、やはり脳、あるいは生命体とはまるで異なる物体だ。もしかすると、将来的には新しい材料から人工のシステムをつくり、より脳に似せたオペレーションが実現できるかもしれない。その結果は一種の人工生命、あるいは少なくとも現在のＡＩシステムよりはそれに近いものになるだろう。ここでの問題は、ＡＩシステムが進化の産物ではなく私たち人間によってつくられた人工物であること、ではない。問題は、そのシステムの中で適切なできごとが起こっているようにする必要がある、ということだ。

それから、ＡＩの領域で私がどうしても折り合えないのは、「アップロード」するというシナリオだ[20]。コンピューターのプログラムをアップロードしたものが、あなたの経験と同じような経験をもち、「あなた」の延長となり得るという考えは幻想にすぎない。あなたという人は、クラウドを介して複数の端末間でやりとりされるどんな活動パターンからもかけ離れた存在だ。繰り返すが、将来のマシンはいま現在のものとは違う可能性があるし、人工生命はいつの日か登場するだろう。しかし、現行の技術を前提とすれば、あなたの経験を生きている身体の生物学的な基盤から切り離し、クラウド上に――「あなた」の分身として――存在させるようなプロセスはあり得ない。

アップロードするシナリオは、とても実現しそうにない。この対極にあるのは、本当に脳のような制御システムを内蔵した未来のロボットを想定したシナリオだ。そこからは、いつの日か人工知能にとどまらず、人工の経験まで生まれるかもしれない。

もし感性が私の主張に近い形で存在するとすれば、そのことは動物その他の生物に対する私たちの行動をどう変えるだろうか。ここで詳しく取り上げるには大きすぎる疑問だが、本書のねらいのひとつは、動物への「配慮」の対象を現在一般的な範囲よりも大きく拡大すべき理由を示すことにある。そこには、より多くの動物の福祉（ウェルフェア）を考慮すべき点として扱うことも含まれる。配慮の拡大は、権利の拡大や、何らかの地位の平等を確保しようとすることと同じではないし、蚊やコバエ、アブラムシを同胞として迎えたり、これらの動物に対する私たちの行動を根本的に変えるべきと説いたりするのは本書が意図するところではない。考えようによっては、配慮の拡大はそれ自体ではさほど大きな一歩ではないかもしれない。それでも、一歩であることは間違いない。しかも確かな一歩だ。

私の見方には、やっかいな状況につながる部分がひとつある。「人間」と「人間以外のすべての動物」という従来の区分を放棄すると、福祉や倫理の問題を考える際に、違う区分を探し、新しい境界を設定しようという（ごくもっともな）誘惑が生じるのだ。たとえば「感性をもつ生物はこっち、そうでないものはあっち」というような。最近なされた提案には、ある動物が感性をもっている合理的な可能性を認めたなら、その動物の利益を保護するに越したことはないと述べているものもある。[21] この姿勢を支持する立場で言えることはたくさんあるし、状況によっては応用も難しくない。しかし、漸進説の見方が正しければ、さまざまな無脊椎動物のケースをはじめ、「それは感性をもっているか？」という質問に対して、一般原則としても明確な答えがない場合が多いかもしれない。こんなときにどう考えるか、私たちは新しい道を探っていく必要がある。なお、経験にはきわめて多様な種類があるという問題もここでは重要だ。私は一時、昆虫にも感覚的な経験はあるだろうが、痛みやストレスといった評価的経験はもっていないのではと思っていた。もしそうであれば、動物の福祉をめぐる問題に大きな影響が及ぶことだろう。だがいまは、第8章で見たように、昆虫の経験に関するこの見方は間違いではないかと考えている。

さらには、具体的な問題も提起される。本書では、さまざまな点で残酷な動物実験から直接間接に得られた情報を一貫して用いてきた。文献における科学的内容の報告は得てしてごく簡単で、特に、得られている知見が総説などでいったん整理されてしまったあとは、その傾向が強い。「当該の動物はかくかくのように機能する」「当該の動物の内部にしかじかのものがある」といった具合だ。しかし、その裏にはしばしば多大な苦しみがある。ほかならぬこういった研究——私たちをここまで連れてきてくれた研究——について、私たちはどう考えるべきだろうか。いくつかのものには何の異存もない。エルウッドのヤドカリを用いた研究についてはすでにそう述べた。だが、私は実験について読んでいて思わず顔を背けてしまうこともある。多いのはサルやネコを対象とした研究だ。哺乳類に関する話題は本書にはあまり載せていないので、そんな過酷な事例を読者に突きつける必要もあまりなかったわけだが。[22] 本章で紹介したラットのオフライン処理の実験はそれに近いところまで行っていた。しかしあれ以上に興味深い報告もなかなかない――このようなシステムがラットの体内に備わっていて、私たちがそれを調べられるというのは、ほとんど奇跡のようなことだ。この研究は脳のメカニズムに関する疑問の性質を大きく変えつつあり、ノーベル賞の受賞にもつながった[23]。私はこの研究結果を知ることができて本当によかったと思うが、ラットにとってはまったくとんでもない試練だっただろう。多くの知見が集まるにつれて、その学びから私たちが前進ではなく少し後ろに下がる気になることを期待する人もいるかもしれない。

動物実験をめぐるこういった議論において、実際に実験に使われた動物の数はかなり小さいことが多い。この文脈で、ほんの少数の動物が実験に供されることが、それほどの問題だろうかと問うこともできる。しかし、問題は必ずしも数の大小ではない。私たちは感性をもつほかの動物とどのような関係をもちたいのかという問題もあるからだ。たとえばサディズムは、かかわる数がほんのわずかであったとしてもひどいことだ。私は、本書で取り上げているようなタイプの実験は一般にサディスティックではないと思う(この〝サディスティック〟は文字通り、相手の苦痛に快感を覚えるという意味だ)。けれど、動物に苦痛を与えていることがかなりはっきりしているのに、何が起きているのか知りたいからという理由だけでそれを続けるというのは……どう形容すべきかわからないが、そうして生まれるのはよくない関係だ。得られた知識を通じて別のところで苦痛が軽減されるよう期待するのはおしなべてもっともなことだし、それは重要なことでもある。だがこの分野では何よりも、実用的な進歩はたいてい、ほかの理由で行われた基礎研究の予期せぬ帰結としてもたらされるという事実が頭から離れない。私たちはこの事実を直視しなければならないが、そうすると申し開きはきわめて困難になる。たとえこのような論法が支配的な情勢になっても、実験の有益さを維持しながら、同時に動物の経験に及ぶと考えられる影響を軽減していくためにできることはいろいろあるだろう[24]。いまなら二度と繰り返したくないような研究もあり、そうせずともすでに知識が得られているのは、喜ばしいことではないだろうか。

「心」のかたち

去年、私は本書で取り上げた数々のできごとの舞台となった湾でダイビングを終え、浅瀬まで泳いでちょっと休んだ。海藻の切れ端が二つ、目の前で激しいけんかを始めたのはその時だ。ちぎれたかけらが宙を舞う。よくよく見ると、それはごく小さなモクズショイだった。カイメンではなく海藻をまとっていたのだ。相当腹を立てているらしく、お互いに引き下がる様子はない。私が見ているあいだはどちらも譲らなかった。距離は詰めたまま、ときどき海藻そっくりの身体を相手に向かってばたつかせる。これは初めこそ驚くが、最終的には理解できる行為者性の誇示だった。

心は、この世界全体におよそどのように拡がっているのだろうか。それはどこに、そしていつ見つかるのだろう？　私たちのまわりにはどのくらいあるのか？　ここで、まったく対照的な二つのイメージを比較してみよう。砂漠とジャングルの対比ととらえてもかまわない。砂漠のイメージでは、心はほとんどどこにも存在しないとする。心に関して言えば、世界は生物世界を含むほぼ全域が不毛の地というわけだ。第1章で概略を示したデカルトの説はこの類だが、二元論者でなくてもこういった考え方はできる。実際、多くの人が似たような〝まばらな心〟のイメージを抱いていた。人間と一部の哺乳類はおそらく心をもっているが、このグループから外れると、心は置き去りにされる。それら以外の世界では、心はブランクになっているという。生物世界の大部分でさえ、心をもたない殻だけの存在とみなされる。

この反対がジャングルで、心はどこにでも（あるいはほぼどこにでも）存在するというイメージになる。もっとも極端なものは汎心論と呼ばれるが、これは原子にまで魂に近い力が宿っているとする見解だ。また〃ほぼジャングル〃のイメージもあり、あらゆる生物は——植物、バクテリア〔も含めて〕——感覚をもつとされる。そうすると、生物が一切いない地域を除き、感性は地球上のほぼ至るところに存在することになる。

真実はこの二つの中間、砂漠でもジャングルでもないどこかにある。その輪郭は、地球生命の系統樹、進化が生み出したいまや樹齢三〇億年を超える木の上をもう一度移動してみることで調べられる。第一に、そして驚くべきことに、広い意味で心に似た性質をもつ活動のいくつかは、この木の全体、おそらくすべての枝と葉柄に存在する。感知と応答は至るところで見られる。生きている細胞であれば、自分の周囲で起きていることにまったく気がつかないということはない。生命の原初の段階については不明だが、いわゆる「最小限の認知（ミニマル・コグニション）」は木の広がりの大半、あるいは全部にわたって存在するらしい。

これはじつに思いがけないことだ。私たちが期待するようなあり方には、アリストテレスの思想がより近いように思われる。アリストテレスは、すべての生命あるものは「栄養的霊魂」（自分を維持しようとする願望）をもつが、「感覚的霊魂」（知覚し応答する能力）をもつのは動物だけであると考えていた。なお、人間はこの二つに加えて思考する霊魂〔思惟的霊魂〕をもつとされた。ほとんどの生物はわけもわからず栄養を摂り、感覚への扉は動物に至って初めて開かれる——実際、そのような展開も可能性としてはあり得たようだ。だがそうはならず、感覚をつかさどる魂は、おそらくほかのどの能力よりも早い時期からあまねく行き渡っている。

ここを出発点に、さまざまな進化の系統が独自の道をたどった。ある枝で動物の身体が生まれ、行為の手段がもたらされた。この枝では、神経系がそれまでにはない方法で身体を束ねた。そして、この枝からさらに分かれた小枝では、動物が機敏に行動し、ものをうまく動かし、行為の対象を知覚するようになった。動物的な存在のしかたを生み出したのはこの枝だ。

　感性、つまり感じられた経験、もっとも広い意味での「意識」は、この場景においてどんな姿をしているだろうか。感知とミニマル・コグニションをどこにでも認め、タコやカニのような動物は感性をもっているとみなしたが最後、足がすくむような眺めが目の前に開けるかもしれない。あなたの前に伸びるなだらかな坂道は、植物や菌類、神経細胞をもたない動物、原生生物、バクテリアにつながっている。もし感性が徐々に生まれてくるはずのものだとしたら、それが現れる道はなぜこれではないのだろう？　ミニマルな認知はなぜミニマルな感性を意味しないのか？　心の進化を理解する上で主観性が重要な概念であるとすれば、ミニマルな認知をもつものは、必ず一種の主観性、自分なりのものごとの見え方などをもっているのではないだろうか？

　この点については、本書を執筆しながら何度も、そしてもっとも迷った。この問いが行き着く先は汎心論ではなく、いわば「生物汎心論」biopsychism、すべての生物は感性をもっているとする考え方だ（biopsychism はこの問題に取り組んだヘッケルが考案した用語だが、私は少し違う意味で使っている）[25]。しかし、私はこれは間違いだと思う。ミニマルな認知は、究極のところバクテリアにも存在している。そこでバクテリアが何をどんなふうにやっているかを見ると、「感じ」というものはどうもないようだ。これらの問題について行ったり来たりする中で、私は神経系の重要性と、（またしても）それが自然のエネルギーを組織する独自の様式の意義を悟ったのだった。

　だからといって、すべてが解決されるわけではない。〔神経系のある生物だけを視野に入れることにしても〕まだほとんどすべての動物は残っているのだ。そこで、ひとつの選択肢として、経験の萌芽は系統樹の動物側の大部分で認められるが、〈感じられた経験〉は異なる進化の系統でそれぞれ別々に生じたと考える。

節足動物と一部の軟体動物、そして脊椎動物ではこれが起きた。グループによっては一度ならず起きた可能性もある。ひょっとすると本書に登場していない動物の分類でも同じことが起きていたかもしれないが、多くの無脊椎動物（サンゴ、コケムシ）では、単純にそのために必要なものが備わっていない。この見方によれば、感性は動物において無から生まれ、そしてそれは少なくとも数回にわたって起きたことになる。

別の解釈としては、経験の原初形態はそれよりもずっと前、動物の進化の初期に、一度だけ出現したという見方もできる。この経験の原初の形態が本書で見てきた進化的放散の前に備わっていたため、さまざまな系統に沿って独自の進化を遂げた、ということだ。

さて、どちらだろう？　この疑問を解決しようとすると、ありとあらゆる障害にぶつかる。過去に起こり、いまとなっては詳細がわからない事件に左右されるからだ。めいめいに違う神経系をもつ動物の中で起きていることを解明する必要があるし、もっとも単純な経験とはどんなものであ
るか、すなわち、ごく初期の段階において感性が存在するとはどういうことであったかも明らかにしなければならない。

そろそろ、もうこれ以上は行けないというところまで掘り進んできた。いま挙げた解釈のどちらかに賭けろと言われたら、私は前者に賭けるが、なぜそんな気になるのかはわからない。それに、もしかすると本当のところは両方が混じり合っていて、私たちの手持ちの言語ではまだ表現できないことなのかもしれない。私はそれでも、脊椎動物だけでなく、私たちからかなり遠く離れた動物のグループ――少なくとも頭足類と節足動物の一部――にも確かな感性が存在するという見方に賭けるつもりだ。そこから振り返れば、進化の系統のどこかで例のライトが突然オンになるようなことはなく、だんだんと「自己」が明確になり、内的なできごとが経験に基づくようになり、主観性が形づくられていく、漸進的なプロセスが見て

取れる。神経系をもっているのは、自分が生きていることを感じられる有機体だけ、つまり動物だけだ。サンゴ礁に沿って、あるいは陸上の森の中を進んでいくとき、あなたのまわりのすべての生物には感知の能力とミニマルな認知が備わっている。その中には自己として構成され、経験の主体となっている生物もある。感性は、生物のうちでも、すべてにあまねくあるというものではない。しかし、かなりの生物にはそれが存在する――海の天使クリオネはたぶん、海の竜シードラゴンはきっと、感性をもっている。これまで大勢の人たちがそういうものだと受け入れてきた以上に世界は濃く、経験に満ちている。

本書の議論とその不確定要素を総括しながら、私は再び「いまそこにある」タイプの経験、生きている時々刻々に生起している経験について述べてきた。経験のもうひとつの側面は、本章の前半で見たように、「いま・ここ」を離れ、自分の身をどこかほかのところに置く能力だった。これは進化からの〝解放的〟な贈り物だが、人間にだけ授けられたものではない。ほかのたくさんの動物もおそらくこの種の経験を多少はもっており、特に夢ではその傾向が強いようだ。しかし人間の場合、この能力はより意図的にコントロールできるようになっている。

この精緻化、すなわちオフライン処理が進展することによって、心はいっそう「モノ」に近づく。これはどういう意味だろう？　何に対立するものとして「モノ」を使うのだろうか？　私が言いたいのは、ここまでの章で語られたストーリーは、心それ自体の物象化（モノ化、心をモノとして扱うこと）を避けて語るのがいちばんふさわしいということだ。動物は物理的なモノであり、動物の脳もモノだが、動物の仕組みやその身体の中で起こる活動の面にくらべると、動物の心にモノとしての性質は少ない。これがオフラインになると事態は少し異なり、心は「アリーナ」のようなものになる。私たちはそこで選択肢をおさらいし、ものごとを組み立て、視覚と聴覚のイメージを操作する。かつて一九二〇年代に哲学者のジョン・

デューイは、心には行為を誘導するという実践的な役割があり、これに加えて「美的な場」esthetic fieldとしての役割もあると述べた[26]。それは、場景がつくり出され、物語が語られ、いま現在の状況がひとまずわきに置かれる場所だ。おそらく、もっとも基本的な経験はこのようなものではなく、「いまそこにある」タイプの経験がいちばん先に来ると思う。だが、こうした〔アリーナのような〕別の次元が現れてこそ、より深い意味での「心」が誕生したことになる。

三〇年前、学生だった私は学会に出席し、オーストリア出身の哲学者ルートヴィヒ・ウィトゲンシュタインに関するグループトークに参加した[27]。二〇世紀の初め頃から半ばにかけて活動したウィトゲンシュタインは、哲学者が考える心の概念はたいてい幻想に基づいて導かれたものだと詳細に論じて大きな影響を与えた人物だ[28]。ウィトゲンシュタインに影響を受けたギルバート・ライルによって有名になった表現を借りれば、哲学者は心を「機械の中の幽霊」だとみなしてきた――心とは物質としての肉体に不思議なしかたで宿り、制御をつかさどる霊的な存在であるというわけだ。ウィトゲンシュタインとライルはいずれも、心についてこのイメージを抱いたが最後、現実を理解することはできなくなるだろうと考えた。このイメージからは無限にまやかしの問題が生み出される。私たちはそれらを解決する必要はなく、ただ放棄すればよいという。

このテーマに沿って、あるスピーカー（クリスピン・ライト）が人間の心を「壁に囲まれた庭」――心の持ち主ひとりが私的に見守ることができ、間違いが起こり得ない秘密の場所――のように扱うことの哲学的誤謬をめぐって発表を行った[29]。ウィトゲンシュタインにとって、心はそのようなものではあり得ない。それどころか、心とは「人々の営み」、すなわち人間の行動の中にあるものだ。

ライトの「壁に囲まれた庭」という表現は、誤り、つまり哲学がどこで踏み間違えたかを指摘する比喩のはずだった。ところが、その着想をめぐる議論が始まるや、そういった会合の場にあっても、この表現に魅力を感じているようなスピーカーが幾人か出た。そして哲学者だけでなく、ふつうの人々がそんな考えをうかがわせる話し方——心は自分だけの世界だと想定した話し方——をすることはよくある。まさにそれこそが立ち止まって考えてみるべき問題だった。ウィトゲンシュタインは、まだ哲学に汚染されていない日常の会話を重んじることを望んでいたのだから。一般に哲学者は、こういった心の問題に関してほかの人々よりも相当に混乱している——ウィトゲンシュタインはそう見ていた（とはいえ、哲学者のような思考をしはじめるのは誰にとっても大して難しいことではないのだが）。

学会の哲学者たちは、心は自分ひとりしか知らない隠れた領域であると人々は語るけれども、そんな見方が正しいはずがない、と考えた。そんなことは単純にあり得ない、と。私は逆に、私たち人間の場合は、そんなことである、あるいはそれに近いことになっているのだと思う。これは感性の一般的な特徴とは言えず、自分が生きていることを経験している動物に等しく当てはまることではない。だが人間は、そういうふうにできている。生まれてくるものと、自分でつくるもの。私たちはその両方で満たされたアリーナを、ひとつの場を創造する。私たちは庭に出る。

謝辞

本書は成長にともなって触手が生え、それがますます多くの動物の分類に、際限なく増え続ける文献リストに、そして数えきれない自然科学と哲学の小道に入り込んでいった。それぞれの領域の専門家のみなさんが、議論に付き合い、問い合わせに答えてくださった。彼らの惜しみない協力がなければ、私は幾度もすっかり途方に暮れていたことだろう。ほぼ章の順に列挙するが、次の方々にお礼を申し上げたい。クリス・シールズ、アリソン・シモンズ、ゲーリー・ハットフィールド、モーリーン・オマリー、ガスパール・イェケリー、トム・デイヴィス、デイヴ・ハラスティ、メリル・ラーキン、ジム・ゲーリング、ジョン・アレン、スティーヴ・ウェイレン、ゲーリー・コップ、アンドリュー・バロン、パム・ライオン、ニック・レーン、デレク・デントン、ビョルン・メルケル、ビョルン・ブレンブス、マデレーン・ベークマン、キム・ステレルニー、アンドリュー・クノル、ニック・ストラウスフェルド、ジョナサン・バーチ、エヴァン・トンプソン、ミヒャエル・クバ、エリザベス・シェクター、ティム・ベイン、ブルーノ・ヴァン・スウィンデレン、ラース・チッカ、クウィン・ソルヴィ、クレア・オキャラハン、クリストフ・コッホ、テリー・ウォルターズ、キャサリン・プレストン、モニカ・ガリアーノ、レスリー・ロジャース。またフレッド・ケイザー、そして彼とともに従来の心の哲学研究者とは少し違った道を行くよう後押ししてくれたローザ・カオと、ずっと昔に動物に関する私の見方を変えてくれたローリ・グルーエンには特に感謝する。

アルベルト・ラヴァとレベッカ・ゲレーンターという二人のイラストレーターの作品を掲載できてうれしく思っている。アルベルトはダイバーでもあるアーティストで、動物がどんなふうに身体を動かし、身体の中に収まっているかをすばらしいセンスでとらえる。彼は54、64、90、１４３、１７９、１９５、２１４、２３９ページのイラストを手がけた。また、レベッカ・ゲレーンターが端麗さと科学的な正確さを兼ね備えた独自のスタイルで描いたイラストは、46、62、71、82、99、１２７、２４１の各ページにある。

コピーエディターの役割が謝辞で言及されることはあまりないが、アニー・ゴットリーブは前著に続き、今回も地味ながら本質的な改善につながる見事な仕事ぶりを発揮してくれた。海関係の協力者では、マット・ローレンス、デイヴィッド・シェール、マーティー・ヒング、カイリー・ブラウンに感謝したい。インドネシア・レンベ島のクンクンガン・ベイ・リゾートでダイビングのガイドを務めてくれたジム・リス・マムコ、ジンベエザメに関していろいろと教えてくれたライブ・ニンガルーのクリス・ジャンセンとケイティ・アンダーソンにもお礼を言いたい。エア充塡その他、どこまでも頼りになるレッツゴー・アドベンチャーズのミック・トッド、またフィート・ファースト・ダイブのトゥルーディー・キャンペイ、ダイブセンター・マンリーのリチャード・ニコルスにもお世話になった。それから、キャベッジ・ツリー・ベイ水生生物保護区、ブーデリー国立公園、ジャーヴィス・ベイ海洋公園、ポートスティーブンス-グレートレイクス海洋公園の管理者のみなさんにも、これらの特別な場所を保全してくださっていることに改めてお礼を申し上げる。

触手のように広がる科学の小道を行く上で、そしてまた水中あるいは水際で私を助けてくださった方々のほかに、本書をすべてにわたって支えてくれた人たちがいる。ジェーン・シェルドンはその明敏さで巧みな表現をいくつも助言するとともに、厳しい目で原稿を読んでくれた。編集者アレックス・スターは、多大な責任感と洞察力をもってこの素材に形を与えることをあらゆるスケールで応援してくれた。そして、エージェントのサラ・チャルファントは、終始一貫してこのプロジェクトをよりよいものにする刺激を与えてくれた。ここに記して感謝する。

ピーター・ゴドフリー＝スミス
メタゾアの心身問題
動物の生活と心の誕生
塩﨑香織 訳

2023年12月15日　第1刷発行

発行所 株式会社 みすず書房
〒113-0033 東京都文京区本郷2丁目20-7
電話 03-3814-0131(営業) 03-3815-9181(編集)
www.msz.co.jp

本文・口絵印刷所 精文堂印刷
扉・表紙・カバー印刷所 リヒトプランニング
製本所 松岳社
装丁 細野綾子

校閲協力 木島泰三（法政大学）

ISBN 978-4-622-09662-7
[メタゾアのしんしんもんだい]

著者略歴

（Peter Godfrey-Smith）

1965年，シドニー生まれ．シドニー大学教授，およびニューヨーク市立大学大学院センター兼任教授．専門は哲学（科学哲学／生物哲学，プラグマティズム／ジョン・デューイ）．練達のスキューバ・ダイバーでもある．スタンフォード大学助教授（1991-1998），同・准教授（1998-2003），オーストラリア国立大学およびハーバード大学兼任教授（2003-2005），ハーバード大学教授（2006-2011），ニューヨーク市立大学大学院センター教授（2011-2017）などを経て，現職．著書に，*Other Minds: The Octopus, the Sea, and the Deep Origins of Consciousness*（Farrar, Straus, and Giroux, 2016. 2019年のアメリカ哲学協会パトリック・サップス賞受賞）〔『タコの心身問題――頭足類から考える意識の起源』夏目大訳，みすず書房，2018〕，*Philosophy of Biology*（Princeton University Press, 2014），*Darwinian Populations and Natural Selection*（Oxford University Press, 2009. 2010年のラカトシュ賞受賞），*Theory and Reality: An Introduction to the Philosophy of Science*（University of Chicago Press, 2003），*Complexity and the Function of Mind in Nature*（Cambridge University Press, 1998），ほか．

訳者略歴

塩﨑香織〈しおざき・かおり〉 翻訳者．オランダ語からの翻訳・通訳を中心に活動．英日翻訳も手掛ける．訳書に，モンティ・ライマン『皮膚、人間のすべてを語る』（みすず書房，2022），スクッテン／オーベレンドルフ『ふしぎの森のふしぎ』（川上紳一監修，化学同人，2022），『アウシュヴィッツで君を想う』（早川書房，2021），アンジェリーク・ファン・オムベルヘンほか『世界一ゆかいな脳科学講義』（河出書房新社，2020），ほか．

索 引

タ

ナ

ハ

マ

ヤ

ラ

ワ

注 記

各項末尾の［ ］内の数字は該当ページを示す．

1 原生動物

1）**それはアルコールで保存され，生物学者T・H・ハクスリーに送られた：** バチビウスをめぐる一件については，主にレーボックの論文 Philip F. Rehbock, “Huxley, Haeckel, and the Oceanographers: The Case of *Bathybius haeckelii*,” *Isis* 66, no. 4（1975）: 504–33を参考にした．ハクスリーが1868年に発表した論文は “On Some Organisms Living at Great Depths in the North Atlantic Ocean,” *Quarterly Journal of Microscopical Science*（n.s.）8（1868）: 203–12である．ハクスリーはこの論文で，その物質は「原形質」であると思われると述べ，それを *Bathybius Haeckelii* と命名している（種名は小文字で書くのが原則だが，これは大文字の H で始まる——私も本文中でそうした）．[4]

2）**ヘッケルは発見と命名の両方を大いに喜んだ：** ヘッケルに関しては，リチャーズによる伝記 Robert J. Richards, *The Tragic Sense of Life: Ernst Haeckel and the Struggle Over Evolutionary Thought*（Chicago: University of Chicago Press, 2008）と，よくまとまった最近の論考 Georgy S. Levit and Uwe Hossfeld, “Ernst Haeckel in the History of Biology,” *Current Biology* 29, no. 24（2019）: R1276–84を参考にしている．なお *Current Biology* 同号では，直前の pp. R1272–76にヘッケルの有名な図解について，その正確性をめぐる論争にも触れた論文 Florian Maderspacher, “The Enthusiastic Observer-Haeckel as Artist” が掲載されている．

ヘッケルは，当時の多くの生物学者と同様，白人のヨーロッパ人を頂点とする人種的階層を信じており，時にドイツにおけるナチズムの進展と関連づけられることもある．リチャーズは “Ernst Haeckel's Alleged Anti-Semitism and Contributions to Nazi Biology,” *Biological Theory* 2（2007）: 97–103で，そういった主張の誤りを指摘している（が，ヘッケルの見解が全面的に進歩的なものであったとは言及していない）．たとえば，ヘッケルによる人間の格付けではユダヤ人とベルベル人が上位に入っていた（ベルベル人とユダヤ人はローマ人，ゲルマン人と横並びとなっている）．リチャーズはさらに，ヘッケルは同性愛権利活動家の第一人者で性科学研究者のマグヌス・ヒルシュフェルトとも親交を結んだと述べている．ヒルシュフェルトは著作『愛の自然法則』*Natural Laws of Love*（1912年）をヘッ

ケルに捧げた．[5]

3) **問題にも熱心に取り組んでいた：**　ダーウィンの慎重な立場を示すもっとも有名な一節は，1871年のJ・D・フッカー宛ての書簡にある．「最初の生命体が誕生するための条件は現在すべて揃っており，それはまたこれまでもずっと存在していたのではなかろうかとよく言われます——しかしもし（とてつもなく大きな「もし」ながら），あらゆるアンモニアやリン酸塩をたたえた温かな水たまりのようなところで，光や熱，電気などが存在してタンパク質が化学的に合成され，もっと複雑な変化が起こる準備が整ったとしても，今日の状況ではそのような物質はたちどころに食べられたり，吸収されたりしてしまうことでしょう．生物がつくられる前はそうではなかったと思われます——」（ダーウィンからJ・D・フッカーへ，ダウン，ケント，1871年2月1日，Darwin Correspondence Project，darwin-project.ac.uk/letter/DCP-LETT-7471.xml）．[5]

4) **ヘッケルは，生命が無生物から生成され……と確信していた：**　前掲のレーボックによれば，ハクスリーは自分の研究がそのような見方を裏づけていることを否定したという．[5]

5) **スウェーデンの植物学者カール・フォン・リンネが新しい分類法を考案したが：**　リンネの『自然の体系』*Systema Naturae* は1735年以降何度も改訂版が刊行された．後期の版では植物と動物の分類を含み，のちに鉱物も追加された．[6]

6) **一八六〇年，イギリスの博物学者ジョン・ホッグは……：**　Hogg, "On the Distinctions of a Plant and an Animal and on a Fourth Kingdom of Nature," *Edinburgh New Philosophical Journal* (n.s.) 12 (July-Oct. 1860): 216–25を参照．本文でも述べたように，ホッグの見方では生物界における区分の境界は曖昧だが，生物界と無生物界の境界は明確だ．彼が描いた図では，後者の線はことさらくっきりと引かれている．[6]

7) **ホッグが用いた「プロトクティスタ」は，のちにヘッケルにより「プロティスタ」*Protista* と短縮され：**　生命の木で明確な1本の枝としては認められない（原生生物は「側系統の」paraphyletic 分類である）ことから，今日ではこの後者の用語すら問題視されている．本書で使っている用語の多くは，同じ理由で賛否両論がある．だが，本書のようなテーマを「魚類」や「甲殻類」といった用語（これらについても同じ問題が提起される）を使わずに書くのは容易ではない．[6]

8) **二〇〇〇年以上前に展開されたアリストテレスの説において……：**　特にアリストテレスの『霊魂論』*De Anima* を参照．この著作の解釈には議論がある．私はアリストテレスの説を非二元論として扱っているが，アリストテレスについては二元論寄りの読み方もあるし，『霊魂論』自体謎が多い．Christopher Shields, "The First Functionalist," in *Historical Foundations of Cognitive Science*, ed. J-C. Smith (Dordrecht, The Netherlands: Kluwer, 1990), 19–33を参照．

ジャスティン・スミスは次のように述べる.「初期近代まで，動物の魂を否定することは逆説的な行いであったと思われる．単語としての“動物 animal”は，結局のところ，ラテン語で“魂”を意味する名詞 anima の形容詞形にすぎなかった」 Justin E. H. Smith, “Machines, Souls, and Vital Principles,” *The Oxford Handbook of Philosophy in Early Modern Europe*, ed. Desmond M. Clarke and Catherine Wilson（Oxford, UK: Oxford University Press, 2011）, 96-115. [7]

9）**とりわけ影響力が大きかった哲学者ルネ・デカルトにとって……：** ハットフィールドの論文 Gary Hatfield, “Rene Descartes,” *The Stanford Encyclopedia of Philosophy*, ed. Edward Zalta, Summer 2018, plato.stanford.edu/archives/sum2018/entries/descartes に依拠している．ここでも解釈上の議論があるし，またデカルトは自分の考えをすべて発表したわけではない．ハットフィールドは「生物という概念を導入するにあたって，デカルトは生物と非生物の区別を否定したのではなく，魂をもつものともたないものの境界線を引き直したのだった．デカルトによれば，地球上の生物の中で人間だけが魂をもつ．つまり，デカルトは魂と心を同じものだとみなした――魂とは，意識的な感覚経験，意識的なイメージの経験，意識的に経験された記憶など，思考と意志を説明するものだ」と述べる．この件で助けてくれたアリソン・シモンズに感謝する．

本文中，私はアリストテレスの見方をデカルトの見方と対照させている．両者のあいだにある重要な段階が「スコラ学」の視座で，それはアリストテレスとキリスト教とを融合させ，魂観に影響を及ぼした．この時期の中心人物としてはトマス・アクィナスがいる．ラルフ・マキナニーとジョン・オキャラハンが執筆したスタンフォード哲学百科事典 *Stanford Encyclopedia of Philosophy* のアクィナスの項はここでも有用だ（plato.stanford.edu /entries/aquinas）. [7]

10）**彼らはこれを「原形質」と呼ぶことにした：** ここは，ピアスの論文 Trevor Pearce, “Protoplasm Feels’: The Role of Physiology in Charles Sanders Peirce’s Evolutionary Metaphysics,” *HOPOS: The Journal of the International Society for the History of Philosophy of Science* 8, no. 1（2018）: 28-61を大いに参考にした．この論文はタイトルこそ哲学者 C・S・パースについてながら，もっと多くのことに言及している．カーペンターの言葉はピアスの論文から引用した．

ハクスリーの主張「有機体は生命の結果であり，生命が有機体の結果なのではない」はバチビウスに関するレーボックの論文（前掲）に引用されており，その原典は *British Medical Journal* 掲載のハクスリーによる講義 *Hunterian Lectures on the lnuertebrata*（1868）である．なお，ピアスによれば，ヘッケルは心をめぐる問題について当初は慎重だったが，1870年代半ば以降は物質そのものに一種の感性を認めるようになった．「あらゆる原子は感覚と運動する能力を有している」との発言がピアスの論文に引用されている. [8]

11）**細胞の内部を観察してみると……構成単位が足りない……：** ふつうの物質に複

雑な形態をもつものから成る世界が隠されており，おそらくそれは無限に分割可能であるという考え方は，長年続く哲学の伝統によってもたらされた．17世紀の哲学者ゴットフリート・ライプニッツは，物質はそのように構成されているに違いないと主張した．ライプニッツはオランダを訪れた際にファン・レーウェンフックがつくった顕微鏡のひとつで観察を行ったが，その一方で世界の中にさらに別の世界が存在するという立場を固持することには普遍的な理由があると持論を展開した．このスケールで隠された構造が存在するという見方は，少なくとも検討されてはいた．しかし，ダーウィンやハクスリーの時代に顕微鏡を用いて細胞を観察していた人々は，そのような推論的な見方について知っていたとしても，それを真剣には受け止めなかったのではないかと考えられる．顕微鏡で見ているものは結局のところ小さな透明のかたまりであって，その透明なかたまりが何か驚くようなすばらしいことをしているように思われる——ここに「原形質」への誘惑がある．[8]

12）**そして，チャレンジャー号探検航海があった：**　ヘッケルが手がけた生物画の中でも，この航海で採集された標本の図解は特に美しい．*Art Forms from the Abyss: Ernst Haeckel's Images from the Challenger Expedition*, ed. Peter J. le B. Williams et al. (Munich: Prestel, 2015）を参照．ライスは，特別な生命体ではなく季節性プランクトンの死骸だった可能性を指摘し，バチビウスはやはり有機物であったかもしれないとしている（Amy Rice, "Thomas Henry Huxley and the Strange Case of *Bathybius haeckelii*; A Possible Alternative Explanation," *Archives of Natural History* 2 (1983): 169–80）．[9]

13）**ヘッケルは，バチビウスこそ懸け橋，失われた輪（ミッシングリンク）であるとの見方により強くとらわれており……：**　ヘッケルによる"Bathybius and the Moners," *Popular Science Monthly* 11（October 1877): 641–52を参照．この論文でヘッケルは，上述したハクスリーの主張とほぼ同じことを述べている．「ゆえに，生命は構造の結果として生じるものではなく，その逆が正しい」[10]

14）**ピリオド「．」一個の上には，一億個を超すリボソームをのせることができる：**
2015年7月9日付 *The New York Review of Books* の記事"How You Consist of Trillions of Tiny Machines"で，ティム・フラナリーは次のように述べている．「本誌に掲載されている文章の文末にあるピリオド1個には，4億個ものリボソームがのる」　4億個？　私はその数字を再現してみずにはいられなかった．私なりにベストを尽くし，次のようなところを考えた．単純に面積を（重なりや空のスペースは無視して）比較することにすると，真核性リボソームの直径は約25ナノメートル（25nm ＝25×100万分の1 mm）で，この直径をもつ円の面積はおよそ500 nm^2となる．ピリオド1個を直径約1/3mm とすれば，面積は850億 nm^2.
したがってピリオド1個あたりリボソームおよそ1億7000万個ということになる．ピリオドの大きさの差やリボソームの構造の違いを考えると，なるほどそのくら

いと言えそうだ．[11]

15）**トマス・ネーゲルが一九七四年に述べた言葉を借りれば……：** これはネーゲルの“What Is It Like to Be a Bat?,” *The Philosophical Review 83*, no. 4（1974）: 435–50から引用した．[13]

16）**「汎心論」は，テーブルのような物体を構成する物質を含め，あらゆる物質には……：** ネーゲルの弁明は彼の著作 *Mortal Questions*（Cambridge, UK: Cambridge University Press, 1979）の「汎心論」Panpsychism にある（181–95）．ストローソンはこの見方の強硬な擁護者である．Galen Strawson, “Realistic Monism: Why Physicalism Entails Panpsychism,” *Journal of Consciousness Studies* 13, no. 10–11（2006）: 3–31を参照．チャーマーズは，この見方に近く，本人は「汎原心論」panprotopsychism と呼ぶ立場に賛意を示している．“Panpsychism and Panprotopsychism,” in *Consciousness in the Physical World: Perspectives on Russellian Monism*, ed. Torin Alter and Yujin Nagasawa（Oxford, UK: Oxford University Press, 2015）を参照．明確でわかりやすい説明としては，ガレス・クックによるフィリップ・ゴフのインタビューがある（*Scientific American*, January 14, 2020, scientificamerican.com/article/does-consciousness-pervade-the-universe）．[13]

17）**ハクスリーは，汎心論とはまた別の非正統的な説に引きつけられ：** 「随伴現象説」と呼ばれる見方で，彼の主張は（いくつかの点で解釈は簡単ではないが）“On the Hypothesis that Animals Are Automata, and Its History”で展開されている．これは1874年に行われた講演で，*Collected Essays*, vol. 1（Cambridge, UK: Cambridge University Press, 2011）, 199–250に収録されている．[14]

18）**この恣意的な感覚は，哲学者のジョゼフ・レヴァインが……と呼んだことに関連している：** “Materialism and Qualia: The Explanatory Gap,” *Pacific Philosophical Quarterly* 64（1983）: 354–61を参照．この問題についてはハクスリーが初期に意見を表明したと言われることがあるが，私はハクスリーが述べたことはそこまで具体的ではなかったと思う．「意識の状態のような並外れたものが神経組織が興奮させられた結果として生じるというのは，アラジンがランプをこすると魔神が現れるというのと同じくらい説明のつかない不可解なことだ」*Lessons in Elementary Physiology*（London: Macmillan, 1866）, 193．[15]

19）**一元論とは，自然の根底にある統一体……：** 多くの見方について「一元論」の用語が使われているが，すべて同じ系統に属する．ヘッケルは「一元論者」を自称し，彼の汎心論は一種の一元論だった．“Our Monism: The Principles of a Consistent, Unitary World-View,” *The Monist* 2, no. 4（1892）: 481–86を参照．[16]

20）**もし私が唯物論者でなかったら，中立一元論の立場をとるだろう――：** この点について，私は“Materialism: Then and Now”で論じた．この論文は，デイヴィッド・アームストロングによる心の理論と20世紀における唯物論の発展に関する論文集 Peter Anstey and David Braddon-Mitchell eds., *Armstrong's Materialist Theory of*

Mind（Oxford, UK: Oxford University Press, 2021）の第５章に収録されている．［16］

21）**医師でありエッセイストでもあったオリヴァー・サックスの著作から一節を引こう：**　Oliver Sacks, "The Abyss," *The New Yorker*, September 24, 2007から引用した．［17］

22）**もしかすると私たちも最終的にこのような立場に追い込まれていくのかもしれないけれども……：**　動物についての問題は別にして，人間の場合だけを考えてみよう．神経科学者のビョルン・メルケルは，自身が研究し，かかわってきた，「水無脳症」と呼ばれる痛ましい病態を抱える子どもたちのケースに言及している．水無脳症は，多くは胎生期に脳梗塞を発症した結果，大脳皮質をはじめ脳の大半の部分がほぼ欠損する．このような状態の子どもたちはさまざまな面で重い障害を抱え，ほとんどの人にある精神生活に相当するようなものはおそらく一切もっていない．しかし，経験もまったく存在しないのだろうか？　メルケルは，経験がないということはないだろうと考えている．それは，この子どもたちの笑顔や笑い声，またほんの一瞬のようだがなじみのある人々と交わす本物の触れ合いからも明らかだという．メルケルは，大脳皮質がないから彼らの経験はまったく空白，ブランクだと信じる理由はないとするが，これはもっともな主張と思われる．メルケルの論文は "Consciousness Without a Cerebral Cortex: A Challenge for Neuroscience and Medicine," *Behavioral and Brain Sciences* 30, no. 1（2007）: 63–81である．アントニオ・ダマシオも，経験は大脳皮質に依存するものではないと述べている．Damasio and Gil B. Carvalho, "The Nature of Feelings: Evolutionary and Neurobiological Origins," *Nature Reviews Neuroscience* 14（2013）: 143–52を参照．［18］

23）**数学者のアレクサンドル・グロタンディークが記したものだ：**　この一節は彼の著作 *Récoltes et Semailles* の p. 553にフランス語で記されている．フランス語版は次のウェブサイトに掲載されている．ncatlab.org/nlab/show/Récoltes+et+semailles．この一節をめぐる議論や英語への翻訳について定番の文献はマクラーティ Colin McLarty, "The Rising Sea: Grothendieck on Simplicity and Generality," *Episodes in the History of Recent Algebra*（*1800–1950*）, ed. Jeremy J. Gray and Karen Hunger Parshall（Providence, RI: American Mathematical Society, 2007）である．なお，本文に示した英訳は少し違っている（ジェーン・シェルドンの助けを借りた）．私は数学者ではないし，グロタンディークの数学研究の意味を理解していると言うつもりはない．［20～21］

24）**もともと意図していなかったことが連想される可能性を考慮すると，本書をこの一節から始めるのは間違っているように思えた：**　本書の巻頭に掲げたメルヴィルの一節について少し説明する．ジョン・ウィクリフはイギリスの神学者で，14世紀にカトリック教会を批判した宗教改革の先駆者である．病死し埋葬されてい

たが，死後30年たってからローマ教皇により異端と宣告され，遺体は掘り起こされて焼かれた上，灰は川に捨てられた．『白鯨』の米国版初版では，メルヴィルはウィクリフではなく（トマス・）クランマーの名前を挙げていた．クランマーもまたイギリスの宗教改革の指導者だが，彼が活動したのは16世紀で，最後は火刑に処された．複数の批評家によれば，クランマーから「ウィクリフ」への変更はメルヴィルが自分で行ったもので，これは訂正であったという．英国版では〔初版から〕ウィクリフとなっていた．なお英国版で当初ここになかった「汎神論者」という語は，のちの重要な版で採用され，実質的に米国版と英国版が混じり合うことになった．この件ではジョン・ブライアントの助力に感謝する．［21］

2　ガラスカイメン

1）**カイメンの庭は，太陽の光がよく入るごく浅瀬から……：**　いくつかの章では，執筆中に何らかの役割を果たした音楽作品をなぞったタイトルをつけた．この章のタイトルは Coelacanth（“シーラカンス”）として活動するローレン・チェイスとジム・ヘインズによる2003年の CD にちなむ．［24］

2）**細胞の内部では「ナノスケール」……でさまざまな現象が発生する：**　この先２～３ページの記述については，ホフマンの著作 Peter M. Hoffmann, *Life's Ratchet: How Molecular Machines Extract Order from Chaos*（New York: Basic Books, 2012）とあわせて，次の文献を参考にした．Peter B. Moore, “How Should We Think About the Ribosome?,” *Annual Review of Biophysics* 41（2012）: 1–19, Derek J. Skillings, “Mechanistic Explanation of Biological Processes,” *Philosophy of Science* 82, no. 5（2015）: 1139–51．［26］

3）**生命の起源は……かなり早い時期に位置づけられる：**　最近の考え方の理解しやすい説明としては，Nick Lane, *The Vital Question: Why Is Life the Way It Is?*（London: Profile, 2015）を参照．［27］

4）**電荷を飼いならす：**　この節のタイトルは，確率論の歴史を扱ったハッキングの古典 Ian Hacking, *The Taming of Chance*（Cambridge, UK: Cambridge University Press, 1990）〔『偶然を飼いならす――統計学と第二次科学革命』石原英樹，重田園江訳，木鐸社，1999〕にならった．意味は違うけれども，偶然を飼いならすことは（ホフマンの *Life's Ratchet* が論じているように）ここでも起こっている．［28］

5）**『ファインマン物理学』から引こう：**　*Lectures on Physics*, vol. 2, chap. 1, “Electromagnetism,” feynmanlectures.caltech.edu/11_01.html.『ファインマン物理学』はすべてがオンラインで（合法的に）無料公開されている．feynmanlectures.caltech.edu/index.html．［29］

6）**バクテリアがトランジスターを発明したのだとすれば，それを使って何をしてい**

たのだろうか：　次を参照．Peter A. V. Anderson and Robert M. Greenberg, "Phylogeny of Ion Channels: Clues to Structure and Function," *Comparative Biochemistry and Physiology Part B* 129, no. 1（2001）: 17–28; Kalypso Charalambous and B. A. Wallace, "NaChBac: The Long Lost Sodium Channel Ancestor," *Biochemistry* 50, no. 32（2011）: 6742–52．トランジスターとの比較については Fred Sigworth, "Life's Transistors," *Nature* 423（2003）: 21–22，バイオフィルム内のシグナル伝達については Arthur Prindle et al., "Ion Channels Enable Electrical Communication Within Bacterial Communities," *Nature* 527（2015）: 59–63を参照．[32]

7）**生命活動自体が，（有機体の外で始まって外で終わる）エネルギーの流れに組み込まれて存在するひとつのパターンだ：**　ここでの私の考えは，米国科学アカデミー（NAS）の2014年 Arthur M. Sackler コロキウムにおけるジョン・アレンの見解にも影響を受けている．生体システムはその本来の性質，すなわち電気化学的なトラフィックの行き来の中に存在しているというそのあり方ゆえに，必然的に外界の事象に対して敏感にならざるを得ない．[35]

8）**私の同僚モーリーン・オマリーは……これをうまく表現した：**　2017年の電子メール．[35]

9）**感知は，少なくともごく基本的な形式としては，古くから生物界にあまねく存在する能力だ：**　ライオンの論文では，単純な形の感知について，詳細かつ刺激的な議論が展開されている．その「第一歩」はバクテリアに見られる1ファクターの信号変換システムで，この場合は細胞境界に受容体やセンサーなどはなく，体内の制御装置がたまたま外界から入ってきた刺激に反応している．Pamela Lyon, "The Cognitive Cell: Bacterial Behavior Reconsidered," *Frontiers in Microbiology* 6（2015）: 264を参照．[35]

10）**Metazoa という言葉は……ヘッケルによって一九世紀末に導入された：**　ヘッケルの *Anthropogenie oder Entwickelungsgeschichte des Menschen*（Leipzig: Wilhelm Engelmann, 1874）にある．[36]

11）**動物〔の身体〕は……多くの細胞から構成されている：**　こう述べた直後に，私は「『動物』という言葉は，生態や形状を問わず，系統樹の一本の枝に属するすべての生物を指す」と続けている．そこには緊張があるのだろうか――ある意味ではあると言える．もし系統樹の動物側のどこかに単細胞生物がいたとすると，その生物は私がここで示す，より正式な定義に従えば動物とみなされる．実際に多細胞から単細胞に後戻りしたと確認されている動物はいないが，それに近いケースは存在する．ミクソゾアは魚や環形動物を宿主とするごく小さな寄生虫からなる分類群である．この動物はかつては原生生物（ゾウリムシなど）であると考えられていた．単細胞生物ではないものの，生活環の大半をわずか数個の細胞の状態で過ごし，単細胞に近い．ミクソゾアは刺胞動物，すなわちサンゴやイソギンチャクの近縁で，著しく単純化された生物であることが明らかになっている．

Elizabeth U. Canning and Beth Okamura, "Biodiversity and Evolution of the Myxozoa," *Advances in Parasitology* 56（2004）: 43-131を参照．同じ箇所についてもう1点．「『動物』という言葉は……系統樹の一本の枝に属するすべての生物を指す」としたが，それはよいとしても，正確にはどの枝のことだろうか．現代の生物分類では，あらゆる枝に名前をつけることができる．ある意味で，すべての枝には名前を与えられる資格があるわけだ．では，（たとえば）カイメンを含まない小さな枝に対して「動物」を使ってはどうだろう？　その小さな枝に位置するすべての生物が含まれているのであれば，それで問題はない．こういったより狭い範囲の枝を指して「真正後生動物」Eumetazoa というような用語が使われることもある〔真正後生動物とは，海綿動物を除くすべての多細胞生物のこと〕．[37]

12）**動物たちがその一部を構成している系統ネットワーク，いわゆる「生命の木」は，必ずしも樹木のような形をしているわけではなく……：**　中でも，バクテリアなど単細胞の生物について「木」と表現するのは単純化だ．場所によって木のような形になる生命の「ネットワーク」という表現のほうがより正確だろう．[37]

13）**動物が誕生するよりもずっと前に，細胞骨格は……取りかかっていた：**　ここは，2014年米国科学アカデミー（NAS）Sackler コロキウムにおけるパトリック・キーリングとの議論に助けられた．細胞骨格の進化によって，いくつかの生物は代謝の化学反応を単純化し，代わって活発な移動性の生活に注力できるようになった．動物の特性のように聞こえるが，これは単細胞生物の話だ．[38]

14）**真核細胞自体もその例に漏れず……出現したのだった：**　この点に関する考えの展開については，John Archibald, *One Plus One Equals One: Symbiosis and the Evolution of Complex Life*（Oxford, UK: Oxford University Press, 2014）を参照．[39]

15）**この可能性を初めて記述したのもエルンスト・ヘッケルだった：**　彼の論文，"Die Gastraea-Theorie, die phylogenetische Classification des Thierreichs und die Homologie der Keimblätter," *Jenaische Zeitschrift fur Naturwissenschaft* 8（1874）: 1-55にある．[40]

16）**また消化管には無数の細菌が生息しており：**　本文で述べたように，この点は通例ガストレア説には含まれない．次の新しい論文で最初期の動物に関して提起されていたことで，私には，重大な意味をもつ可能性がある考え方のように思われる．Zachary R. Adam et al., "The Origin of Animals as Microbial Host Volumes in Nutrient-Limited Seas" を参照（まだ学術誌には掲載されていない peerj.com/preprints/27173）．なお，この論文はヘッケルのガストレア説との関連づけはしていない．

最初期の動物とバクテリアとの別種の関連性については相当議論されている．Margaret McFall-Ngai et al., "Animals in a Bacterial World, a New Imperative for the Life Sciences," *Proceedings of the National Academy of Sciences USA* 110, no. 9（2013）: 3229-36, Rosanna A. Alegado and Nicole King, "Bacterial Influences on Animal

Origins," *Cold Spring Harbor Perspectives in Biology* 6, no. 11（2014）: a016162を参照．この修正されたガストレア説は少し違っていると思う．[40]

17）**そんなかつての名残をとどめている動物とは，カイメン類（海綿動物），クシクラゲ類（有櫛動物），センモウヒラムシ（平板動物）の三つだ：**　これに関する優れた情報源としては，Casey W. Dunn, Sally P. Leys, and Steven H. D. Haddock, "The Hidden Biology of Sponges and Ctenophores," *Trends in Ecology & Evolution* 30, no. 5（2015）: 282–91がある．平板動物の特殊性についてはBernd Schierwater and Rob DeSalle, "Placozoa," *Current Biology* 28, no. 3（2018）: R97–98と，Frédérique Varoqueaux et al., "High Cell Diversity and Complex Peptidergic Signaling Underlie Placozoan Behavior," *Current Biology* 28, no. 21（2018）: 3495–501.e2を参照．系統樹の形をめぐって現在続いている議論の概略を知るには，Paul Simion et al., "A Large and Consistent Phylogenomic Dataset Supports Sponges as the Sister Group to All Other Animals," *Current Biology* 27, no. 7（2017）: 958–67を参照．私は本書冒頭のダイビングの描写で，カイメンを除けば目に入る動物はすべて神経系をもっていると述べた．これを疑問に感じた読者のために付け加えるが，（同じく神経系を欠く）平板動物がそこにいたことは十分あり得るけれども，その姿を見ることはできなかっただろう．[42]

18）**歴史的に，カイメンは……生きた手がかりとして，もっとも重要な生物だとみなされてきた：**　Sally P. Leys and Robert W. Meech, "Physiology of Coordination in Sponges," *Canadian Journal of Zoology* 84, no. 2（2006）: 288–306; Leys, "Elements of a 'Nervous System' in Sponges," *The Journal of Experimental Biology* 218（2015）: 581–91などが参考になる．[44]

19）**六放海綿綱はガラスカイメン類とも呼ばれるが，その体内では本章のテーマである「統合」と「個」がユニークな方法で追究されている：**　詳細な論考としてはSally P. Leys, George O. Mackie, and Henry M. Reiswig, "The Biology of Glass Sponges," *Advances in Marine Biology* 52（2007）: 1–145がある．またJames C. Weaver et al., "Hierarchical Assembly of the Siliceous Skeletal Lattice of the Hexactinellid Sponge Euplectella aspergillum," *Journal of Structural Biology* 158, no. 1（2007）: 93–106も参照．こちらの論文にはすばらしい画像が掲載されている．[46]

20）**レベッカ・ゲレーンターによる骨片のイラスト：**　原図はドイツの動物学者フランツ・アイルハルト・シュルツェが手がけた．なおシュルツェは平板動物を初めて描写した研究者でもあった．オリジナルの図解はF. E. Schulze, *Report on the Hexactinellida Collected by H.M.S. 'Challenger' During the Years 1873–1876*（Edinburgh: Neill, 1886–87）に所収．[46]

21）**さまざまな，それどころか驚くような可能性がいくつも持ち出され：**　次の文献を参照．Werner E. G. Muller et al., "Metazoan Circadian Rhythm: Toward an

Understanding of a Light-Based Zeitgeber in Sponges," *Integrative and Comparative Biology* 53（2013）: 103–17：「この光受容／光情報伝達のプロセスが神経細胞のような信号送信システムとして機能している可能性を提起する」；Franz Brummer et al., "Light Inside Sponges," *Journal of Experimental Marine Biology and Ecology* 367（2008）: 61–64：「カイメンは光伝送システムを備えており，光合成を行う微生物を組織の深部に生息させることができる……生きたカイメンの骨片は光を組織の深部まで伝導する」；Joanna Aizenberg et al., "Biological Glass Fibers: Correlation Between Optical and Structural Properties," *Proceedings of the National Academy of Sciences, USA* 101, no. 10（2004）: 3358–63：「そのような光ファイバーのランプが，こういった生物の幼生や幼体，また共生するエビを宿主のカイメンにおびき寄せる誘引物となっていることも考えられる」[47]

3　サンゴの新たな一手

1）**水の動きがない時間帯の三倍近くになる様子が映っていた：**　この研究のデザインと論文の執筆には，さらに２人の研究者，デイヴ・ハラスティとスティーヴ・スミスもかかわった．彼らの論文は Tom R. Davis, David Harasti, and Stephen D. A. Smith, "Extension of *Dendronephthya australis* Soft Corals in Tidal Current Flows," *Marine Biology* 162（2015）: 2155–59である．このサンゴのおよそ70パーセントが昨年あたりに死滅してしまった．理由は不明だが，メリル・ラーキンがこの現象について調査を行っており，報告が待たれる．[50]

2）**サンゴは刺胞動物で……：**　Thomas C. G. Bosch et al., "Back to the Basics: Cnidarians Start to Fire," *Trends in Neurosciences* 40, no. 2（2017）: 92–105，D. K. Jacobs et al., "Basal Metazoan Sensory Evolution," in *Key Transitions in Animal Evolution*, ed. Bernd Schierwater and Rob DeSalle（Boca Raton, FL: CRC Press, 2010）などを参考にした．[51]

3）**刺胞動物には，複雑な生活環（ライフサイクル）をもち……が多い：**　刺胞動物の生活環については，"Complex Life Cycles and the Evolutionary Process," *Philosophy of Science* 83, no. 5（2016）: 816–27を確認した．[51]

4）**カナダの生物学者ジョン・ルイスは八放サンゴ類の三〇種を調べ……発見した：**
John B. Lewis, "Feeding Behaviour and Feeding Ecology of the Octocorallia（Coelenterata: Anthozoa）," *Journal of Zoology* 196, no. 3（1982）: 371–84を参照．八放サンゴ類は歴史的復元が難しいグループのようだ．Catherine S. McFadden, Juan A. Sanchez, and Scott C. France, "Molecular Phylogenetic Insights into the Evolution of Octocorallia: A Review," *Integrative and Comparative Biology* 50, no. 3（2010）: 389–410を参照．[52]

5）**このような行為は，多細胞生物への進化それ自体にとって重要な刺激であったの**

かもしれない： Susannah Porter, "The Rise of Predators," *Geology* 39, no. 6 (2011): 607–608と，ボナーの長年にわたる研究を参照．ボナーの最初の著書 Jon Tyler Bonner, *First Signals: The Evolution of Multicellular Development* (Princeton, NJ: Princeton University Press, 2001) は，この件全般について私の考え方に影響を与えた．多細胞への移行を考える上で，初期の段階で活発に動き回る生物が登場していたとイメージすることは重要だ．単細胞生物は移動ができ，獲物を追跡して捕らえることもできる．身体のサイズを大きくできれば，ハンター（捕食者）にわずらわされずに生きてゆけるし，多細胞化は大きくなるのによい方法だ．のちに多細胞生物自身が活動的な捕食者となることもある――実際カンブリア紀にはそのようなことが起こった．カンブリア紀はそれまでの拮抗的な関係の世界が大きなスケールで再生された状態に近かったかもしれない．一方エディアカラ紀はそれよりも静かで，行為が新しい空間的スケールでつくり直された時期だ．捕食の回避を目指すこの道とは一部異なるが，カイメン，そして（違う形ながら）陸上植物に至ったのかもしれない道もある．多細胞化によって，都合のよい場所に固着し，塔のような形で食物が自分に近づいてくるようにして生きることも可能になるからだ．[53]

6) **ここで私が強調しており，特殊な発明だと注目しているのは……統制を必要とする行為だ：** これはアルヴァロ・モレノとアージリス・アルネロスらの研究における中心的なテーマだ．Arnellos and Moreno, "Multicellular Agency: An Organizational View," *Biology and Philosophy* 30 (2015): 333–57，また "Integrating Constitution and Interaction in the Transition from Unicellular to Multicellular Organisms," in *Multicellularity: Origins and Evolution*, ed. Karl J. Niklas and Stuart A. Newman (Cambridge, MA: MIT Press, 2016)，さらに Fred Keijzer and Argyris Arnellos, "The Animal Sensorimotor Organization: A Challenge for the Environmental Complexity Thesis," *Biology and Philosophy* 32 (2017): 421–41を参照．[54〜55]

7) **クラゲ型はあとから付け加えられたとみなされることが多い：** これは決して確実なことではない．Antonio C. Marques and Allen G. Collins, "Cladistic Analysis of Medusozoa and Cnidarian Evolution," *Invertebrate Biology* 123, no. 1 (2004): 23–42，また David A. Gold et al., "The Genome of the Jellyfish *Aurelia* and the Evolution of Animal Complexity," *Nature Ecology & Evolution* 3 (2019): 96–104を参照．[55]

8) **神経系は早い時期に進化した．この進化は一度だけ起きたのかもしれないし，数回あったことかもしれない：** 系統樹の形がはっきりしていないことから，これはかなり議論を呼んでいる．Gáspár Jékely, Jordi Paps, and Claus Nielsen, "The Phylogenetic Position of Ctenophores and the Origin(s) of Nervous Systems," *EvoDevo* 6 (2015): 1，Leonid L. Moroz et al., "The Ctenophore Genome and the Evolutionary Origins of Neural Systems," *Nature* 510 (2014): 109–14を参照．[56]

9) **一個の細胞が興奮する，すなわち電気的性質が急に変化するとき，この事象はふ**

つうその細胞の中だけに限定される： 例外もある．「ギャップ結合」は細胞どうしをより直接的につないでいる〔イオンが通過できるので細胞から細胞へ膜電位の変化が生じる〕．[56]

10）**完全な動物の神経系が特殊なのは……：** 神経系の起源に関して示唆に富む論文を 3 つ挙げる．George O. Mackie, “The Elementary Nervous System Revisited,” *American Zoologist* 30, no. 4（1990）: 907–20；Gáspár Jékely, “Origin and Early Evolution of Neural Circuits for the Control of Ciliary Locomotion,” *Proceedings of the Royal Society B* 278（2011）: 914–22；Fred Keijzer, Marc van Duijn, and Pamela Lyon, “What Nervous Systems Do: Early Evolution, Input-Output, and the Skin Brain Thesis,” *Adaptive Behavior* 21, no. 2（2013）: 67–85．イェケリー，ケイザーと私は，共著論文“An Option Space for Early Neural Evolution,” *Philosophical Transactions of the Royal Society B* 370（2015）: 20150181でいくつかの問題を整理した．[56～57]

11）**もうひとつ，進化に関して神経系と深くかかわっている特徴としては，筋肉がある：** これは前掲のモレノやアルネロス，ケイザーによる論文で強調されていることだ．これらの論文も指摘するように，動物の身体を生み出す上で重要な，さらなるイノベーションとは「上皮」である．上皮は一定の並び方をした細胞のシートから構成され，隣り合った細胞間ではシグナル伝達もよく見られる．このシートは境界として機能し，折り畳まれて複雑な形をつくる．上皮は身体の表面を被覆する一方で，内部の形状と物質の通路をつくる材料を提供している．私たちの身体はこれらの細胞のシートが何度も畳まれて形成され，折り紙のような構造になっている．カイメンの場合，上皮は身体の一部にしかないため，身体は海水で満たされ，周囲の環境が体内に入り込んだ状態になっている．刺胞動物であっても，あるいは私たちの身体であっても，はっきりとした体内環境が存在する——身体は外の世界から区切られているわけだ．[58]

12）**だが，刺胞動物の感覚的な側面は……言うなれば「薄い」：** 前掲の Bosch et al., “Back to the Basics: Cnidarians Start to Fire” と，Jacobs et al., “Basal Metazoan Sensory Evolution”，さらに Natasha Picciani et al., “Prolific Origination of Eyes in Cnidaria with Co-Option of Non-Visual Opsins,” *Current Biology* 28, no. 15（2018）: 2413–19を参照．[59]

13）**水中のクラゲは……「平衡胞」という器官によって自分の身体の向きを知覚する：** この結果，クラゲは音にも敏感になる．Marta Solé et al., “Evidence of Cnidarians Sensitivity to Sound After Exposure to Low Frequency Noise Underwater Sources,” *Scientific Reports* 6（2016）: 37979を参照．[59]

14）**感知の存在理由は行為の統制だ：** なぜこうとしか言えないのだろう？ 行為の存在理由は感知の統制だと言ってもかまわない，あるいはそうとも言える可能性はないのだろうか？ いや，ここには非対称性がある．行為は食物と生殖の機会をもたらす．行為は確かに知覚するものごとにも影響を及ぼすし，行為のかなり

の部分は知覚されたことの制御を目的としているけれども，生存と生殖はもっと基本的なレベルで重要な意味をもっている．行為は単に感覚の統制というだけではないのだ．

これに関連した理由から，私は「予測的処理」フレームワークの野心的なバージョンには懐疑的である．認知と行為の基本的な役割は意外性や不確実性を減らすことだとする枠組みのことだが，これはアンディ・クラークの *Surfing Uncertainty: Prediction, Action, and the Embodied Mind*（Oxford, UK: Oxford University Press, 2015）や，カール・フリストンの研究，たとえば “The Free-Energy Principle: A Unified Brain Theory?,” *Nature Reviews Neuroscience* 11（2010）: 127–38に示されている．なお，生物は，十分な見返りが得られるような行動が可能になるなら，よりリスクの高い環境に移動するなど，経験の不確実性を増やすことを適応的に選択する場合がある．[60]

15）**本書のこの部分は，全面的にオランダの心理学者で哲学者でもあるフレッド・ケイザーの思想の影響を受けている：**　行動の初期進化について考え出してからかなり早い時期に，私はフレッドの講演を聴くためにヨーロッパで開催された学会に出席した．彼については何も知らなかったが，講演のタイトルに引かれたのだった．いかにも哲学者という風貌は本当のところないけれども，フレッドは哲学者というよりも優秀なテニスプレーヤーのように見えた．彼の講演は私の考え方の癖に対する挑戦だった．生物学と哲学とを取り交ぜ，神経系の進化について，さらには動物の生態やこの分野における哲学と自然科学の見解の関係について，それまでにない発想が提示されていた．彼の関心は，哲学の描像――哲学者が明示するものだけでなく，科学者の心に存在する暗に哲学的な見方（本人が哲学を認めているか否かにはよらず）も――が科学研究をどう方向づけるかにあった．その講演ではパム・ライオンやマルク・ファン・ドインとの共同研究についても取り上げられていた．

フレッドの論文はすでにいくつか挙げたが，“Moving and Sensing Without Input and Output: Early Nervous Systems and the Origins of the Animal Sensorimotor Organization,” *Biology and Philosophy* 30（2015）: 311–31も参照．[60]

16）**動物化石の確実な証拠が得られている最初の地質時代は……エディアカラ紀だ：**　エディアカラ紀に関する件で何度も私を助けてくださった南オーストラリア博物館のジム・ゲーリングに重ねてお礼申し上げる．[62～63]

17）**このことは，二〇一八年にイリヤ・ボブロフスキーという学生によって確認された：**　その論文は Ilya Bobrovskiy et al., “Ancient Steroids Establish the Ediacaran Fossil *Dickinsonia* as One of the Earliest Animals,” *Science* 361（2018）: 1246–49である．[63]

18）**エディアカラ紀の生物には，現生のウミエラにかなり似たものがある：**　解説としては，Shuhai Xiao and Marc Laflamme, “On the Eve of Animal Radiation:

Phylogeny, Ecology and Evolution of the Ediacara Biota," *Trends in Ecology and Evolution* 24, no. 1 (2009): 31–40, また Ed Landing et al., "Early Evolution of Colonial Animals (Ediacaran Evolutionary Radiation-Cambrian Evolutionary Radiation-Great Ordovician Biodiversification Interval)," *Earth-Science Reviews* 178 (2018): 105–35を参照. [64]

19) **エディアカラ紀の生物の多くは，オーストラリアの地質学者……レッグ・スプリッグによって，最初は「クラゲ（型生物）」と呼ばれていた：** スプリッグがこの件について初めて発表した，今日では有名な論文は "Early Cambrian (?) Jelly-fishes from the Flinders Ranges, South Australia," *Transactions of the Royal Society of South Australia* 71 (1947): 212–24である. [64]

20) **性行動はあったはずだが……：** Emily G. Mitchell et al., "Reconstructing the Reproductive Mode of an Ediacaran Macro-Organism," *Nature* 524 (2015): 343–46を参照. [65]

21) **この区分は二〇年ほど前に当時若手の生物学者だったベン・ワゴナーが提唱したもので：** 各区分の名前が提唱された論文は, "The Ediacaran Biotas in Space and Time," *Integrative and Comparative Biology* 43, no. 1 (2003): 104–13である. エディアカラ紀のステージや最近の研究についての私の議論は, Mary L. Droser, Lidya G. Tarhan, and James G. Gehling, "The Rise of Animals in a Changing Environment: Global Ecological Innovation in the Late Ediacaran," *Annual Review of Earth and Planetary Sciences* 45 (2017): 593–617を広範囲にわたって参考にしている. 71ページのイラストはこの論文にあるものに一部ならった. [65]

22) **語源的に……幸運な一致と言える：** ワゴナーはそれ以降古い神話を研究している. アーサー王物語の舞台となった "リンゴの島" に目をつけたのかもしれない. [66]

23) **カイメン類全般となると，首をひねらざるを得ない：** 候補となる生物については, Erik A. Sperling, Kevin J. Peterson, and Marc Laflamme, "Rangeornorphs, *Thectardis* (Porifera?) and Dissolved Organic Carbon in the Ediacaran Oceans," *Geobiology* 9 (2011): 24–33, また Erica C. Clites, M. L. Droser, and J. G. Gehling, "The Advent of Hard-Part Structural Support Among the Ediacara Biota: Ediacaran Harbinger of a Cambrian Mode of Body Construction," *Geology* 40, no. 4 (2012): 307–10を参照. 一方, Joseph P. Botting and Lucy A. Muir, in "Early Sponge Evolution: A Review and Phylogenetic Framework," *Palaeoworld* 27, no. 1 (2018): 1–29では, カイメンはエディアカラ紀には存在していなかった可能性が示唆されている. [66]

24) **枝分かれした先がさらに分かれる「フラクタル」構造によって……：** Sperling, Peterson, and Laflamme, "Rangeomorphs, *Thectardis* (Porifera?) and Dissolved Organic Carbon in the Ediacaran Oceans" と, Jennifer F. Hoyal Cuthill and Simon Conway

Morris, "Fractal Branching Organizations of Ediacaran Rangeomorph Fronds Reveal a Lost Proterozoic Body Plan," *Proceedings of the National Academy of Sciences*, USA Ill, no. 36 (2014): 13122–26を参照．[67]

25) **このとんでもなく難しい名前は……：** バージェス頁岩〔の発見〕で有名なチャールズ・D・ウォルコットは次のように述べている．「虫が這った跡のような痕跡に対して，フィッチ博士はヘルミントイディクナイテス属の名称を提案した」エイサ・フィッチは内科医だった．言語療法士でもあったのだろうか？　ウォルコットの"Descriptive Notes of New Genera and Species from the Lower Cambrian or Olenellus Zone of North America," *Proceedings of the National Museum* 12, no. 763 (1889): 33–46を参照．今日，ヘルミントイディクナイテスと呼ばれる化石は時代や場所が違うものが数種類存在し，暫定的にそれぞれ異なった名称が用いられている．つまり，"ヘルミントイディクナイテス"であっても，すべて同じ穴を掘って痕跡を残す動物を指すと考えられているわけではない．エディアカラ紀の"ヘルミントイディクナイテス"については，James G. Gehling and Mary L. Droser, "Ediacaran Scavenging as a Prelude to Predation," *Emerging Topics in Life Sciences* 2, no. 2 (2018): 213–22を参照．痕跡を残す動物の新しい候補については，Scott D. Evans et al., "Discovery of the Oldest Bilaterian from the Ediacaran of South Australia," *Proceedings of the National Academy of Sciences USA* 117, no. 14 (2020): 7845–50で説明されている．[68]

26) **神経系は放射状に近い身体で進化したということについてはかなりの証拠がある：** 刺胞動物は「放射相称」のデザインになっており，細胞層の組織は左右相称動物よりも単純で，左右相称動物より早い時期に出現したと考えられている．有櫛動物はワイルドカードとして残る．放射相称と左右相称が重なったような有櫛動物のデザインは，しばしば「二放射相称」と呼ばれる．また，有櫛動物の中には海底を這い回って生活し，扁形動物のような姿のものもいくつかある．なかなか興味深い点だ――ひょっとして詳しく見てみるべきなのだろうか？　[72]

27) **行動の進化と動物どうしの相互作用について考えるなら……：** 章の前半で述べた現代の刺胞動物の手がかりは，ここでも意味をもつ．現生の刺胞動物に見られる刺胞（細胞小器官）は，その系統で刺胞動物の主なグループ（サンゴ，イソギンチャク，クラゲ）が互いに分岐するよりも前の早い時期に進化したと考えられている．ある研究で議論されているように，この分岐がエディアカラ紀に起きたとすれば，少なくとも単純な形の刺胞はその頃に存在していたことになる．それは今日のように高速で射出される銛のようなものである必要はなかったが，刺胞があったということから，一種の捕食関係がすでに存在していたことがうかがえる．これは，刺胞が攻撃用の武器であったか，防御用の武器であったかによらず当てはまることだ．[72]

28) **扁形動物はどのくらい役に立つ手がかりなのだろうか？：** 単純な「無腸目」の

扁形動物の進化をめぐるかなり白熱した議論については，Ferdinand Marletaz, "Zoology: Worming into the Origin of Bilaterians," *Current Biology* 29, no. 12 (2019): R577-79，および Johanna Taylor Cannon et al., "Xenacoelornorpha is the sister group to Nephrozoa," *Nature* 530 (2016): 89-93を参照．私が本文で詳しく述べた多岐腸目の扁形動物に関する優れた本としては，Leslie Newman and Lester Cannon, *Marine Flatworms: The World of Polyclads* (Clayton, Australia: CSIRO Publishing, 2003) がある．[74]

29) **ただし，ヒラムシにはほかの動物……に似るものがかなり多い：** 擬態については，前掲のニューマンとキャノンによる *Marine Flatworms* を参照．裸鰓類がテーマの文献は多いが，それはダイバーに人気のある動物だからでもある．入門書として David Behren, *Nudibranch Behavior* (Jacksonville, FL: New World Publications, 2005) を挙げておく．[75]

4　一本腕のエビ

1) **しかし，これらはすべて節足動物であり……：** 進化の関係については，David A. Legg, Mark D. Sutton, and Gregory D. Edgecombe, "Arthropod fossil data increase congruence of morphological and molecular phylogenies," *Nature Communications* 4 (2013): 2485を参照．化石については Edgecombe and Legg, "The Arthropod Fossil Record," in *Arthropod Biology and Evolution*, ed. Alessandro Minelli et al. (Berlin: Springer-Verlag, 2013), 393-415を参照．この本には優れた資料がたくさん収録されている．節足動物の脳については Gregory Edgecombe, Xiaoya Ma, and Nicholas J. Strausfeld, "Unlocking the early fossil record of the arthropod central nervous system," *Philosophical Transactions of the Royal Society B* 370 (2015): 20150038を参照．[78]

2) **およそ五億四〇〇〇万年前に始まったカンブリア紀では……：** 文献は膨大なので，ここでは私が異なる視点を提供していて興味深いと思ったものを2つ挙げる．Erik A. Sperling et al., "Oxygen, ecology, and the Cambrian radiation of animals," *Proceedings of the National Academy of Sciences USA* 110, no. 33 (2013): 13446-51, Rachel Wood et al., "Integrated Records of Environmental Change and Evolution Challenge the Cambrian Explosion," *Nature Ecology & Evolution* 3 (2019): 528-38 (爆発はなかったとする見方)．[79]

3) **エディアカラの動物はいつとはなしに舞台裏に引っ込み……：** Simon A. F. Darroch et al., "Ediacaran Extinction and Cambrian Explosion," *Trends in Ecology & Evolution* 33, no. 9 (2018): 653-63では，別のシナリオが議論されている．この論文の著者らは，エディアカラ紀のナマのステージとカンブリア紀の最初の動物のあいだには何らかの連続性があり，エディアカラ紀の白海からナマへの変化のほうが大きかったという見解を支持している．[80]

4) **これまでに発見された中で最大の節足動物は……：**　これはエーギロカシス・ベンモウライで，体長は少なくとも2メートルに及ぶとされる．Peter Van Roy, Allison Daley, and Derek Briggs, "Anomalocaridid Trunk Limb Homology Revealed by a Giant Filter-Feeder with Paired Flaps," *Nature* 522 (2015): 77–80を参照．厳密に言えば，節足動物にかなり近縁の種（節足動物のステムグループ）ということになるかもしれない．[82]

5) **感知について起こった変化もそれに近い：**　Roy E. Plotnick, Stephen Q. Dornbos, and Junyuan Chen, "Information Landscapes and Sensory Ecology of the Cambrian Radiation," *Paleobiology* 36, no. 2 (2010): 303–17，また Andrew R. Parker, "On the Origin of Optics," *Optics & Laser Technology* 43 (2011): 323–29を参照．ファインバーグとマラットも，このテーマについて豊かな議論を展開している．Todd E. Feinberg and Jon M. Mallatt, *The Ancient Origins of Consciousness: How the Brain Created Experience* (Cambridge, MA: MIT Press, 2016)［『意識の進化的起源――カンブリア爆発で心は生まれた』鈴木大地訳，勁草書房，2017］．同書では，空間的な構造，とりわけ内的な「地図」の形成を複雑な感知のリソースとして利用することが重要視されている．[84]

6) **ロイ・コールドウェルが共同執筆した論文にある表現を拝借した：**　この論文は S. N. Patek and R. L. Caldwell, "Extreme Impact and Cavitation Forces of a Biological Hammer: Strike Forces of the Peacock Mantis Shrimp *Odontodactylus scyllarus*," *The Journal of Experimental Biology* 208 (2005): 3655–64である．[85]

7) **このエビの仲間は，私がインドネシアで見た小さなカクレエビもそうだが……クリーニングをする：**　自然科学の論文でも楽しいタイトルをつけることはまだ可能だ．Ivan Sazima, Alice Grossman, and Cristina Sazima, "Hawksbill Turtles Visit Moustached Barbers: Cleaning Symbiosis Between *Eretmochelys imbricata* and the Shrimp *Stenopus hispidus*," *Biota Neotropica* 4, no. 1 (2004): 1–6.〔論文タイトルを訳せば「ウミガメはひげの床屋のお客さん：タイマイ *Eretmochelys imbricata* とオトヒメエビ *Stenopus hispidus* のクリーニング共生」〕[86]

8) **オトヒメエビの触角そのものの使い方……についての研究は見つけられなかった：**　本書の編集作業中，まさにこの種のエビの脳についての論文が発表された．Jakob Krieger et al., "Masters of Communication: The Brain of the Banded Cleaner Shrimp *Stenopus hispidus* (Olivier, 1811) with an emphasis on sensory processing areas," *Journal of Comparative Neurology* (2019): 1–27．この論文は解剖学的な議論で，行動について検討したものではないが，興味深い点がいくつもある．触角はごく小さな感知器で覆われており，またこの種は豊かな化学的センシングの能力に恵まれているらしい．[87]

9) **だが，広い意味で同じ分類の動物――ザリガニとハエ――では……もっていることが示されている：**　確認のためには，Trinity B. Crapse and Marc A. Sommer,

“Corollary Discharge Across the Animal Kingdom,” *Nature Reviews Neuroscience* 9 (2008): 587–600を参照．この論文で著者らはこう述べている．「2つのシステム［感覚のシステムと行為のシステム］のあいだでなされるこの調整こそが，世界の中で動きながら，その世界を分析することを可能にするものだ」

1950年，エーリッヒ・フォン・ホルストとホルスト・ミッテルシュテットというドイツ人の科学者2人は，この現象について古典的な論文を執筆した．それはこういった能力が今日知られているように幅広い動物で確認されるよりもずっと前のことだが，2人はうまい用語をいくつかつくった．活動的な動物が必ず抱えている問題は，彼らの言葉で言えば「外因性求心入力」と「再帰性求心入力」を区別することだ．外因性求心入力とは，何らかの外界の変化によって感覚に与えられる影響を指す．また再帰性求心入力とは，自分自身の行為によって感覚に及ぶ影響を指す．動物は，自分で引き起こした事象がそれ自体で違って感じられるような何らかの方法を探すことによって，この区別をつけようとするかもしれない．だがわかりやすいやり方は，自分の行為を計算に入れて感覚的情報を解釈することだ．フォン・ホルストとミッテルシュテットの論文 “The Reafference Principle: Interaction Between the Central Nervous System and the Periphery,” in *Behavioural Physiology of Animals and Man: The Collected Papers of Erich von Holst*, vol. 1, trans. Robert Martin（Coral Gables, FL: University of Miami Press, 1973）を参照．

海生節足動物の行動に関するもうひとつの興味深い論文としては，David C. Sandeman, Matthes Kenning, and Steffen Harzsch, “Adaptive Trends in Malacostracan Brain Form and Function Related to Behavior,” in *Nervous Systems and Control of Behavior*, ed. Charles Derby and Martin Thiel（Oxford, UK: Oxford University Press, 2014）がある．関連する一節を引く．「網膜の光受容細胞の上をあるイメージが横切ると，眼はものの動きを知覚する．これは眼が静止している状態でその前を物体が移動した結果の場合もあれば，静止している物体に対して眼球が動いた結果である場合もある．動物が静止している限り，視野における動きはすべて外的なものと考えて間違いないであろう．しかしながら，自発的に運動しているときには，自分で誘発したイメージの移動と，外部からのイメージの移動を区別する必要があるため，状況は一段と複雑になる．この問題に立ち向かうためのひとつの戦略は，身体とは別に独自に動くことができる眼を発達させることだが，そのような進化は数回にわたって起きた．こうして，イメージをある程度まで眼のひとつの領域に固定することができるようになった」 シャコ目の眼はまったく自由自在に動く．オトヒメエビにも可動性の眼柄があるが，シャコにくらべれば小さく，私が思うに可動域が狭い．［86～87］

10）**神経科学者のビョルン・メルケルは……次のように述べている：** 彼の論文 “The Liabilities of Mobility: A Selection Pressure for the Transition to Consciousness in Animal Evolution,” *Consciousness and Cognition* 14, no. 1（2005）: 89–114を参照．な

お，同じ段落の「この状況には別のとらえ方も……」という部分はフレッド・ケイザーに負うところが大きい．[87]

11）**一方で，聴覚はまったく違う：**　再帰性求心入力に関連する複数の感覚の違いや，それらの重要性をめぐる別の見方については，J. Kevin O'Regan and Alva Noe, "A Sensorimotor Account of Vision and Visual Consciousness," *Behavioral and Brain Sciences* 24, no. 5（2001）: 939–1031を参照．このテーマでは Aaron Slornan, "Phenomenal and Access Consciousness and the 'Hard' Problem: A View from the Designer Stance," *International Journal of Machine Consciousness* 2, no. 1（2010）: 117–69も興味深い．[88]

12）**このテストのあるバージョンに合格したと報告されている動物は……：**　Masanori Kohda et al., "If a Fish Can Pass the Mark Test, What Are the Implications for Consciousness and Self-Awareness Testing in Animals?," *PLOS Biology* 17, no. 2（2019）: e3000021を参照．「あるバージョン」としたのは，イルカその他，ミラーテストをパスしたとされる動物にくらべ，魚類の行動はかなり単純という意見があるからだ．Frans B. M. de Waal, "Fish, Mirrors, and a Gradualist Perspective on Self-Awareness," *PLOS Biology* 17, no. 2（2019）: e3000112を参照．このような留保は，先の幸田らによる論文のタイトルに現れているようだし，実際同論文にはこの点に関して editor's note も付されている．テストの結果は相当によいと私は思う．[89]

13）**特に重要な研究としては……ロバート・エルウッドらが行ったものがある：**　Mirjam Appel and Robert W. Elwood, "Motivational Trade-Offs and Potential Pain Experience in Hermit Crabs," *Applied Animal Behaviour Science* 119, no. 1–2（2009）: 120–24, Barry Magee and R. W. Elwood, "Shock Avoidance by Discrimination Learning in the Shore Crab（*Carcinus maenas*）Is Consistent with a Key Criterion for Pain," *Journal of Experimental Biology* 216, pt. 3（2013）: 353–58を参照．エルウッドはこの研究を "Evidence for Pain in Decapod Crustaceans," *Animal Welfare* 21, suppl. 2（2012）: 23–27で再検討している．マイケル・タイは著書 *Tense Bees and Shell-Shocked Crabs: Are Animals Conscious?*（Oxford, UK: Oxford University Press, 2016）でこの研究について議論した（タイトルにも現れているが）．

ヤドカリによるその他の興味深い行動については，Brian A. Hazlett, "The Behavioral Ecology of Hermit Crabs," *Annual Review of Ecology and Systematics* 12（1981）: 1–22を参照．たとえば，ヤドカリは殻をめぐって「戦い」，大きな個体が〔大きな殻を背負っている〕小さな個体を追い出すと言われてきた．しかし，少なくともいくつかの種において，「敗者」はより適した殻を獲得するという．「"防御側" が交換で利益を得られない場合，自分の殻を明け渡すことはほんのたまにしか見られない」ハズレットによれば，「侵略者」による殻の強奪というイベントは，ヤドカリのサイズと攻撃性の誇示ではなく，殻に関する相互に有利なコミュニケ

ーションから成立している可能性が示唆されているという．[89]

14） **しかし，エルウッドも述べているように，甲殻類の脳にはヒトの視覚野のような部位もないが……：** "Is It Wrong to Boil Lobsters Alive?," *The Guardian*, February 11, 2018を参照．[92]

15） **ヤドカリとイソギンチャクの関係についての古い研究に……記述があったことから……：** これは D. M. Ross and L. Sutton, "The Association Between the Hermit Crab *Dardanus arrosor*（Herbst）and the Sea Anemone *Calliactis parasitica*（Couch），" *Proceedings of the Royal Society B* 155, no. 959（1961）: 282–91である．なお，動物に見られる身体装飾を概観する優れた論文としては，Graeme D. Ruxton and Martin Stevens, "The Evolutionary Ecology of Decorating Behaviour," *Biology Letters* 11, no. 6（2015）: 20150325を挙げておく．

　イソギンチャクの中には，ヤドカリのために「偽の殻」をつくるものさえある．この殻はヤドカリの成長とともに一緒に大きくなるので，ヤドカリは殻を取り換える必要がなくなる．Hiroki Kise et al., "A Molecular Phylogeny of Carcinoecium-Forming *Epizoanthus*（Hexacorallia: Zoantharia）from the Western Pacific Ocean with Descriptions of Three New Species," *Systematics and Biodiversity* 17, no. 8（2019）: 773–86を参照．[93]

16） **第２章と第３章で取り上げた動物の進化の段階と並んで……もうひとつの道もある：** Jeremy B. C. Jackson, Leo W. Buss, and Robert E. Cook, eds., *Population Biology and Evolution of Clonal Organisms*（New Haven, CT: Yale University Press, 1985）を参照．いくつかのケースについては，*Darwinian Populations and Natural Selection*（Oxford, UK: Oxford University Press, 2009）で詳細を確認した．[95]

17） **モジュール体の生物は，往々にして枝分かれした木のような形態をとる：** 身体が分岐する環形動物も少数存在する（環形動物は単一体である）．Christopher J. Glasby, Paul C. Schroeder, and María Teresa Aguado, "Branching Out: A Remarkable New Branching Syllid（Annelida）Living in a *Petrosia* Sponge（Porifera: Demospongiae），" *Zoological Journal of the Linnean Society* 164, no. 3（2012）: 481–97を参照．「オーストラリア北部浅海域に生息するカイメン（*Petrosia* sp., Demospongiae）の体内で共生する，体軸が分岐する新種の環形動物 *Ramisyllis multicaudata* gen. et sp. nov. の形態と生態を解説する．本種は多毛類シリス科に属する．体軸が分岐する環形動物としてこれまでに命名されていたのは，1875年のチャレンジャー号探検航海で深海に生息する六放海綿綱のカイメンから採集されたカラクサシリス *Syllis ramosa* McIntosh, 1879のみであった」[96]

18） **コケムシ類（外肛動物）は藪のようにもじゃもじゃと広がる生物で，前章では裸鰓類とのつながりで登場した：** Matthew H. Dick et al., "The Origin of Ascophoran Bryozoans Was Historically Contingent but Likely," *Proceedings of the Royal Society B* 276（2009）: 3141–48を参照．[96]

19) **先日の一件以来，私はオトヒメエビについていろいろと読んでいた：** Victor R. Johnson Jr., "Behavior Associated with Pair Formation in the Banded Shrimp *Stenopus hispidus* (Olivier)," *Pacific Science* 23, no. 1 (1969): 40–50，および Johnson, "Individual Recognition in the Banded Shrimp *Stenopus hispidus* (Olivier)," *Animal Behaviour* 25, pt. 2 (1977): 418–28，また theaquariumwiki.com/wiki/Stenopus_hispidus も参照．
　ほかの甲殻類には個体を識別できるものがある．Joanne Van der Velden et al., "Crayfish Recognize the Faces of Fight Opponents," *PLOS ONE* 3, no. 2 (2008): el695, Roy Caldwell, "A Test of Individual Recognition in the Sromatopod *Gonodactylus festate*," *Animal Behaviour* 33, no. 1 (1985): 101–6を参照．[102]

20) **ホヤが咳払いをし，くしゃみをする：** 本書の冒頭で，私はホヤの行動を「肩をすくめてため息をついている」と表現した．このホヤたちは実際には何をしているのだろうか．どうやら身体の水をすっかり吐き出しているようだ．ごみが一緒に出てくることもたまにあるが，たいていの場合，この動きは簡単に言えばくしゃみのように機能しているらしい．「くしゃみ」という言葉は生物学者がカイメンについて書くときに使われている．カイメンによってはスローモーションのくしゃみで濁った水に対処するものもある（Leys, "Elements of a 'Nervous System' in Sponges"）．これは調整された行為のもうひとつの形で，とても古いものかもしれない．
　ホヤはアカデミックジョークの題材として悪名高い．幼生のときは遊泳するが，成体になっていったん固着すると（＝終身在職権を得ると）脳を食べると言われるからだ．この逸話は本書に登場する神経科学者ロドルフォ・リナスが有名にした．ジョージ・O・マッキーとパオロ・ブリゲルは，ホヤに関する論文の中で，このレッテルをいくぶん激しく，憤りの気配も感じさせながら退けている．「実際のところ，成体のホヤは申し分のない脳をもっている．それは幼生の脳よりも桁違いに大きい．また幼生が運動性に適応しているように，成体の行動は固着性にうまく適応している」——Mackie and Burighel, "The Nervous System in Adult Tunicates: Current Research Directions," *Canadian Journal of Zoology* 83, no. 1 (2005): 151–83．[103]

5　主観の起源

1) **哲学者のスーザン・ハーリーは……助けになるイメージを提唱した：** これは彼女の著書 *Consciousness in Action* (Cambridge, MA: Harvard University Press, 1998), 249にある．その一節を引用する．

> 人間についてのある伝統的な考え方に，いまなお多くの人は違和感を覚えないようだ．人間の中核は主観的存在と行為者がいわば背中合わせに立ってい

る状態とみなされる．主観的存在は意識的な知覚経験をもち，意識的な経験はそれ自体が（客観世界的対象に対立するものとして）意識の客体となることもあるという意味において，時に自己意識的である．行為者はさまざまなことをしようと尽力し，行為や努力，あるいは意志の状態はそれ自体で（客観世界的事象に対立するものとして）試行の対象となることがあるという点で，時に自己決定的である．対象はその人間の入力側における終点で，世界がその対象にぶつかり，影響を及ぼす．行為者は出力側の最初の停留所で，行為者が世界に対して影響を及ぼす．

ハーリーは感覚の側面と行為者の側面の絡み合いについてさまざまな種類を区別した．時として，行為とその感覚的な結果はまったく異なる——たとえば，石を起こしてその下に何があるかを見るといった場合がそうだ．より密な関係が見られる状況もある．自分で気がついているかどうかによらず，あなたの眼は絶えず動いており，その結果網膜の印象は絶えず変化しているのだが，目の前の場景が変化しているとは認識されない．人間は "左右反転メガネ"（左にあるものを右視野でとらえ，右にあるものを左視野でとらえる）にかなり上手に適応できる．このメガネをかけた人はものを正しい位置で見られるようになる——この「正しさ」は行為をしようとしたときに起こることによって決まる．［105］

2）**一七世紀の哲学者ルネ・デカルトは……魂を仮定：**　『省察』*Meditations on First Philosophy*（1641）を参照．［107］

3）**デイヴィッド・チャーマーズの表現を借りると，このコピーは……「ゾンビ」にすぎないかもしれない：**　彼の著書 *The Conscious Mind: In Search of a Fundamental Theory*（Oxford, UK: Oxford University Press, 1996）〔『意識する心——脳と精神の根本理論を求めて』林一訳，白揚社，2001〕を参照．［107］

4）**トマス・ネーゲルは唯物論に対して批判的な立場をとったが，この癖を分析し……：**　これはネーゲルが1974年に発表した論文「コウモリであるとはどのようなことか」（"What Is It Like to Be a Bat?"）の脚注にある．私の論文 "Evolving Across the Explanatory Gap," *Philosophy, Theory, and Practice in Biology* 11, no. 001（2019）: 1–24も参照．［108］

5）**哲学者のダニエル・デネットらは……主張している：**　特に，デネットの論文 "Quining Qualia," in *Consciousness in Contemporary Science*, ed. Anthony J. Marcel and E. Bisiach（Oxford, UK: Oxford University Press, 1988）, 42–77を参照．［109］

6）**唯物論に批判的な主張には……三人称の記述では基本的に無理なことをさせたがっているようなものもある：**　私は前掲の論文 "Evolving Across the Explanatory Gap" で，「三人称の視点」という考え方がそもそも支離滅裂ではないか，あらゆる視点は一人称であると述べた．だが，ここではなじみのある言葉を使って多少わかりやすくなるようにしている．［110］

7) **ハーリーは，心理学や神経生物学の分野で用いられる視覚のメカニズムについての区分を，哲学の世界に導入した．それは脳の what 経路と where 経路と呼ばれるシステムだ：**　これも *Consciousness in Action* にある．［111］

8) **ハーリーの考えでは，where システムが私たちのためにしているような処理こそ……：**　*Consciousness in Action*, 326.［112］

9) **その時期の経験主義哲学では「単純観念」「印象」と呼ばれ……：**　古典（かつ，きわめて読みやすいもの）としては，ヒュームの『人間知性研究』*An Enquiry Concerning Human Understanding*（1748）がある．20世紀初頭に展開された「センス・データ」理論については，ラッセルの『哲学入門』*The Problems of Philosophy*（New York: Henry Holt, 1912）などを参照．［112］

10) **哲学におけるドイツ「観念論」のプロジェクトでは……：**　この伝統は，とりわけカントの『純粋理性批判』*Critique of Pure Reason*（1781）からヘーゲルの著作（たとえば『精神現象学』*Phenomenology of Spirit*, 1807）につながる．英語圏におけるこの伝統の継続は，能動的な見方と受動的な見方の対決という状況をつくり出すことが多い．19世紀末の哲学者ウィリアム・ジェイムズは，この対立の鋭い観察者だった（*The Will to Believe, and Other Essays in Popular Philosophy*, 1896を参照）．［113］

11) **「エナクティビズム」と呼ばれる考え方（の少なくとも一部）は，知覚それ自体が行為の一形式であると説明しようとしている：**　エナクティビズムについては今日膨大な文献があるが，おそらくすべての立場が本文で述べた見方に賛同するわけではないだろう．J. Kevin O'Regan and Alva Noë, "A sensorimotor account of vision and visual consciousness," *Behavioral and Brain Sciences* 24, no. 5（2001）: 939–1031と，Noë の著書 *Out of Our Heads: Why You Are Not Your Brain, and Other Lessons from the Biology of Consciousness*（New York: Hill and Wang, 2009）を参照．共著論文からの一節を引用する．「私たちは，ものを見ることは行動することであると提案する．それは一定の方法で環境を探索することである」（要旨より）；「ここまで議論してきたが，経験は状態ではない．それは行動の方法である．私たちが行っていることなのである」（p. 960）．なお，この文脈における「エナクティブ」（enactive，行動化）という用語は，フランシスコ・J・ヴァレラ，エヴァン・トンプソン，エレノア・ロッシュの共著 *The Embodied Mind: Cognitive Science and Human Experience*（Cambridge, MA: MIT Press, 1991）〔『身体化された心——仏教思想からのエナクティブ・アプローチ』田中靖夫訳，工作舎，2001〕で提唱された．［113］

12) **アメリカの哲学者ジョン・デューイが自嘲気味に述べたように……：**　彼の著書 *Experience and Nature*（Chicago: Open Court, 1925）〔『経験としての自然』栗田修訳，晃洋書房，2021など〕, 36にある．［113～114］

13) **私のニューヨーク時代の同僚，ジェシー・プリンツの態度は……：**　プリンツの

著書 *The Conscious Brain: How Attention Engenders Experience* (Oxford, UK: Oxford University Press, 2012), 341–42を参照．ドレツキについては“Conscious Experience,” *Mind* 102, no. 406 (1993): 263–83を参照．問題となるケースに関するドレツキの発言を引く．

> なぜ私たちは，ダマシオにならって……情動や感覚，気分を，身体の化学的な，ホルモンや内臓，あるいは筋骨に関する状態の知覚だとみなすことができないのだろう？……痛みやかゆみ，くすぐったさ，あるいはその他の身体感覚についてこのような考え方をすると，それらの感覚は私たちが自分を取り巻く環境を知覚的に認識したときにもつ経験とまったく同じカテゴリーに位置づけられる．

エネルギーレベルの議論についてはレナード・カッツに感謝する．[114〜115]

14）**哲学者ジョン・サールを引用する：** この一節は彼の論文“Consciousness,” *Annual Review of Neuroscience* 23 (2000): 557–78, p. 573にある．[116]

15）**一方，神経科学の分野では，哲学や心理学とは対照的に，ロドルフォ・リナスをはじめ……著名な研究者もいる：** Llinás and D. Paré, “Of dreaming and wakefulness,” *Neuroscience* 44, no. 3 (1991): 521–35を参照．サールはジュリオ・トノーニとジェラルド・M・エーデルマンも引用している．Giulio Tononi and Gerald M. Edelman, “Consciousness and Complexity,” *Science* 282 (1998): 1846–51を参照．[117]

16）**実在感（プレゼンスの感覚）という概念は……微妙な役割を果たしている：** もっと慎重な表現をすれば，次のようになる．「“プレゼンスの感覚”という概念は，世界とその世界の中にいる自己についての主観的な現実感を指すのに用いられる」 Anil K. Seth, Keisuke Suzuki, and Hugo D. Critchley, “An Interoceptive Predictive Coding Model of Conscious Presence,” *Frontiers in Psychology* 2 (2012): 395. 本書112ページのハーリーからの引用，「世界に存在しているひとつの自己であるという感覚」にも注目．以下のエヴァン・トンプソンの引用も参照．[117]

17）**これを受け入れる人の中には，「透明性」として知られる概念の正当性を信じる人もいる：** 私は常々，風変わりで真偽のはっきりしない着想に満ちた議論の中でも，「透明性」はいちばん奇妙であり得ないことのひとつだと思ってきた．何かを見ているときに，わざと視界がぼやけるようにしてみるとしよう．あなたは視界がぼやけた状態を経験する．これは，あなたが見ているものに突然ぼやけた状態の属性が生じたということでは絶対になく，経験そのものの特性にすぎない．これは透明性に対する反論としてもっともな（そしてよく知られた）主張だが，返答や応酬もある（この例は今日では一般的になっているが，初めて使われたのは次の論文だったかもしれない．Paul A. Boghossian and J. David Velleman, “Colour as a Secondary Quality,” *Mind* [n.s.] 98, no. 389 [1989]: 81–103)．透明性に関

して影響力の大きい擁護論としては，Gilbert Harman, "The Intrinsic Quality of Experience," in *Philosophical Perspectives* 4: *Action Theory and Philosophy of Mind*, ed. James E. Tomberlin（Atascadero, CA: Ridgeview, 1990）, 31–52がある．［117］

18）**これに近い考え方は瞑想についての文献でも散見される：**　その一例は Sam Harris, *Waking Up: A Guide to Spirituality Without Religion*（New York: Simon and Schuster, 2014）である．伝統仏教の根本教条である「無我」と関連づけられているが，私は細部にわたる比較ができるほど仏教について詳しくない．［117～118］

19）**実在感をひとたび認めると……自然に備わる特徴だと考えたくなる：**　これに近い見方は哲学者トンプソンの著書 *Mind in Life: Biology, Phenomenology, and the Sciences of the Mind*（Cambridge, MA: Harvard University Press, 2010）に述べられているかもしれない．トンプソンは，自己を定義する生体システムであることから単純にもたらされる活気（animation）と実在感に関する基本的な感覚を認めることによって，主観的経験の問題の一部は解決されると示唆している．

> 感性という意味においての意識は，自己を認識している原始的な活気，あるいは身体の生気の一種と説明できるであろう（p. 161）……本書の前半で，私は感性とは生きているという感覚のことであると述べた．感性をもっているとは，自分の身体と世界の存在を感じられるということである．感性は生物のオートポイエティックな独自性と意味形成に基づいているが，それに加えて自己と世界の感覚の意味を含んでいる（p. 221）．［118］

20）**ラバーハンドイリュージョンはいわば氷山の一角だ：**　この部分は Olaf Blanke and Thomas Metzinger, "Full-Body Illusions and Minimal Phenomenal Selfhood," *Trends in Cognitive Sciences* 13, no. 1（2009）: 7–13と，Frédérique de Vignemont の著書 *Mind the Body: An Exploration of Bodily Self-Awareness*（Oxford, UK: Oxford University Press, 2018）を参考にした．［119］

21）**これを前提とすると，ものを見ることが……何かであるように感じられるのは不思議ではない：**　感知と行動の相互作用については第４章で初めて検討したが，そこでは聴覚は視覚や触覚とは明らかに違っていると述べた．それは，自分の行為によって聞こえ方は変化するが，その効果は弱いということだった．where システムの役割と，複数の感覚にまたがって場景のクロスチェックを行うというところも違う．聴覚は視覚と同じように明確な感知のケースである．これは注目すべき点だ．［121］

6　タコたち

1）**カモフラージュで名実ともに守られているモクズショイは……：**　私は一度だけ

だが，タコがモクズショイを食べているところに出くわしたことがある．何があったのか詳しいことはわからない．私が見たときにはプロセスは終わりに近かったからだ．［125］

2）**ところが，カンブリア紀の直後，初期の頭足類の中に海底から浮上して……：** 歴史については，私の前著 *Other Minds*〔『タコの心身問題――頭足類から考える意識の起源』夏目大訳，みすず書房，2018〕と同じく，Björn Kröger, Jakob Vinther, and Dirk Fuchs, “Cephalopod Origin and Evolution: A Congruent Picture Emerging from Fossils, Development and Molecules,” *BioEssays* 33, no. 8（2011）: 602–13，さらに新しい論文 Alastair R. Tanner et al., “Molecular Clocks Indicate Turnover and Diversification of Modern Coleoid Cephalopods During the Mesozoic Marine Revolution,” *Proceedings of the Royal Society B* 284（2017）: 20162818を参考にした．［126］

3）**これは一億年ほど前のことだが……：** フランスで発見された 1 億6500万年前の化石 1 個はタコと解釈されてきた（し，前著 *Other Minds* でもそのように紹介した）が，その後の研究で，この動物には硬い内部構造，現生のツツイカに見られるような「軟甲」があることから，タコのデザインにまっすぐつながるものではなく，むしろコウモリダコに近い可能性が示唆されている．Isabelle Kruta et al., “Proteroctopus ribeti in Coleoid Evolution,” *Palaeontology* 59, no. 6（2016）: 767–73を参照．［128］

4）**昆虫を綿密に調べている生物学者の中には……：** Gabriella H. Wolf and Nicholas J. Strausfeld, “Genealogical Correspondence of a Forebrain Centre Implies an Executive Brain in the Protostome-Deuterostome Bilaterian Ancestor,” *Philosophical Transactions of the Royal Society B* 371（2016）: 20150055を参照．［128］

5）**二〇一八年に，合成麻薬 MDMA（通称エクスタシー）を数匹のタコに投与して……：** この論文は Eric Edsinger and Gül Dölen, “A Conserved Role for Serotonergic Neurotransmission in Mediating Social Behavior in Octopus,” *Current Biology* 28, no. 19（2018）: 3136–42.e4である．［129］

6）**何十年も前，ロジャー・ハンロンとジョン・メッセンジャーは……主張した：** これは彼らの共著 *Cephalopod Behaviour*, 1st ed.（Cambridge, UK: Cambridge University Press, 1996）にある．［130］

7）**タコの神経系をめぐる問題に長く熱心に取り組んできたのは，イスラエルのエルサレムにあるベニー・ホーヒナーの研究室だ：** 本文中で使ったものを含め，研究成果の論文を挙げる．Tamar Gutnick et al., “*Octopus vulgaris* Uses Visual Information to Determine the Location of Its Arm,” *Current Biology* 21, no. 6（2011）: 460–62; Letizia Zullo et al., “Nonsomatotopic Organization of the Higher Motor Centers in Octopus,” *Current Biology* 19, no. 19（2009）: 1632–36; Benny Hochner, “How Nervous Systems Evolve in Relation to Their Embodiment: What We Can Learn from

Octopuses and Other Molluscs," *Brain, Behauior, and Evolution* 82 (2013): 19–30. [131]

8) **身近なところでの重要な例としては……「側性化」がある：** Lesley J. Rogers, Giorgio Vallortigara, and Richard Andrew, *Divided Brains: The Biology and Behaviour of Brain Asymmetries* (Cambridge UK: Cambridge University Press, 2013) と，Giorgio Vallortigara, Lesley J. Rogers, and Angelo Bisazza, "Possible Evolutionary Origins of Cognitive Brain Lateralization," *Brain Research Reviews* 30 (1999): 164–75を参照. [132]

9) **タコと同じ頭足類に属するコウイカは，餌を摂取することに関しては右眼……を優先的に使う：** Alexandra K. Schnell et al., "Lateralization of Eye Use in Cuttlefish: Opposite Direction for Anti-Predatory and Predatory Behaviors," *Frontiers in Physiology* 7 (2016): 620を参照. [133]

10) **タコの行動の難解さと魅力がとりわけよくわかる環境だ：** この場所については，前著 *Other Minds* で説明した．新しい論文 David Scheel et al., "Octopus Engineering, Intentional and Inadvertent," *Communicative & Integrative Biology* 11, no. 1 (2018): e1395994も参照．行動に関する論文としては，Scheel, Godfrey-Smith, and Matthew Lawrence, "Signal Use by Octopuses in Agonistic Interactions," *Current Biology* 26, no. 3 (2016): 377–82がある. [134]

11) **タコは意外に短命で……：** 例外もあるが，それらはすべて深海に生息する種である．具体例については *Other Minds* の第 7 章を参照. [134]

12) **あるいは，この種をはじめ数種のタコに……社会性があるということかもしれない：** 前掲の論文 "Signal Use by Octopuses in Agonistic Interactions" では，12種について知られている例外をまとめた. [137]

13) **一帯を探索していたマーティー・ヒングとカイリー・ブラウンという二人のダイバーが……：** David Scheel et al., "A Second Site Occupied by Octopus tetricus at High Densities, with Notes on Their Ecology and Behavior," *Marine and Freshwater Behaviour and Physiology* 50, no. 4 (2017): 285–91を参照. [137]

14) **とりわけ興味深いのは，ものを投げる行動だ：** Peter Godfrey-Smith, et al., "In the Line of Fire: Debris Throwing by Wild Octopuses," *PLoS One*, 17, no. 11 (2022): e0276482. doi: 10. 1371/journal. pone. 0276482. [138]

15) **ジェニファー・メイザーが述べているように……：** 彼女の論文 "What Is in an Octopus's Mind?," *Animal Sentience* 2019. 209を参照. [141]

16) **有名な神経障害の患者で，イアン・ウォーターマンという……：** 議論については，Shaun Gallagher, *How the Body Shapes the Mind* (Oxford, UK: Clarendon Press/Oxford University Press, 2005) を参照. [142]

17) **タコをはじめさまざまな頭足類を研究するブレット・グラッセは……：** このことは，ベン・グアリーノの署名記事 "Inside the Grand and Sometimes Slimy Plan to

Turn Octopuses into Lab Animals," *The Washington Post*, March 3, 2019で描写されている.[144]

18) **生物学者でロボット工学の研究者でもあるフランク・グラッソは……：** この論文は "The Octopus with Two Brains: How Are Distributed and Central Representations Integrated in the Octopus Central Nervous System?" in *Cephalopod Cognition*, ed. Anne-Sophie Darmaillacq, Ludovic Dickel, and Jennifer Mather（Cambridge, UK: Cambridge University Press, 2014), 94-122に収録されている. シドニー・カールス＝ディアマンテの議論については，彼女の論文 "The Octopus and the Unity of Consciousness," *Biology and Philosophy* 32, no. 6（2017): 1269-87を参照.[150]
19) **私が知る限りもっとも徹底した「１＋１」の探究は……：** Adrian Tchaikovsky, *Children of Ruin*（New York: Orbit I Hachette, 2019).[150]
20) **左右の脳半球をつなぐ脳梁を離断する手術を受けた患者がいる：** トマス・ネーゲルが1971年に発表した論文は，今日でもこの問題について知る上で有効だ. "Brain Bisection and the Unity of Consciousness," *Synthese* 22, no. 3/4（1971): 396-413. ティム・ベインの著書 *The Unity of Consciousness*（Oxford, UK: Oxford University Press, 2010）は統一性の問題を徹底的に分析している. ここではエリザベス・シェクターの著書 *Self-Consciousness and "Split" Brains: The Minds' I*（Oxford, UK: Oxford University Press, 2018）を広範に用いた.[152]
21) **私としては，「高速切り替え」のひとつのバリエーションが正しいのではと思っている：** この見方の複数のバリエーションは，数人の研究者により長年にわたって――時には詳細に踏み込まずに――擁護されてきた. マイケル・タイの *Consciousness and Persons: Unity and Identity*（Cambridge, MA: MIT Press, 2003）と，このあと挙げるエイドリアン・ダウニーの論文は比較的詳しい. シェクターは，初期の立場としてシェイファーの論文 Jerome A, Schaffer, "Personal Identity: The Implications of Brain Bisection and Brain Transplants," *The Journal of Medicine and Philosophy* 2, no. 2（1977): 147-61を引用している.[153]
22) **ここは哲学者エリザベス・シェクターの研究を参考にして話を進める：** これは前掲書 *Self-Consciousness and "Split" Brains* である.[153]
23) **別の可能性としては，ほとんどの時間は脳の両半球が一緒に働いて……：** 分離脳患者の日常生活においても，ちぐはぐな動作から統合されていない状態が進行中であるとわかることがある. たとえば，片方の手はシャツを羽織ったりタバコを取り出したりしようとしているが，もう片方の手はそれに逆らうような動きをするのだ. もしこういった行動がありふれたものなら，２つの心が存在する状態は永続的なものだと言いたくなるだろう（シェクターはそう考えているようだ). そんなケースもあるかもしれないが，もう少し統合されている場合もあるのではないだろうか. この現象について，私は "Integration, Lateralization, and Animal Experience" in *Mind and Language* で詳しく検討している.[154]

24) **第5章で登場したスーザン・ハーリーが……：**　彼女の論文 “Action, the Unity of Consciousness, and Vehicle Externalism,” in *The Unity of Consciousness: Binding, Integration, and Dissociation*, ed. Axel Cleeremans (Oxford, UK: Oxford University Press, 2003) を参照. [154〜155]

25) **なお，哲学者エイドリアン・ダウニーは最近……を示している：**　彼の論文 Adrian Downey, “Split-Brain Syndrome and Extended Perceptual Consciousness,” *Phenomenology and the Cognitive Sciences* 17 (2018): 787–811を参照. [155]

26) **日本出身でカナダに移住した医師，和田淳が発明したWADAテストは……：**　ここでの私の議論は，主にジェームズ・ブラックモンの論文 “Hemispherectomies and Independently Conscious Brain Regions,” *Journal of Cognition and Neuroethics* 3, no. 4 (2016): 1–26を参考にした．本文中に引用した箇所はブログの記事 (jcblackmon. com/general/the-wada-test-for-philosophers-what-is-it-like-to-be-a-proper-part-of-your-own-brain-losing-and-regaining-other-proper-parts-of-your-brain) から転載したが，この記事のこの箇所はてんかんに関する公共のウェブサイト (epilepsy.com/connect/forums/surgery-and-devices/wada-test-1) からの引用である．

脳には明確に異なる複数の意識が存在するという見方について，私が出会った中でもっとも極端なバージョンは，神経科学者のセミール・ゼキがかなり詳細に擁護するものだ．この立場を概観するには Semir Zeki, “The Disunity of Consciousness,” *Trends in Cognitive Sciences* 7, no. 5 (2003): 214–18を参照. [155]

27) **改めて，「部分的統合」とは，分離脳の例で心がひとつか二つかというふうにきちんと数えることはできないという考えだった：**　シェクターはかつて，ある論文でこのオプションに言及し，その一貫性を擁護している．その論文とは “Partial Unity of Consciousness: A Preliminary Defense,” in *Sensory Integration and the Unity of Consciousness*, ed. David J. Bennett and Christopher S. Hill (Cambridge, MA: MIT Press, 2014), 347–73である. [158]

28) **分離脳のケースには複雑な点がたくさんあり……：**　シェクターが引用しているが，ロジャー・スペリーは，左右の脳半球にはそれぞれ独立した記憶があり，片方の脳半球がもう片方の記憶にアクセスすることはできないと述べた (Sperry, “Hemisphere Deconnection and Unity in Conscious Awareness,” *American Psychologist* 23, no. 10 [1968]: 723–33を参照)．つまり，2つの心が存在している状態は永続的なものであることが示唆されている．しかし，スペリーの論文その他，私が確認した資料では，実験のある段階で定着した記憶が同じ実験の別の段階で想起されることについて述べているように思われる．記憶がどちらか一方の脳半球に長期にわたって結びつけられたままであるとすれば，話は違ってくる (そしておそらく実際にそういう状態になっているのだろう)．これは，心が2つある状態が永続的であると考えるもうひとつの理由と言えそうだ. [159]

29) **これを頭に浮かべると，私はどうも幻覚を見ているような気分になる：**　この部

分は，私が *Animal Sentience*, 2019, 270に発表した“Octopus Experience”（ジェニファー・メイザーの“What Is in an Octopus's Mind?”へのコメンタリー）から一部を使った．ついでながら，棘皮動物の中には身体全体を使って「ものを見る」――物体を選び出す――ことができるとおぼしき種がある．Divya Yerramilli and Sönke Johnsen, “Spatial Vision in the Purple Sea Urchin *Strongylocentrotus purpuratus* (Echinoidea),” *Journal of Experimental Biology* 213, no. 2（2010）: 249–55を参照．[163]

30）**棘皮動物は，少なくともカンブリア紀から生息している：** ひょっとするとそれより前からかもしれない．James G. Gehling, “Earliest Known Echinoderm - A New Ediacaran Fossil from the Pound Subgroup of South Australia,” *Alcheringa* 11, no. 4 (1987): 337–45を参照．棘皮動物が平凡な左右相称の体制を離れてたどった道をめぐる議論については Samuel Zamora, lmran A. Rahman, and Andrew B. Smith, “Plated Cambrian Bilaterians Reveal the Earliest Stages of Echinoderm Evolution,” *PLOS One* 7, no. 6（2012）: e38296を参照．こちらの論文には，ひじょうに優れた画像が掲載されている．なお，私がオクトポリスの近くで見たウミシダの種は *Antedon loveni* だと思われる．[165]

7　キングフィッシュ

1）**生物学者のニール・シュービンはその著書で……：** これは *Your Inner Fish: A Journey into the 3.5-Billion-Year History of the Human Body*（New York: Pantheon, 2008）〔『ヒトのなかの魚，魚のなかのヒト――最新科学が明らかにする人体進化35億年の旅』垂水雄二訳，早川書房，2013〕である．[167]

2）**魚類は最初，まったくマイナーな存在だった：** ここ全般における私の主な情報源は，ジョン・A・ロングの *The Rise of Fishes: 500 Million Years of Evolution*（Baltimore: Johns Hopkins University Press, 1995）である．ロングの著書は（私が本書で時折批判している）進化のはしごやスケールの話が多めだ．初期の脊椎動物の進化を特に意識に注目して扱う優れた著書としては，Todd E. Feinberg and Jon M. Mallatt, *The Ancient Origins of Consciousness: How the Brain Created Experience*（Cambridge, MA: MIT Press, 2016）〔『意識の進化的起源――カンブリア爆発で心は生まれた』〕がある．最近の論文 Lauren Sallan et al., “The Nearshore Cradle of Early Vertebrate Diversification,” *Science* 362（2018）: 460–64では，初期の魚類の進化における沿岸海域の環境の役割が議論されている（この論文の画像もすばらしい）．[167]

3）**フランスの生物学者フランソワ・ジャコブが……表現したことの古典的な例と言えるだろう：** 彼の論文“Evolution and Tinkering,” *Science* 196（1977）: 1161–66を参照．[168]

4) **二〇一八年にオーストラリアでアマチュアの化石採集家が並外れて大きな歯を……：** このニュースはオーストラリアの公共放送局 SBS News で報じられた（sbs. com. au/news/rare-set-of-mega-shark-teeth-from-prehistoric-species-unearthed）.「まるでステーキナイフ．本当に鋭い」 この動物，カルカロクレス・アウグスティデンス *Carcharocles angustidens* の体長は 9 メートルを超える．[169]

5) **地球の磁気を感じて：** Sönke Johnsen and Kenneth J. Lohmann, "The Physics and Neurobiology of Magnetoreception," *Nature Reviews Neuroscience* 6（2005）: 703–12を参照．[170]

6) **ジンベエザメ……は現存する魚類で最大の種で……：** おそらく史上最大ではない．史上最大の魚類は恐竜の時代に生息していたリードシクティス・プロブレマティカス *Leedsichthys problematicus* らしい．[170]

7) **（本書の執筆時点では）すべての個体が……ある場所で交尾するのではないかと考えられている：** ここは BBC の TV シリーズ *Blue Planet II*（2017）を参考にした．

私が一緒に泳いだジンベエザメの性別について：[エクスマウスの西側に位置するサンゴ礁] ニンガルー・リーフでは，ジンベエザメの性比はおよそ 3 対 1 でオスに偏っている．その理由はわかっていない．[171]

8) **硬骨の割合が大きい脊椎動物への移行は……：** Darja Obradovic Wagner and Per Aspenberg, "Where Did Bone Come From?," *Acta Orthopaedica* 82, no. 4（2011）: 393–98を参照．[172]

9) **側線は圧覚，大ざっぱに言えば触覚の一種による刺激を感受する：** Horst Bleckmann and Randy Zelick, "Lateral Line System of Fish," *Integrative Zoology* 4, no. 1（2009）: 13–25を大いに参考にした．側線に関することならすべて知りたいという人向けには，Sheryl Coombs et al., eds., *The Lateral Line System*（New York: Springer, 2014）という本がある．「遠隔的触覚」の説明については John Montgomery, Horst Bleckmann, and Sheryl Coombs, "Sensory Ecology and Neuroethology of the Lateral Line," in *The Lateral Line System*, 121–50を参照．[173]

10) **進化の物語としてはおおよそ次のようなところだ：** ここは，Bernd Fritzsch and Hans Straka, "Evolution of Vertebrate Mechanosensory Hair Cells and Inner Ears: Toward Identifying Stimuli That Select Mutation Driven Altered Morphologies," *Journal of Comparative Physiology A* 200, no. 1（2014）: 5–18と，Bernd U. Budelmann and Horst Bleckmann, "A Lateral Line Analogue in Cephalopods: Water Waves Generate Microphonic Potentials in the Epidermal Head Lines of Sepia and Lolliguncula," *Journal of Comparative Physiology A* 164, no. 1（1988）: 1–5を参考にした．[173]

11) **小さな魚でも，通り過ぎると……後流が生じる：** 前掲の Bleckmann and Zelick, "Lateral Line System of Fish"．側線感知では感知と行為が多岐にわたって相互に作

用する：John C. Montgomery and David Bodznick, "An Adaptive Filter That Cancels Self-Induced Noise in the Electrosensory and Lateral Line Mechanosensory Systems of Fish," *Neuroscience Letters* 174, no. 2 (1994): 145–48. [175]

12) **ブラインドケーブ・フィッシュ（ブラインドケーブ・カラシン）という魚は，その名の通り……：** 前掲の Bleckmann and Zelick, "Lateral Line System of Fish". この魚は側線からの情報を利用して，周囲の環境の内的地図を作成する：Theresa Burt de Perera, "Spatial Parameters Encoded in the Spatial Map of the Blind Mexican Cave Fish, *Astyanax fasciatus*," *Animal Behaviour* 68, no. 2 (2004): 291–95. [175]

13) **側線系を改造し……魚もある：** Clare V. H. Baker, Melinda S. Modrell, and J. Andrew Gillis, "The Evolution and Development of Vertebrate Lateral Line Electroreceptors," *The Journal of Experimental Biology* 216, pt. 13 (2013): 2515–22; Nathaniel B. Sawtell, Alan Williams, and Curtis C. Bell, "From Sparks to Spikes: Information Processing in the Electrosensory Systems of Fish," *Current Opinion in Neurobiology* 15, no. 4 (2005): 437–43. 電気センシングの能力をもつ陸生動物は単孔類（カモノハシ，ハリモグラ）だけらしい：John D. Pettigrew, "Electroreception in Monotremes," *Journal of Experimental Biology* 202 (1999): 1447–54. [175]

14) **サメの研究者であった故エイダン・マーティンは……シュモクザメの様子について次のように語っている：** ウェブサイト elasmo-research.org/education/topics/d_functions_of_hammer.htm を参照. [176]

15) **私が驚いたのは，群泳における側線系の役割について直接調べた研究がどうも決め手に欠けることだ：** たとえば，Prasong J. Mekdara et al., "The Effects of Lateral Line Ablation and Regeneration in Schooling Giant Danios," *Journal of Experimental Biology* 221 (2018): jebl75166などを参照. [177]

16) **以前からよく見かけていた魚が尋常でないほどたくさんいるところに行き合った：** アオヤガラ（smooth flutemouth），*Fistularia commersonii* である. [177]

17) **この流れのどこかで，一部の魚は利口になっていく：** この節は，Redouan Bshary and Culum Brown, "Fish Cognition," *Current Biology* 24, no. 19 (2014): R947–50と，この論文で挙げられている文献，またジョナサン・バルコムの *What a Fish Knows: The Inner Lives of Our Underwater Cousins* (New York: Scientific American/ Farrar, Straus and Giroux, 2016)［『魚たちの愛すべき知的生活——何を感じ，何を考え，どう行動するか』桃井緑美子訳，白揚社，2018］を参考にした.

数のカウントについては Christian Agrillo et al., "Use of Number by Fish," *PLOS One* 4, no. 3 (2009): e4786を参照. 音楽のジャンルを区別する実験はバルコムの著書で取り上げられている. [179]

18) **この理論は元来，霊長類において社交的な種では特に大きな脳が見られることに関して……：** Nicholas K. Humphrey, "The Social Function of Intellect," in *Growing Points in Ethology*, ed. P. P. G. Bateson and R. A. Hinde (Cambridge, UK:

Cambridge University Press, 1976), 303–17を参照.［180］

19) **よく知られている魚のほとんどは……ほかの魚と一緒に過ごす：** Matz Larsson, "Why Do Fish School?," *Current Zoology* 58, no. 1 (2012): 116–28. キングフィッシュをはじめ，多くの銀白色の魚の尾に見られる黄色の縦縞は，群泳において何らかの機能を果たしているのだろうか．個体の位置や動きを視覚的に伝えるということなら，目につきやすく次の動きが読みやすいということが，個々の魚の利益になっている必要があるだろう．群れの動きを見ている魚，あるいは群れ全体にとって助かるというだけでは十分とは言えない．［180］

20) **（ちなみにサルトルは幻覚剤の注射をきっかけに……極度の恐怖心を抱いていた）：** 文献はいろいろあるが，とりわけ Thomas Riedlinger, "Sartre's Rite of Passage," *Journal of Transpersonal Psychology* 14, no. 2 (1982): 105–23を参照.［181］

21) **魚の賢さは，ほかの生物とのかかわり方にとりわけよく現れる：** Jeremy R. Kendal et al., "Nine-Spined Sticklebacks Deploy a Hill-Climbing Social Learning Strategy," *Behavioral Ecology* 20, no. 2 (2009): 238–44; Stefan Schuster et al., "Animal Cognition: How Archer Fish Learn to Down Rapidly Moving Targets," *Current Biology* 16, no. 4 (2006): 378–83; Logan Grosenick, Trisha S. Clement, and Russell D. Fernald, "Fish Can Infer Social Rank by Observation Alone," *Nature* 445 (2007): 429–3を参照.［181］

22) **ある種の掃除魚は，見物されているときはそれほどでもないが……：** Ana Pinto et al., "Cleaner Wrasses *Labroides dimidiatus* Are More Cooperative in the Presence of an Audience," *Current Biology* 21, no. 13 (2011): 1140–44を参照.［182］

23) **海底のそこかしこでエビとハゼの協力を見かける：** この共生関係についてはたくさんの論文がある．たとえば，Annemarie Kramer, James L. Van Tassell, and Robert A. Patzner, "A Comparative Study of Two Goby Shrimp Associations in the Caribbean Sea," *Symbiosis* 49 (2009): 137–141など.［182］

24) **ハタはウツボと協力して獲物を捕まえるのだが……：** Alexander L. Vail, Andrea Manica, and Redouan Bshary, "Referential Gestures in Fish Collaborative Hunting," *Nature Communcations* 4 (2013): 1765.［183］

25) **一九二〇年代初めのドイツで，テレパシーの存在を信じる〔神経科学者の〕ハンス・ベルガーは……：** David Millett, "Hans Berger: From Psychic Energy to the EEG," *Perspectives in Biology and Medicine* 44, no. 4 (2001): 522–42を用いた．ベルガーの生涯に関する話には少しゆがめられているように思えるものがある．［184］

26) **ベルガーの若い同僚で何度か被験者にもなったラファエル・ギンツベルクは，のちにベルガーを……と評している：** 前掲の Millett, "Hans Berger: From Psychic Energy to the EEG"で述べられている.［185］

27) **これはベルガーが初めて行ったことではない：** ネミンスキー（Vladimir Vladi-

mirovich Pravdich-Neminsky）は，ベルガーに先立って〔イヌの〕脳波を記録していたようだ．ネミンスキーはソビエト体制下で逮捕されるなどし，その後はほとんど研究を進めることができなかった．

ベルガーは，死後しばらくはナチに対して非協力的だったとみなされていたが，最近の研究によればまったくそうではなかったことが示唆されている．Lawrence A. Zeidman, James Stone, and Daniel Kondziella, "New Revelations About Hans Berger, Father of the Electroencephalogram（EEG）, and His Ties to the Third Reich," *Journal of Child Neurology* 29, no. 7（2014）: 1002–10を参照．[185]

28）**これは……電荷の役割に備わった二元的な性質によるものだ：** ここで私が述べているのは，電磁現象における電気と磁気の２つの機能〔相互作用〕のことではない．若干くだけた言い回しだが，この章ではできる限り磁気の側面について触れないようにした．[187]

29）**EEG のパターンは……主にこちらのゆっくりした変化による：** この箇所，またリズムと場に関するこの最初の議論のほとんどにわたって，ジェルジ・ブザーキの *Rhythms of the Brain*（Oxford, UK: Oxford University Press, 2006）〔『脳のリズム』谷垣暁美訳，渡部喬光監訳，みすず書房，2019〕と，この本よりもずっと専門的だがそれでも説明が助けになる論文，György Buzsáki, Costas A. Anastassiou, and Christof Koch, "The Origin of Extracellular Fields and Currents - EEG, ECoG, LFP and Spikes," *Nature Reviews Neuroscience* 13（2012）: 407–20を用いた．EEG のパターンはふつうスパイクによらないという考え方については議論があり，文脈によって，また問題となる EEG のパターンによっても異なる．前掲の論文を参照．[188]

30）**ショウジョウバエやザリガニ，タコをはじめ，たくさんの動物でこのような測定を行ったところ……：** いくつか例を挙げる．Theodore H. Bullock, "Ongoing Compound Field Potentials from Octopus Brain Are Labile and Vertebrate-Like," *Electroencephalography and Clinical Neurophysiology* 57, no. 5（1984）: 473–83; R. Aoki et al., "Recording and Spectrum Analysis of the Planarian Electroencephalogram," *Neuroscience* 159, no. 2（2009）: 908–14; Bruno van Swinderen and Ralph J. Greenspan, "Salience Modulates 20–30 Hz Brain Activity in *Drosophila*," *Nature Neuroscience* 6（2003）: 579–86; Fidel Ramón et al., "Slow Wave Sleep in Crayfish," *Proceedings of the National Academy of Sciences USA* 101, no. 32（2004）: 11857–61. [188]

31）**活動の同期が脳の仕組みの重要な一部であるという考え方は……：** 次を参照．ブザーキの前掲書 *Rhythms of the Brain*〔『脳のリズム』〕; Rodolfo R. Llinás, *I of the Vortex: From Neurons to Self*（Cambridge, MA: MIT Press, 2001）; Wolf Singer, "Neuronal Oscillations: Unavoidable and Useful?," *European Journal of Neuroscience* 48, no. 7（2018）: 2389–98; Conrado A. Bosman, Carien S. Lansink, and Cyriel M. A. Pennartz, "Functions of Gamma-Band Synchronization in Cognition: From Single

Circuits to Functional Diversity Across Cortical and Subcortical Systems," *European Journal of Neuroscience* 39, no. 11 (2014): 1982-99. [189]

32) **フランスの神経生理学者アンジェリーク・アルヴァニタキは……：** アルヴァニタキの名前はまったく知られていないようだ．私は次の論文を用いた．Francois Clarac and Edouard Pearlstein, "Invertebrate Preparations and Their Contribution to Neurobiology in the Second Half of the 20th Century," *Brain Research Reviews* 54, no. 1 (2007): 113-61. [190]

33) **トランスポゾンを発見したバーバラ・マクリントックや，細胞内共生説を唱えたリン・マーギュリスを思い出されたい：** マクリントックはのちにノーベル賞を受賞した．マーギュリスが果たした役割は，第2章で挙げたJohn Archibald, *One Plus One Equals One*で取り上げられている．マクリントックについてはEvelyn Fox Keller, *A Feeling for the Organism: The Life and Work of Barbara McClintock* (New York: Henry Holt, 1983) を参照．[190〜191]

34) **アルヴァニタキは一九四二年に発表されたもっとも重要な論文の冒頭で……：** これは "Effects Evoked in an Axon by the Activity of a Contiguous One," *Journal of Neurophysiology* 5, no. 2 (1942): 89-108である．コウイカを用いた研究だった．[191]

35) **脳の全体によって生み出される場のリズミカルなパターンは……：** この箇所全体にわたって私が用いた主な論文を挙げる．Costas A. Anastassiou et al., "Ephaptic Coupling of Cortical Neurons," *Nature Neuroscience* 14, no. 2 (2011): 217-23; Chia-Chu Chiang et al., "Slow Periodic Activity in the Longitudinal Hippocarnpal Slice Can Self-Propagate Non-Synaptically by a Mechanism Consistent with Ephaptic Coupling," *Journal of Physiology* 597, no. 1 (2019): 249-69; Costas A. Anastassiou and Christof Koch, "Ephaptic Coupling to Endogenous Electric Field Activity: Why Bother?," *Current Opinion in Neurobiology* 31 (2015): 95-103. [191]

36) **クリストフ・コッホとコスタス・アナスタシウが指摘するように，これは……新しい種類のフィードバック機構である：** 前掲の論文 "Ephaptic Coupling to Endogenous Electric Field Activity: Why Bother?" にある．[191]

37) **三〇年ほど前の著書で，リナスは……：** これは前掲の *I of the Vortex: From Neurons to Self*である．

リナスは，"Review of György Buzsáki's book *Rhythms of the Brain*," *Neuroscience* 149 (2007): 726-27と題する書評において，私が本文で述べた2番目の可能性——活動の同期は重要だが，場とその振動は重要ではないという考え方——を選択している．ただし，彼は次のような説明も加えている．

> 驚いたことに，このようなリズムは脳から「発出する」ものであり，脳の機能の根源的な現れであるとみなす研究者もいる．これは，細胞外で記録され

る電場を神経刺激の伝導において生物学的に重要な側面（であると）考えるのと同じくらい不条理な見方である．それどころか，第 8 神経の活動が硬骨魚類のマウスナー細胞の軸索に及ぼす抑制作用のようなケース，あるいはおそらく“神経興奮性のエファプティックな調整”の数例を例外とすれば，細胞外の場における電位は付帯的な現象である〔下線部は原文ではイタリック〕．なるほどそのような電位は外界の観察者にニューロンの集まりが電気的に調和のとれた状態になっていることを伝えているのかもしれないが，それ自体はプラトンの洞窟の影にすぎない．

より最近の研究によれば，「例外」とされていることの範囲はじつはかなり広いかもしれないということだ．[192]

38）**私はセミとその近縁種が鳴く理由について少し調べてみた：** たとえば，M. Harrbauer et al., “Competition and Cooperation in a Synchronous Bushcricket Chorus,” *Royal Society Open Science* 1, no. 2（2014）: 140167などを参照．[192]

39）**クリスティアーン・ホイヘンスは一七世紀オランダの大科学者で……：** ヴォルフ・ジンガーは前掲の“Neuronal Oscillations: Unavoidable and Useful?”で，ホイヘンスを「オランダの時計職人」と形容しているが，土星の環の発見者に対してこの呼び方は少々不公平のように思われる．[194]

40）**この比喩は電話交換局それ自体とほとんど同じくらい古い：** これは，影響力が大きいピアソンの著書 *The Grammar of Science*（London: Adam and Charles Black, 1900）の第 2 版にある．[197]

41）**私が本章で説明してきた研究は……：** このあたり全般については，ローザ・カオの研究と長年にわたる彼女との議論の影響を受けている．彼女の博士論文 Rosa Cao, “Why Computation Isn't Enough: Essays in Neuroscience and the Philosophy of Mind”（New York University, 2018）を参照．[197]

42）**経験あるいは意識が物理的な意味でひとつの場であるとする立場はとらない：** この種の見解はこれまで数人の研究者によって提起されている．次の文献を参照．Susan Pockett, *The Nature of Consciousness: A Hypothesis*（New York: iUniverse, 2000）; E. R. John, “A Field Theory of Consciousness,” *Consciousness and Cognition* 10（2001）: 184–213; Johnjoe McFadden, “Synchronous Firing and Its Influence on the Brain's Electromagnetic Field: Evidence for an Electromagnetic Field Theory of Consciousness,” *Journal of Consciousness Studies* 9, no. 4（2002）: 23–50．私は第 5 章でジョン・サールを引用し，経験にはどんなことが含まれる傾向があるか，つまり感知一辺倒の見方から離れる考え方を導入した．サール本人は，意識に対する自身のアプローチを「統一された場」unified field と呼んでいる．私が思うに，ここでは物理的な意味での「場」は求められていない．サールの論文における場の考え方の主な役割は，経験の多くの側面が全体に統合された状態を強調することである．私は本

書の最終章で，「場」を持ち出さずにこういった考え方をとらえるために「経験プロファイル」という表現を用いている．［198］

43）**数十年前に，脳で生じる独特の高周波のパターン……：**　フランシス・クリックとクリストフ・コッホによる“Towards a Neurobiological Theory of Consciousness,” *Seminars in the Neurosciences* 2（1990）: 263–75を参照．この考え方を応用しているほかの研究の中では，ジェシー・プリンツの“Attention, Working Memory, and Animal Consciousness,” in *The Routledge Handbook of Philosophy of Animal Minds*, ed. Kristin Andrews and Jacob Beck（New York: Routledge, 2018）が，特にこの箇所との関連で示唆に富むと思った．γ波の研究は重大な新機軸だったが，私の見方はより広く，40ヘルツのリズムの重要性を主張するものではない．［199］

44）**たとえば彼はラルフ・グリーンスパンとともに……独特の波形が現れることを発見した：**　ヴァン・スウィンデレンとグリーンスパンの前掲論文，“Salience Modulates 20–30 Hz Brain Activity in *Drosophila*”を参照．［199］

45）**このプロセスのイメージを，本章に登場した大勢の神経生物学者が望ましいと考えるようなものに切り替えてみるとどうだろう：**　彼ら（リナス，ブザーキ，ジンガー，コッホ……）はおそらく多くのことについて異なる意見をもっているだろうが，この点では一致すると思われる．［200］

46）**そういった機能を一切使わない生物を想像するとすれば，その生物には大規模な動的特性も備わっていないだろう：**　ローザ・カオが指摘したように，ここで考えるべき興味深いケースとしては，人工的に合成されたニューロンの微小な集合体，すなわち「ブレイノイド」brainoidがある．ブレイノイドは神経系に見られる一部のパターンを示すことができる．［202］

47）**同様に，意識をもつ心とは，その活動が並外れて密に束ねられている……ではない：**　「統合情報理論」（IIT）では，どのようなシステムにおいても，活動が高度に統合されるとそのシステムは意識をもつようになると考える（Giulio Tononi and Christof Koch, “Consciousness: Here, There and Everywhere?,” *Philosophical Transactions of the Royal Society B* 370: 20140167を参照）．統合が重要なのは，心と物質に関連して橋渡しの役割を担う「その他の」属性（主体であること，視点を保持していること）につながりがあるからだ．［203］

48）**本章で何度か登場した神経科学者ロドルフォ・リナスは……：**　前掲のLlinás and Paré, “Of dreaming and wakefulness,” *Neuroscience* 44, no. 3（1991）: 521–35.「これまでに行ってきたように，ここに提案するのは…（中略）…意識は運動と同じく，感覚的な衝動というよりも内在的，本質的な活動の例であるかもしれないということだ．ゆえに意識とは，感覚によって生み出されるのではなく，むしろ感覚により調節される，夢幻のごとき内部的な機能の状態であると提案されている」［203］

49）**メルケルはむしろ，これらのリズムは脳の活動をバックグラウンドで維持する上**

で重要なものではないかと考えている： Bjorn Merker, "Cortical Gamma Oscillations: The Functional Key Is Activation, Not Cognition," *Neuroscience and Biobehavioral Reviews* 37, no. 3 (2013): 401–17. [203]

8 陸上の生活

1) **日光の中に這い出ていった最初の動物は節足動物である：** Jason A. Dunlop, Gerhard Scholtz, and Paul A. Selden, "Water-to-Land Transitions," in *Arthropod Biology and Evolution: Molecules, Development, Morphology*, ed. Alessandro Minelli, Geoffrey Boxshall, and Giuseppe Fusco (Berlin: Springer-Verlag, 2013), 417–40を参照. Casey W. Dunn, "Evolution: Out of the Ocean," *Current Biology* 23, no. 6 (2013): R241–43も参考になる. [207]
2) **陸地の環境は厳しいけれども，節足動物はそこで役立つ特徴を備えていた：** ついでに触れておくと，ここではもうひとつ紫外線の問題がある．この点は George McGhee Jr., *When the Invasion of Land Failed: The Legacy of the Devonian Extinctions* (New York: Columbia University Press, 2013) で議論されている．[207]
3) **節足動物はかれこれ七度，ひょっとするともっと多い回数にわたって陸上に移動した：** 前掲の Dunlop, Scholtz, and Selden, "Water-to-Land Transitions" を参照．[207]
4) **陸上植物の中でも，被子植物は……太陽のエネルギーを利用している：** Richard K. Grosberg, Geerat J. Vermeij, and Peter C. Wainwright, "Biodiversity in Water and on Land," *Current Biology* 22, no. 21 (2012): R900–903を参照．[208]
5) **その妙技には相当に込み入ったものもあり……：** Scarlett R. Howard et al., "Numerical Cognition in Honeybees Enables Addition and Subtraction," *Science Advances* 5, no. 2 (2019): eaav0961や Aurore Avarguès-Weber et al., "Simultaneous Mastering of Two Abstract Concepts by the Miniature Brain of Bees," *Proceedings of the National Academy of Sciences USA* 109, no. 19 (2012): 7481–86, また Olli Loukola et al., "Bumblebees Show Cognitive Flexibility by Improving on an Observed Complex Behavior," *Science* 355 (2017): 833–36を参照．[209]
6) **ハチの行動でもっとも印象的で美しいものといえば……：** Vincent Gallo and Lars Chittka, "Cognitive Aspects of Comb-Building in the Honeybee?," *Frontiers in Psychology* 9 (2018): 900を参照．[209]
7) **そうしながら新しいオプションを探し出すこともできる……：** このようなリソースの有効活用とオプションの探索の両立については，Joseph L. Woodgate et al., "Life-Long Radar Tracking of Bumblebees," *PLOS ONE* 11, no. 8 (2016): e0160333から多くのことを学んだ．[210]

8) **数年前，ヨナス・リヒターと共同研究者らは，タコを問題箱に入れて……：** Jonas N. Richter, Binyamin Hochner, and Michael J. Kuba, "Pull or Push? Octopuses Solve a Puzzle Problem," *PLOS ONE* 11, no. 3（2016）: e0152048を参照．[210]

9) **昆虫の意識というのは難しい問題で……：**　昆虫の意識をめぐる考え方を扱った特に優れた文献として，Andrew B. Barron and Colin Klein, "What Insects Can Tell Us About the Origins of Consciousness," *Proceedings of the National Academy of Sciences USA* 113, no. 18（2016）: 4900–908を挙げる．[211]

10) **多くの昆虫は感知の感覚 sense の面ですばらしい能力を備えている：**　本書では，クモについてはあまり深入りしなかった．これは単に，登場する生物がすでにかなりの数になっていることが理由なのだが，クモの中には感知の面で実際きわめて見事なことをやってのける種もある．そのようなクモは，巣を張るのではなく歩き回って獲物を捕らえるものが多い．ハエトリグモは特に注目に値する．Robert R. Jackson and Fiona R. Cross, "Spider Cognition," *Advances in Insect Physiology* 41（2011）: 115–74を参照．[212]

11) **三〇年以上前のことになるが，オーストラリア・クイーンズランド大学のクレイグ・アイゼマンらのグループは……：**　Craig H. Eisemann et al., "Do Insects Feel Pain? - A Biological View," *Experientia* 40（1984）: 164–67．[212]

12) **経験について感覚的な側面と評価的な側面が明確に区別できるという考えは……：**　Justin Sytsma and Edouard Machery, "Two Conceptions of Subjective Experience," *Philosophical Studies* 151, no. 2（2010）: 299–327は，一般の人が〈感じられた経験〉，あるいは主観的な経験という単一の概念を，哲学者が考えるように認識・理解しているのかどうかを検討した，ひじょうに興味深い論文である．著者らは，一般の人は哲学者のような認識はもっておらず，経験を評価と密に結びつけ，純粋に感覚的な事象（赤を見る，など）はそれとは異なる，より希薄な形で扱っているとする．経験という概念の日常的なとらえ方については著者らの言う通りかもしれないが，その日常的な理解もまた間違っている可能性がある．

　ファインバーグとマラットは，前掲の *The Ancient Origins of Consciousness*〔『意識の進化的起源——カンブリア爆発で心は生まれた』〕で，3種類の意識を区別している．それは感覚（外受容）意識，情感意識，内受容意識である．[213]

13) **反射以上のマーカー，……を探ることになる：**　Lynne U. Snedden et al., "Defining and Assessing Animal Pain," *Animal Behaviour* 97（2014）: 201–12を参照．[214]

14) **ジュリア・グルーニングらのチームは……：**　Julia Groening, Dustin Venini, and Mandyam V. Srinivasan, "In Search of Evidence for the Experience of Pain in Honeybees: A Self-Administration Study," *Scientific Reports* 7（2017）: 45825．[215]

15) **テキサス大学のテリー・ウォルターズは……：**　Edgar T. Walters, "Nociceptive Biology of Molluscs and Arthropods: Evolutionary Clues About Functions and Mechanisms Potentially Related to Pain," *Frontiers in Physiology* 9（2018）: 1049と，

Robyn J. Crook and E. T. Walters, "Nociceptive Behavior and Physiology of Molluscs: Animal Welfare Implications," *ILAR Journal* 52, no. 2 (2011): 185–95を参照. [216]

16) **同じような情動に近いものがうかがえる状態は，メリッサ・ベイトソンらが……観察された：** Melissa Bateson et al., "Agitated Honeybees Exhibit Pessimistic Cognitive Biases," *Current Biology* 21, no. 12 (2011): 1070–73を参照. 陽気で明るい感情についての論文は，Clint Perry, Luigi Baciadonna, and Lars Chittka, "Unexpected Rewards Induce Dopamine-Dependent Positive Emotion-Like State Changes in Bumblebees," *Science* 353 (2016): 1529–31である. 筆頭著者はソルヴィだが，この論文はClint Perryの名前で執筆されている. [216]

17) **評価的経験に関するほかの議論としては……区別を軸にしたものがある：** シモーナ・ギンズバーグとエヴァ・ヤブロンカの *The Evolution of the Sensitive Soul: Learning and the Origins of Consciousness* (Cambridge, MA: MIT Press, 2019)〔『動物意識の誕生——生体システム理論と学習理論から解き明かす心の進化』鈴木大地訳，勁草書房，2021〕では，「無制約連合学習」unlimited associative learningの進化が，意識の出現を示す変化であるとみなされている. 私はこのような学習がひじょうに重要な発明であったことには同意するけれども，より単純な動物で見られる情動に近い状態の研究であることもあって，意識との本質的な関連性については納得するに至っていない. [217]

18) **その可能性を説明する一場面を収めたビデオがあるのだが……：** ウィンクワースはなかなかおもしろいYouTubeチャンネルをもっている. youtube.com/user/swinkworth. [219]

19) **そこで思い出したのはダニエル・デネットの言葉だ：** これは彼の書評 "Review of *Other Minds*," *Biology & Philosophy* 34, no. 1 (2019): 2にある. [220]

20) **サメやエイは，ほかの魚類にはある侵害受容器が存在しないらしく……：** マイケル・タイの著書 *Tense Bees and Shell-Shocked Crabs: Are Animals Conscious?* (Oxford, UK: Oxford University Press, 2016) を参照. Lynne U. Sneddon, "Nociception," *Fish Physiology* 25 (2006): 153–78も参考になる. [221]

21) **マルタ・ソアレスらが行った（二重の意味で）おもしろい実験では……：** Marta Soares et al., "Tactile Stimulation Lowers Stress in Fish," *Nature Communications* 2 (2011): 534を参照. [222]

22) **ロビン・クルックとテリー・ウォルターズが……文献レビューで指摘しているが……：** 前掲の "Nociceptive Behavior and Physiology of Molluscs: Animal Welfare Implications" を参照. [222〜223]

23) **昆虫やカタツムリなどに感性の痕跡を認めたあとでも，次の問いはあり得る：** 昆虫の問題にはさらにもうひとつ複雑な要素が絡んでいる. 私はここまで「昆虫」について，そう呼ばれる動物全体の生活について書いてきた. しかし，昆虫の生活様式における危険な冒険のひとつには「変態」がある——イモムシがチョ

ウになるように，幼虫から成虫へと形態を変えることだ．多くの昆虫は事実上，変態の前後で2つの生を生きている．その過程では徹底的に姿が変わり，新しい形態の身体が構築される．

ここで取り上げたような昆虫では，鋭い感知と複雑な運動ができるのは成虫であって，幼虫にその能力はない（多くの場合，幼生に眼はあるが，相当に単純なものだ）．その一方，ダメージに対する感受性は幼虫のほうが強いことがうかがえる．成虫は傷の保護や手当てをする能力をもっているが，それをしない．幼虫はより敏感であるのかもしれないが，おそらく傷の手当てはしたくてもできないのだろう．ところが，ベイトソンやペリー〔ソルヴィ〕の研究で明らかになった情動に近い状態は成虫で確認されたもので，幼虫の行動が悲観的，あるいは楽観的な気分を持続させられるほど複雑であるかどうかは私にはわからない．[223]

24) **やがて，緑藻の一部が……陸上へと進出し……：** Karl J. Niklas, *The Evolutionary Biology of Plants*（Chicago: University of Chicago Press, 1997）は少し前の本だが，ひじょうにおもしろい．初期の段階についての新しい情報としては，Charles H. Wellman, "The Invasion of the Land by Plants: When and Where?," *New Phytologist* 188, no. 2（2010）: 306–309，また Jennifer L. Morris et al., "The Timescale of Early Land Plant Evolution," *Proceedings of the National Academy of Sciences USA* 115, no. 10（2018）: E2274–83を参照．

さまざまな方法で光合成を行う動物については，Mary E. Rumpho et al., "The Making of a Photosynthetic Animal," *Journal of Experimental Biology* 214（2011）: 303–311を参照．多くの植物では生殖細胞に運動性の名残が見られる．特にシダやソテツは運動性のある精子をもち，それが水中を泳いで受精する．生活環のごく一部に運動性が残っているわけだ．これ以上に動き回るような生活を実現しようとすると，植物の場合は分厚い細胞壁の制約も受けることになるので，それを克服する必要が出てくるだろう．[224]

25) **植物に詳しい人に「いちばん利口な植物は何か」と尋ねると……：** 植物に詳しい人の1人として，私は *Thus Spoke the Plant*（Berkeley, CA: North Atlantic Books, 2018）の著者モニカ・ガリアーノに質問をしてみた．彼女は植物は基本的な学習能力を示すことができると主張している．彼女の論文，特に Monica Gagliano et al., "Learning by Association in Plants," *Scientific Reports* 6（2016）: 38427を参照．研究の対象は「つる性植物」だ．

つる性植物は大半が被子植物で，花を咲かせ種子をつくるが，いくつかの例外もある（グネツム属は裸子植物，カニクサ属はシダ植物）．[226]

26) **ダーウィンはこれを見抜いていた：** チャールズが息子フランシスと共著した *The Power of Movement of Plants*（London: John Murray, 1880）〔『植物の運動力』渡辺仁訳，森北出版，1987〕を参照．[226]

27) **私が驚いた例をひとつ紹介しよう：** これは Masatsugu Toyota et al., "Glutamate

Triggers Long-Distance, Calcium-Based Plant Defense Signaling," *Science* 361 (2018): 1112–15にある．[226]

28) **植物については，このことは……認められていた：** ゲーテの *Metamorphosis of Plants* (1790)〔『ゲーテ形態学論集・植物篇』木村直司編訳，筑摩書房，2009〕と，エラズマス・ダーウィンの *Phytologia* (1800) を参照．[227]

29) **特殊なケースでは，結びつきが密になるあまり……生まれるかもしれない：** この文脈でサンゴやコケムシのようなモジュール体の動物の神経系について考えてみるとおもしろい．「個虫」はそれぞれに神経系をもっている．[228]

30) **植物は「とても動きの遅い動物」にすぎないと言ったが，私はこのような見方には賛成しかねる：** これは，ある発表と，さらに植物の感知に関するBBCの番組 "Plants Can See, Hear and Smell-and Respond," *BBC Earth*, January 10, 2017から引用した．[228]

31) **植物電気生理学の分野で今後さらに意外な事実が明らかになる可能性もある：** こういったことはひじょうに興味深い．Gabriel R. A. de Toledo et al., "Plant Electrome: The Electrical Dimension of Plant Life," *Theoretical and Experimental Plant Physiology* 31 (2019): 21–46. [229]

32) **植物のような生物における感知とシグナル伝達の研究が進むにつれて……「ミニマル・コグニション」：** この用語については，ライオンによる次の論説のタイトルに表れているような理由もあり，かなり議論を呼んでいる．Pamela Lyon, "Of What Is 'Minimal Cognition' the Half-Baked Version?," *Adaptive Behavior*, September 2019. また，Jules Smith-Ferguson and Madeleine Beekman, "Who Needs a Brain? Slime Moulds, Behavioural Ecology and Minimal Cognition," *Adaptive Behavior*, January 2019も参考になる．[230]

9　鰭，脚，翼

1) **脊椎動物では話が違う：** ここは，Miriam Ashley-Ross et al., "Vertebrate Land Invasions-Past, Present, and Future: An Introduction to the Symposium," *Integrative and Comparative Biology* 53, no. 2 (2013): 192–96と，Jennifer A. Clack, *Gaining Ground: The Origin and Evolution of Tetrapods*, 2nd ed. (Bloomington: University of Indiana Press, 2012) を用いた．[233]

2) **実際，陸に上がった脊椎動物は次から次へと障害にぶつかった：** ナマズの嚥下については，Sam Van Wassenbergh, "Kinematics of Terrestrial Capture of Prey by the Eel-Catfish *Channallabes apus*," *Integrative and Comparative Biology* 53, no. 2 (2013): 258–68を参照．[234]

3) **陸上で生活する脊椎動物にとってもうひとつの難関は，卵が〔乾燥した陸地に〕適していないことだった：** これは往々にして随一の障害だとみなされてきた．

ところが最近の研究では，通常は水中で過ごす現生の魚類には卵を産むために陸に上がるものもあることから，これまで考えられていたほど深刻な問題ではない可能性が示唆されている．たとえば，潮の満ち引きの合間に陸に逗留して産卵する魚もあれば，コペラ・アーノルディー〔カラシンの仲間，英名 Splash tetra〕のように，雌雄のペアが水上の植物の葉に同時に飛び移り，卵を産んで授精させるという特異な習性をもつ種もある．卵はそのまま葉にくっついているのだが，オスは卵が乾燥しないように数分おきに水をかけ続け，やがて孵化した稚魚が水中に落ちる．

こういったケースでは，陸上は酸素が豊富でおそらく気温も高いため，卵にとってはよい環境なのだろう．陸地にはプラスの面とマイナスの面が両方あるということになる．Karen L. M. Martin and A. L. Carter, "Brave New Propagules: Terrestrial Embryos in Anamniotic Eggs," *Integrative and Comparative Biology* 53, no. 2 (2013): 233–47を参照．[235]

4) **初めは単弓類と呼ばれるグループのほうが大きく，多様な種が出現して繁栄した：**　ここは全体にわたってスティーブ・ブルサッテの *The Rise and Fall of the Dinosaurs: A New History of Their Lost World*（New York: William Morrow, 2018）〔『恐竜の世界史——負け犬が覇者となり，絶滅するまで』黒川耕大訳，土屋健日本語版監修，みすず書房，2019〕を大いに参考にした．[235]

5) **本格的な内温性は哺乳類と鳥類で別々に進化した：**　三畳紀以前の原始哺乳類，あるいはステム哺乳類でも内温性は見られたかもしれない．この点については議論がある．

ここでは注意すべき区別が 2 つある．「内温性」と「外温性」は，自分の体内で熱を生み出すことができる（内温性）か，あるいは外部の環境から熱を得る（外温性）かの違いだ．また「恒温性」と「変温性」は，体温をある一定の温度に保つ能力をもつ（恒温性）か，〔環境温度の影響を受けて〕体温が変動する（変温性）かの問題だ．私たち哺乳類は，内温性かつ恒温性の動物である．これまでの優れた論文を取り上げていて役に立つ文献としては，Michael S. Hedrick and Stanley S. Hillman, "What Drove the Evolution of Endothermy?," *Journal of Experimental Biology* 219（2016）: 300–301がある．[238]

6) **ケンブリッジ大学のサイモン・ローリンの研究室が行った綿密な観察では……：** Benjamin W. Tatler, David O'Carroll, and Simon B. Laughlin, "Temperature and the Temporal Resolving Power of Fly Photoreceptors," *Journal of Comparative Physiology A* 186, no. 4（2000）: 399–407を参照．[239]

7) **海中では，恒温動物は珍しい：**　Barbara A. Block et al., "Evolution of Endothermy in Fish: Mapping Physiological Traits on a Molecular Phylogeny," *Science* 260（1993）: 210–14，また Kerstin A. Fritsches, Richard W. Brill, and Eric J. Warrant, "Warm Eyes Provide Superior Vision in Swordfishes," *Current Biology* 15, no. 1（2005）: 55–58を参

照．この件について考えるよう促してくれたビル・ブレッシングに感謝する．［239］

8）**はるか昔，肉食性の海生爬虫類（魚竜その他）には……：** Jorge Cubo et al., "Bone Histology of *Azendohsaurus laaroussii*: Implications for the Evolution of Thermometabolism in Archosauromorpha," *Paleobiology* 45, no. 2（2019）: 317–30を参照．［239］

9）**恐竜の体温については盛んに議論されている：** 前掲のブルサッテ *The Rise and Fall of the Dinosaurs*〔『恐竜の世界史——負け犬が覇者となり，絶滅するまで』〕を参照．［240］

10）**また，左脳と右脳は情報をいくぶん異なる「スタイル」で処理しており……：** ここはジョルジオ・ヴァロルティガラとレスリー・ロジャースによる多くの論文を参考にした（資料に関してレスリー・ロジャースにたいへんお世話になった）．たとえば，Giorgio Vallortigara, "Comparative Neuropsychology of the Dual Brain: A Stroll through Animals' Left and Right Perceptual Worlds," *Brain and Language* 73, no. 2（2000）: 189–219や，Lesley J. Rogers, "A Matter of Degree: Strength of Brain Asymmetry and Behaviour," *Symmetry* 9, no. 4（2017）: 57など．確認のためには前掲の Rogers, Vallortigara, and Andrew, *Divided Brains: The Biology and Behaviour of Brain Asymmetries* を参照．［242］

11）**たとえば，ジョルジオ・ヴァロルティガラとルカ・トマシは，孵化直後のヒヨコに一時的に眼帯をつけ……：** 前掲の Vallortigara, "Comparative Neuropsychology of the Dual Brain" を参照．彼はヒキガエルを用いた研究についても概説している．［242］

12）**とりわけトカゲや魚の研究者らは，こういった動物をあからさまにヒトの「分離脳」のケースと比較して論じてきた：** 前掲の論文で，ヴァロルティガラは以下のように述べている．

> 一般に魚類や爬虫類のような動物は，眼が頭部の側面に位置している（ために，それぞれの眼は反対側の眼が見ている空間の視野を自由に見られない）ことを，大幅に抑えられた同側性投射と連合させている．脳梁に相応する構造は存在せず，小さな前交連と，脳半球のあいだに位置し，終脳の背側各部を互いに結ぶ小さな海馬交連を有するのみである．神経解剖学的には「分離脳」の状態にきわめて近いと考えることができる（デッケル，1995，1997を参照）．

デッケルはアノールトカゲ *Anolis* を用いて研究を進め，分離脳の状態との比較を頻繁に行っている．「哺乳類とは異なり，アノールトカゲの視覚システムは，ある点では"分離脳"の予備段階，すなわち左脳半球が右脳半球で知覚・処理された情報について相対的に"疎い・無自覚な"状態だとみなすことができる」

A. Wallace Deckel, "Laterality of Aggressive Responses in *Anolis*," *Journal of Experimental Zoology* 272, no. 3（1995）: 194–200. ［243］

13）**ブラインドケーブ・フィッシュも同じ傾向をもっている：** Theresa Burt de Perera and Victoria A. Braithwaite, "Laterality in a Non-Visual Sensory Modality-The Lateral Line of Fish," *Current Biology* 15, no. 7（2005）: R241–42を参照．ヴィクトリア・ブレイスウェイトは本書の執筆が後半にさしかかった頃に亡くなった．彼女は魚の感性に関して本当に偉大な仕事を成し遂げた．私は彼女のことをよく知っていたわけではないが，それでもすばらしい人だったと思う．［243］

14）**たまに半身だけ色が薄くなり，残り半分はそのままのことがある：** ただし，逃げる動作そのものは即座に全身にわたって調整されているようで，逃げる構えになるのは色が変わる側の腕だけではない．リラックスした腕をたなびかせて単純なジェット噴射で逃げていく（簡単にできる）こともあれば，8本の腕を使って這うようにして進んでいくこともある．なお，*Other Minds*（『タコの心身問題』）では最終章に身体の半分だけ色が変わっているタコのイラストが掲載されている．［244］

15）**実験によれば，鳥が……課題を片方の眼だけを使って学習したのち……：** Laura Jiménez Ortega et al., "Limits of lntraocular and Interocular Transfer in Pigeons," *Behavioural Brain Research* 193, no. 1（2008）: 69–78を参照．［244］

16）**私は以前，カンガルーなどの有袋類……には脳梁がないと知ってびっくりした：** Rodrigo Suárez et al., "A Pan-Mammalian Map of Interhemispheric Brain Connections Predates the Evolution of the Corpus Callosum," *Proceedings of the National Academy of Sciences USA* 115, no. 38（2018）: 9622–27を参照．著者らは，「先天的に脳梁が欠損していながら大脳半球間の統合的機能を維持しているヒトの場合，真獣類以外の哺乳類のコネクトーム〔神経回路の接続状態の全容を指す〕に類似した，前交連による代償的な神経配線が見られることが多い」と述べている．［244］

17）**先にヒヨコの研究を紹介したジョルジオ・ヴァロルティガラは……：** これは前掲の彼の論文 "Comparative Neuropsychology of the Dual Brain" にある．［245］

18）**どの程度の違いが出るかは……問題に依存するだろう：** 先の章では，分離脳の状態を WADA テストと比較した．WADA テストは患者の脳の上側を左右交互に眠らせる検査だが，これまでの議論では分離脳患者における高速切り替えの可能性を裏づける例として取り上げたのだった．WADA テストのケースでは脳梁は損なわれていないので，検査中の左右の脳，また検査をしていないときの脳全体には，大規模動的特性の統合を可能にするような類の内的連結性が存在する．分離脳の場合に起こるとされる高速切り替えにおいて，「ひとつの心」とは，大規模動的パターンを統合する多くの接続を欠いている状態だと考えられる．［246］

19）**イルカの脳は……きわめて大きい：** Kieran C.R. Fox, Michael Muthukrishna, and

Susanne Shultz, "The Social and Cultural Roots of Whale and Dolphin Brains," *Nature Ecology & Evolution* 1 (2017): 1699–705; Lori Marino, Daniel W. McShea, and Mark D. Uhen, "Origin and Evolution of Large Brains in Toothed Whales," *The Anatomical Record Part A, Discoveries in Molecular Cellular and Evolutionary Biology* 281, no. 2 (2004): 1247–55; Richard C. Connor, "Dolphin Social Intelligence: Complex Alliance Relationships in Bottlenose Dolphins and a Consideration of Selective Environments for Extreme Brain Size Evolution in Mammals," *Philosophical Transactions of the Royal Society of London B, Biological Sciences* 362 (2007): 587–602を参照. [247]

20) **イルカは真獣類で，左右の大脳半球をつなぐ脳梁をもっているが……：** Raymond J. Tarpley and Sam H. Ridgway, "Corpus Callosum Size in Delphinid Cetaceans," *Brain, Behavior and Evolution* 44, no. 3 (1994): 156–65を参照. [248]

21) **彼女がなぜ彼を特別扱いしたのか，理由はわからない：** 彼の赤毛のせいだったのだろうか？ イルカは陸上で生活する近縁の種とは異なり，色の識別能力がないということになっている.「ことになっている」？ 眼の生理機能からするとイルカに色覚はないはずなのだが，タコと同じようにイルカにも，色の識別について隠された手段があるのかもしれない．行動の観察結果についてはいろいろな解釈ができそうだ．Ulrike Griebel and Axel Schmid, "Spectral Sensitivity and Color Vision in the Bottlenose Dolphin (*Tursiops truncatus*)," *Marine and Freshwater Behaviour and Physiology* 35, no. 3 (2002): 129–37を参照．この論文の著者らは，色に対するある程度の反応性を1頭のイルカで確認した．タコにおける色彩感度に関する最近の興味深い考え方の中には，イルカにも当てはまるものがあるかもしれない．Alexander L. Stubbs and Christopher W. Stubbs, "Spectral Discrimination in Color Blind Animals via Chromatic Aberration and Pupil Shape," *Proceedings of the National Academy of Sciences USA* 113, no. 29 (2016): 8206–11を参照. [248]

22) **陸地は地球の表面積の三分の一を占めるが……およそ八五パーセントは陸生の種である：** Geerat J. Vermeij and Richard K. Grosberg, "The Great Divergence: When Did Diversity on Land Exceed That in the Sea?," *Integrative and Comparative Biology* 50, no. 4 (2010): 675–82と，Grosberg, Vermeij, and Peter C. Wainwright, "Biodiversity in Water and on Land," *Current Biology* 22, no. 21 (2012): R900–903を参照. [250]

23) **二〇一七年に発表した論文では進化のイノベーションがまとめられ……この説を擁護する：** これは彼の論文，"How the Land Became the Locus of Major Evolutionary Innovations," *Current Biology* 27, no. 20 (2017): 3178–82である. [251]

10 徐々にかたちに

1) **真夜中に目覚めたとき，自分がどこにいるか認識できない……少しずつ元のかたちを取り戻してゆくことになるのだ：** プルースト『失われた時を求めて 第1

篇 スワン家のほうへ』〔『失われた時を求めて(1) 第一篇 スワン家のほうへ I』高遠弘美訳，光文社，2010〕．[253]

2) **カナダの心理学者エンデル・タルヴィングは「エピソード記憶」の概念を提唱し……：** もとの論文はタルヴィングの “Episodic and semantic memory,” in Endel Tulving and Wayne Donaldson, *Organization of Memory*（New York: Academic Press, 1972）である．ケント・コクランは当初，単に「患者KC」として記されていた．[255]

3) **イギリス人の古楽演奏家クライブ・ウェアリングは……：** 彼の妻であるデボラ・ウェアリングは，クライブの症状と二人の生活について *Forever Today: A Memoir of Love and Amnesia*（London: Transworld, 2004）〔『七秒しか記憶がもたない男――脳損傷から奇跡の回復を遂げるまで』匝瑳玲子訳，ランダムハウス講談社，2009〕というタイトルの本を執筆した．ウェアリングの様子はオリヴァー・サックスによる “The Abyss,” The New Yorker, September 24, 2007でも描写されている．[255]

4) **二〇〇七年頃……論文が相次いで発表された：** たとえば，Donna Rose Addis, Alana T. Wong, and Daniel L. Schacter, “Remembering the Past and Imagining the Future: Common and Distinct Neural Substrates During Event Construction and Elaboration,” *Neuropsychologia* 45, no. 7（2007）: 1363–77 や，Demis Hassabis, Dharshan Kumaran, and Eleanor A. Maguire, “Using Imagination to Understand the Neural Basis of Episodic Memory,” *Journal of Neuroscience* 27, no. 52（2007）: 14365–74 などがある．ここでは Thomas Suddendorf, Donna Rose Addis, and Michael C. Corballis, “Mental Time Travel and the Shaping of the Human Mind,” *Philosophical Transactions of the Royal Society B* 364（2009）: 1317–24 と，Daniel L. Schacter et al., “The Future of Memory: Remembering, Imagining, and the Brain,” *Neuron* 76, no. 4（2012）: 644–94，また Donna Rose Addis, “Are Episodic Memories Special? On the Sameness of Remembered and Imagined Event Simulation,” *Journal of the Royal Society of New Zealand* 48, no. 2–3（2018）: 64–88を特に参考にした．経験したことのない視覚的視点からの想起については，次の論文で指摘されている．Schacter and Addis, “Memory and Imagination: Perspectives on Constructive Episodic Simulation,” in *The Cambridge Handbook of the Imagination*, ed. Anna Abraham（Cambridge, UK: Cambridge University Press, 2020）．[255]

5) **この研究分野の一角を担う心理学者のドナ・ローズ・アディスは……：** これは前掲の論文 “Are Episodic Memories Special?” からうかがえる．[258]

6) **神経生物学をベースとした最初の詳細な夢の理論（私はここにフロイトは含めない）は……ハーバード大学の精神医学者アラン・ホブソンとロバート・マッカーリーによって打ち立てられた：** “The Brain as a Dream State Generator: An Activation-Synthesis Hypothesis of the Dream Process,” *American Journal of Psychiatry*

134, no. 12 (1977): 1335–48. この節における夢の議論については，Erin J. Wamsley and Robert Stickgold, "Dreaming and Offline Memory Processing," *Current Biology* 20, no. 23 (2010): R1010–13を広く参考にしている．[258]

7) **その後，フランシス・クリックとグレイム・ミッチソンは，夢はジャンクであるという仮説を提唱した：** "The Function of Dream Sleep," *Nature* 304 (1983): 111–14. [258]

8) **こうした背景に照らして，最近の夢の理論には……とてもバランスよく説明しているように思われるものがある：** 前掲の Wamsley and Stickgold, "Dreaming and Offline Memory Processing" に依拠している．[258]

9) **哲学の領域ではマルティン・ハイデガーの時代からあり……：** この "being there" は，ハイデガーの主著 *Sein und Zeit* (1927)〔*Being and Time*,『存在と時間』．翻訳は，中山元訳，光文社，2015～2020など多数〕で考察されたドイツ語の Dasein の英訳のひとつ〔日本語では「現存在」と訳される〕だが，ハイデガー本人は Dasein の訳語として "being there" は適切ではないと考えていたようだ (ヒューバート・L・ドレイファスの *Being-in-the-World: A Commentary on Heidegger's "Being and Time"* [Cambridge, MA: MIT Press, 1990]〔『世界内存在──『存在と時間』における日常性の解釈学』門脇俊介監訳，榊原哲也，貫成人，森一郎，轟孝夫訳，産業図書，2000〕を参照)．アンディ・クラークの著書は *Being There: Putting Brain, Body, and World Together Again* (MIT Press, 1997)〔『現れる存在──脳と身体と世界の再統合』池上高志，森本元太郎監訳，早川書房，2022〕である．ヘーゲルも *Wissenshaft der Logik* (1812–16)〔*Science of Logic*,『大論理学』〕で Dasein という語を用いた〔日本語では「定有」「定在」「定存在」と訳される〕が，この語を有名にしたのはハイデガーだ．[259]

10) **睡眠自体は動物にきわめて広く見られ……：** 確認のためには，Alex C. Keene and Erik R. Duboue, "The Origins and Evolution of Sleep," *Journal of Experimental Biology* 221, no. 11 (2018): jeb159533を参照．クラゲ（箱虫綱ハコクラゲ）でさえ睡眠に近い状態になるものがある．[259]

11) **タコと同じく頭足類の一種で，タコよりもさらに複雑な体色をもつコウイカを対象に行われた驚くべき研究が二つある：** Marcos G. Frank et al., "A Preliminary Analysis of Sleep-Like States in the Cuttlefish *Sepia officinalis*," *PLOS ONE* 7, no. 6 (2012): e38125と，Teresa L. Iglesias et al., "Cyclic Nature of the REM Sleep-Like State in the Cuttlefish *Sepia officinalis*," *Journal of Experimental Biology* 222 (2019): jeb174862である．[259～260]

12) **ラットの脳でよく研究されている「場所細胞」とは……：** これについては膨大な文献がある．古典的なものとしては John O'Keefe and Lynn Nadel, *The Hippocampus as a Cognitive Map* (Oxford, UK: Clarendon / Oxford University Press, 1978)，最近の論文では H. Freyja Ólafsdóttir et al., "Hippocarnpal Place Cells Construct Reward

Related Sequences Through Unexplored Space," *eLife* 4 (2015): e06063や H. Freyja Ólafsdóttir, Daniel Bush, and Caswell Barry, "The Role of Hippocampal Replay in Memory and Planning," *Current Biology* 28, no. 1 (2018): R37–50が挙げられる．新しい研究では，覚醒しているラットが学習や計画を行っているときはリプレイとプリプレイの相互作用が継続していることを示すようなデータが得られている．Justin D. Shin, Wenbo Tang, and Shanta nu P. Jadhav, "Dynamics of Awake Hippocarnpal-Prefrontal Replay for Spatial Learning and Memory-Guided Decision Making," *Neuron* 104, no. 6 (2019): 1110–25.e7を参照．[261]

13) **REM 睡眠と徐波睡眠で経路のリプレイを比較してみることだ：**　徐波に関しては Thomas J. Davidson, Fabian Kloosterman, and Matthew A. Wilson, "Hippocampal Replay of Extended Experience," *Neuron* 63, no. 4 (2009): 497–507を，また REM 睡眠中の自然なスピードでのリプレイについては Kenway Louie and Matthew A. Wilson, "Temporally Structured Replay of Awake Hippocampal Ensemble Activity during Rapid Eye Movement Sleep," *Neuron* 29, no. 1 (2001): 145–56を参照．両者の比較は前掲の Ólafsdóttir, Bush, and Barry, "The Role of Hippocampal Replay in Memory and Planning" で議論されている．[262]

14) **あなたが適切な種類の一個の生物であって，覚醒している（あるいはその他の条件を満たす状態）ならば……「経験プロファイル」をもっている：**　これは（さしあたって）弱めの主張のつもりだが，私はマイケル・タイの「一経験説」one experience view にある程度同意している．彼の *Consciousness and Persons* (Cambridge, MA: MIT Press, 2003) を参照．私が関心をもっているのは，この説の立場を第 6 章と第 8 章で擁護した分離と部分的統合に関する考え方に適合させることだ．本文の経験プロファイルの概念は，意識は「統一された場」であるとするサールの見方も連想させるが，サールのその見方は私が本章と第 7 章で論じている「場」についての考え方の誤用のひとつではないかと思う．前掲のサールの論文 "Consciousness," 2000を参照．[265～266]

15) **一個の動物（アリ，クラゲ，ツツイカ）の内部で，ライトの状態はオンかオフのどちらかしかない：**　この件は2006年の NYU Animal Consciousness conference で議論された．マイケル・タイは，自分が担当したトークとディスカッションで，ほかの参加者数人とともに漸進説を否定した．Jonathan A. Simon, "Vagueness and Zombies: Why 'Phenomenally Conscious' Has No Borderline Cases," *Philosophical Studies* 174 (2017): 2105–23も参照．ベイン，ホーヴィ，オーウェンは，共著論文で「意識に程度の差があるという説は，論理的な一貫性に疑わしいところがある」と述べている．Time Bayne, Jakob Hohwy, Adrian M. Owen, "Are There Levels of Consciousness?," *Trends in Cognitive Sciences* 20, no. 6 (2016): 405–13. [267]

16) **彼らはおそらく，人間の赤ちゃんが最初の意識をもつときについても同じことを言うのだろう：**　アリソン・ゴプニックの *The Philosophical Baby: What Children's*

Minds Tell Us About Truth, Love, and the Meaning of Life (New York: Farrar, Straus and Giroux, 2009)〔『哲学する赤ちゃん』青木玲訳，亜紀書房，2010〕を参照．[269]

17) **現在の研究は……意識経験を詳細な情報処理モデルで説明しようとするものが主流だ：** ここでの私の主な関心は，スタニスラス・ドゥアンヌが提唱する「ワークスペース」の理論にある．彼の著書 *Consciousness and the Brain: Deciphering How the Brain Codes Our Thoughts* (New York: Viking, 2014)〔『意識と脳——思考はいかにコード化されるか』高橋洋訳，紀伊國屋書店，2015〕を参照．同じ系統の理論としては，ジェシー・プリンツが *The Conscious Brain* (Oxford, UK: Oxford University Press, 2012) で記述した AIR 説，マイケル・タイが *Ten Problems of Consciousness: A Representational Theory of the Phenomenal Mind* (Cambridge, MA: MIT Press, 1995) で示した PANIC 説などがある．[270]

18) **こうした実験結果には敬意を表するが，私としてはその解釈……には同感できない：** オヴァゴーの研究は別の解釈を考える上で大いに刺激になる．たとえば，Morten Overgaard et al., "Is Conscious Perception Gradual or Dichotomous? A Comparison of Report Methodologies During a Visual Task," *Consciousness and Cognition* 15 (2006): 700–708を参照．[271]

19) **フランスの神経科学者スタニスラス・ドゥアンヌはそう主張する：** 前掲書 *Consciousness and the Brain*〔『意識と脳——思考はいかにコード化されるか』〕を参照．[271]

20) **それから，AI の領域で私がどうしても折り合えないのは，「アップロード」するというシナリオだ：** アップロードに関する論文集としては Russell Blackford and Damien Broderick, eds., *Intelligence Unbound: The Future of Uploaded and Machine Minds* (Malden, MA: John Wiley and Sons, 2014) を参照．デイヴィッド・チャーマーズ，マッシモ・ピリウーチ Massimo Pigliucci による論文も収録されている．[278]

21) **最近なされた提案には，ある動物が感性をもっている合理的な可能性を認めたなら……：** Jonathan Birch, "Animal Sentience and the Precautionary Principle," *Animal Sentience* 2017. 017を参照．[280]

22) **哺乳類に関する話題は本書にはあまり載せていないので……：** 本章の前半で触れたホブソンの夢に関する研究には，ネコを用いたひどく動揺するような実験が含まれていた．[280]

23) **この研究は脳のメカニズムに関する疑問の性質を大きく変えつつあり……：** 前掲の「場所細胞」に関する研究を参照．2014年のノーベル生理学・医学賞はジョン・オキーフ（〔賞金は〕半分）とマイブリット・モーセル，エドバルド・モーセル（２人で半分）の共同受賞となった．動物実験をめぐる議論で，特に今日大量に用いられているラットに注目したものとしては，Phillip Kitcher, "Experimental Animals," *Philosophy and Public Affairs* 43, no. 4 (2015): 287–311を参照．[281]

24) **たとえこのような論法が支配的な情勢になっても……できることはいろいろあるだろう：**　こういった多くの問題については，ローリ・グルーエンの *Ethics and Animals: An Introduction*（Cambridge, UK: Cambridge University Press, 2011）〔『動物倫理入門』河島基弘訳，大月書店，2015〕を参照．[281]

25) **ヘッケルが考案した用語だが……：**　前掲のヘッケル“Our Monism”（1892）に出てくる．私はこの考え方について，“Mind, Matter, and Metabolism,” *Journal of Philosophy* 113, no. 10（2016）: 481–506で検討している．[284]

26) **一九二〇年代に哲学者のジョン・デューイは……：**　デューイの *Experience and Nature*（Chicago: Open Court, 1925), 227–28〔『経験としての自然』栗田修訳，晃洋書房，2021など〕を参照．[286～287]

27) **三〇年前，学生だった私は学会に出席し……：**　これは1989 年のアメリカ哲学会（American Philosophical Association）東部部会の大会である．クリスピン・ライト，ウォーレン・ゴールドファーブ，ジョン・マクダウェルを迎えて“Thought of Wittgenstein”と題するシンポジウムが開催された．[287]

28) **二〇世紀の初め頃から半ばにかけて活動したウィトゲンシュタインは……：**　ウィトゲンシュタインの *Philosophische Untersuchungen*（1953）〔『哲学探究』鬼界彰夫訳，講談社，2020；丘沢静也訳，岩波書店，2013など〕と，ギルバート・ライルの *The Concept of Mind*（Chicago: University of Chicago Press, 1949）〔『心の概念』坂本百大，井上治子，服部裕幸訳，みすず書房，1987〕を参照．ライルの一節を引用する．「“心には己の場所がある”〔ミルトン『失楽園』〕という主張は，理論家による解釈が許されるならば，真ではない．というのも，心は比喩的な意味においてすら“場所”ではないからだ．それどころか，チェス盤やプラットフォーム，学者の机，法壇，トラックドライバーの運転席，スタジオ，サッカーのピッチなどもそんな場所のひとつである．それは人々がぼうっとしながら，あるいは頭を使って，働いたり遊んだりするところだ」〔この和訳は本書の訳者による〕[287]

29) **このテーマに沿って，あるスピーカー（クリスピン・ライト）が……：**　この着想を紹介したのはライトで，ほかの参加者も議論に加わったのはまず間違いない．ライトの論文“Wittgenstein's Later Philosophy of Mind: Sensation, Privacy, and Intention,” in *Meaning Scepticism*, ed. Klaus Puhl（Berlin: De Gruyter, 1991), 126–47（*Journal of Philosophy* に掲載されたライトによる同じタイトルの論文とは別だ）と，同書に収録のマクダウェルの論文“Intentionality and Interiority in Wittgenstein”を参照．[287]